肉牛高效饲养

ROUNIU
GAOXIAO SIYANG XINJISHU

新技术

李 岩　魏军强　赵家兴　主编

U0306706

中国农业科学技术出版社

图书在版编目（CIP）数据

肉牛高效饲养新技术 / 李岩，魏军强，赵家兴主编 . -- 北京：
中国农业科学技术出版社，2024.6
ISBN 978 - 7 - 5116 - 6672 - 7

Ⅰ . ①肉… Ⅱ . ①李… ②魏… ③赵… Ⅲ . ①肉牛－饲养
管理 Ⅳ . ① S823.9

中国国家版本馆 CIP 数据核字（2024）第 022968 号

责任编辑 张国锋
责任校对 李向荣
责任印制 姜义伟 王思文

出 版 者 中国农业科学技术出版社
        北京市中关村南大街 12 号 邮编：100081
电 话 （010）82109705（编辑室）（010）82106624（发行部）
        （010）82109709（读者服务部）
网 址 https://castp.caas.cn
经 销 者 各地新华书店
印 刷 者 北京科信印刷有限公司
开 本 170 mm×240 mm 1/16
印 张 15
字 数 300 千字
版 次 2024 年 6 月第 1 版 2024 年 6 月第 1 次印刷
定 价 58.00 元

2022 年我国肉牛存栏量为 10216 万头，同比增长 4.1%，存栏量位居世界第三位，仅次于印度和巴西。随着国民生活水平的提高，对肉类尤其是牛肉的需求量每年都呈递增之势，占日常肉类消费量比例达 15%。然而，受到中美贸易争端的影响，进口牛肉受到限制，导致如今牛肉价格持续走高。国内牛源短缺，造成国内市场牛肉缺口非常大，从长远看，发展肉牛养殖才是根本。目前，国内各地区肉牛养殖规范和饲养水平参差不齐，导致牛肉饲养成本高、品质差、经济效益低。为解决生产中的实际问题，我们编写了《肉牛高效饲养新技术》。

本书介绍了我国肉牛生产状况、肉牛高效养殖品种选择及杂交改良技术、肉牛的生物学特性、肉牛高效繁殖技术、肉牛营养和日粮配制技术、肉牛高效养殖的环境控制技术、肉牛高效饲养管理技术、肉牛肥育技术、肉牛智慧养殖技术、肉牛低蛋白日粮技术及肉牛高效养殖疫病防控技术。书中介绍的技术先进、实用性强，是学习肉牛养殖新技术较为理想的参考书。

本书在编写过程中参阅了许多专家学者的著作或论文，谨向原作者表示感谢，同时也向在本书编写过程中给予支持和帮助的同事和朋友们表示感谢。

感谢北京中惠农科文化发展有限公司为本书做的宣传推广工作！由于编者水平有限、经验不足，本书编写时间紧、任务重，书中难免有疏漏之处，敬请广大读者批评指正。我们热切地期望本书的出版能为我国进一步深入开展肉牛高效饲养新技术研究提供参考。

编 者

2023 年 12 月

第一章　我国肉牛生产状况

第一节　规模化肉牛养殖现状及不足

2022 年我国肉牛存栏量为 10216 万头，同比增长 4.1%，存栏量位居世界第三位，仅次于印度和巴西；从出栏量方面来看，得益于养殖规模的扩张、养殖技术的提升及下游需求的增长，近年来我国肉牛出栏量平稳增长。2022 年我国肉牛出栏量为 4840 万头，同比增长 2.8%。从需求侧角度来看，2020 年我国牛肉需求量为 884.27 万 t，较 2019 年同比增长 6.1%。2021 年我国牛肉需求量为 930.02 万 t，较上年同比增长 5.2%。2016—2021 年 5 年间，我国牛肉人均消费量整体呈正增长态势，由 4.88kg/ 人增长至 6.58kg/ 人。在肉牛养殖业发展中，虽然养殖户增多，但是国内牛存栏量还是没有达到预期值。

肉牛养殖是一项技术密集型和资金密集型的行业，需要从优质牧草的种植和加工、青贮的制作、饲料贮备和配制、配种、产犊、饲养管护、牛肉的加工和销售等方面进行技术投入和资金投入。目前，由于资金和技术的门槛较高，投资周期较长，见效较慢，我国目前肉牛养殖的主体从数量上还是以中小养殖户数量最多，规模养殖主体较少。

规模化养牛是必然趋势，目前我国肉牛的养殖出栏量和产量小，产能低，且主要以小规模养殖为主，单位规模较小、生产方式落后、生产加工销售脱节。

一、规模化肉牛养殖现状分析

1. 养殖规模逐渐变大

农牧业产业结构调整对于牛羊等养殖行业的发展具有一定推动作用。在我国畜牧业属于支柱型产业，为国家经济发展作出不小的贡献，在市场中份额比重仍呈现出增长趋势。农村肉牛加工业，依托自然资源和地理环境的优势，利于养殖管理工作的进行，同时为养殖户带来不少的经济收益。绿色肉牛加工业在肉牛养殖体系中有不小的影响力。在农村绿色肉牛加工业健康发展的同时，也推动了牛羊养殖业向集约化、高产化的方向发展。

2. 肉牛繁育体系日益完善

在肉牛养殖产业发展期间，根据市场对优质肉牛的需求，以规范、科学的手段进行肉牛养殖的工作。此外，在肉牛人工饲养的过程中，养殖户积极学习现代先进的养殖手段，转变肉牛养殖的传统模式，选择人工授精、人工冷冻精液等方式，提高养殖场肉牛繁育水平。

二、规模化肉牛养殖的不足

在肉牛规模化养殖中，部分养殖户因未选择科学的手段进行管理，不能有效规避风险因素，会对牧场养殖活动造成不小的冲击。还有部分养殖户在肉牛的管理中，没有转变观念，过于看重经济效益，可能做出投机的行为，降低牛场管理的整体水平，容易出现经济亏损的情况。

1. 养牛品种选择不当

部分规模养殖场缺乏品种意识，也没有配置专业的畜牧兽医，致使在专业人员匮乏的条件下肉牛品种改良不能良好地进行。规模养殖场在引种时，因不能及时引进优良的品种，也没有快速完善品种改良的基础配套，所以很难获得优良的品种，育肥地方品种成效与养殖场设定目标有不小的差距。

2. 盲目追求养殖规模

建设肉牛养殖场并进行运营，需要的资金庞大，如果没有提前规划，贸然推进肉牛养殖场的建设工作，可能因盲目追求养殖场规模，在生产与资金方面出现恶性循环，肉牛健康得不到保证。

3. 过于依赖药物预防的手段

养殖场在肉牛养殖管理期间，基于肉牛健康维持需要，往往会选择药物提高肉牛疾病防御能力。但部分肉牛养殖场在用药管理中，出于成本节约目的，没有聘请专业的兽医，因此不能保证用药的科学性。比如兽医过度依赖抗生素，认为抗生素在疾病预防方面作用显著，将其作为肉牛预防疾病的首选药物。兽医在肉牛养殖中，向牛饲料中投放抗生素，目的在于提升畜禽对疾病的抵抗能力，但是因过度依赖抗生素，没有根据牛群出现的疾病合理用药，在畜禽养殖管理中，可能无法达到预期的养殖效果。

4. 育肥不合理

部分肉牛规模场在发展中，没有建立专业的技术人员队伍，无法在养殖期间对育肥做出正确指导，可能对肉牛健康状况有一定影响。养殖场对于肉牛的管理，因不熟悉架子牛生理特点和发育规律，不能在肉牛生长中合理使用育肥技术，在盲目添加高精饲料（含有高蛋白的饲料）或非合理延长育肥时间等手段下，不能保证肉牛产品的质量，同时会因育肥成本的提升，降低规模养殖场的经济效益。

5. 政府扶持力度有待加大

肉牛养殖的经济效益，与市场供应关系的发展相关。目前，我国在畜牧业方面出台了不少的政策，但是部分政策要求不明确，在实施方面存在问题，对牛肉养殖场的支持力度有限。在肉牛养殖行业发展中，政府需要关注行业的发展，同时完善行业的政策制度，引导社会资金流入肉牛养殖产业，可以提高肉牛育种工作的整体质量。

第二节　肉牛规模化养殖的策略

在肉牛养殖行业发展期间，养殖管理人员需要建立科学的管理理念，使用现代理论知识，指导肉牛养殖活动，在养殖场安装现代设备，依靠科技手段推进养殖活动。养殖管理人员现代化经营可以为肉牛产业实现持续健康发展提供条件。肉牛养殖场的管理人员需要根据市场对肉牛产品需求，转变传统的养殖形式，分析肉牛养殖期间在品种引入、饲料配制、圈舍管理方面的工作，以合理手段保障肉牛规模养殖的良好运行，提高良种比重，由此在达到养殖需要的同时，也可以减少养殖期间投入的资金量。

1. 适度规模

肉牛养殖管理以规模化方式推进活动，有助于肉牛产量的提升，可以满足市场大众对牛肉制品的需求。养殖管理人员在肉牛规模养殖时，基于肉牛健康维护需要以及自身盈利目标，立足实际，适度规模养殖。在肉牛养殖管理方面，养殖管理人员以合理的育肥手段推进工作，通过良料、良种、良法的使用，保证肉牛健康成长，为市场提供优质的牛肉制品。在养殖场开展肉牛管理工作时，结合肉牛养殖规模给出管控方案，在肉牛繁育和育肥方面均可达到设定的目标，为养殖场带来经济效益。

2. 技术推广

在新模式、新技术推广与秸秆饲料使用时，应该将育肥和新品种引进作为主体，选择适度精料作为辅助手段。养殖管理人员在肉牛规模化养殖期间，利用牛粪，在减少肉牛养殖对环境污染的同时，也可以降低企业在肉牛养殖经营方面的工作成本，有助于低碳环保生态育肥目标与标准化养殖的实现。

3. 技术培训

规模肉牛养殖是肉牛产业发展的主要趋势，由此满足市场大众对牛肉制品的需求。在肉牛养殖管理期间，因养殖管理人员专业知识匮乏、新技术掌握不足等原因，导致养牛场很多要求无法达到，不能为市场提供优质的牛肉制品。在肉牛养殖规范发展期间，需要快速开展肉牛产业技术培训，在公共技术服务的支持下，使养殖场管理人员拥有较强的质量意识与安全意识，主动学习肉牛养殖方面的技术与知识，按照肉牛生长规律进行妥善的安排，提高管理工作有效性。肉牛养殖场主需要拥有较强的学习能力，学习新知识，转变养殖管理的陈旧观念，按照市场供需求关系运营养殖场，给出肉牛养殖管理的新方案，可以在肉牛育肥方面获得较好的成效。

4. 精深加工

在我国，牛肉精深加工企业不在少数，但是优质品牌产品较少，不能满足现代大众对优质牛肉产品的需要。很多地区牛肉精深加工企业的品牌效益低，推出的产品在市场中反响较小，不利于相应企业发展目标的实现。新时期，优质品牌将会成为企业在市场活动中竞争的主要砝码。因此，牛肉精深加工企业应该围绕肉牛品种资源进行开发与挖掘，需要更新改造屠宰加工设备，在生产活动中使用技术手段，在先进设备的操作下，制作出高品质的牛肉制品，提高相关制品品牌的知名度。在相关操作下，使牛肉精深加工企业推出的牛肉制品拥有忠实的受众。

5. 出台惠农政策

肉牛产业在国家政策扶持下发展较为平稳，当下因市场对优质牛肉制品的需求旺盛，刺激肉牛产业发展。国家需要在肉牛产业发展期间，使用有效的管控手段，通过强农惠农政策，给予肉牛养殖场主足够的支持。在土地优先供应、能繁母牛补贴等政策下，可以为肉牛养殖场主解决不少养殖方面的问题。配种补贴、母犊牛补贴，也是政府需要在肉牛养殖场发展中关注的内容，对相关政策进行细化，利于政策的落实，减轻养殖场主的经营压力。

6. 关注市场信息

肉牛规模养殖需要养殖管理人员拥有较强的专业能力，可以根据肉牛养殖要点，做好品种引入，对肉牛进行可靠的管理。养殖管理人员应该对肉牛生产的形势作出准确判断，清楚市场上牛肉产品的供求关系，给出养殖场在下一段时间的发展方案。肉牛规模养殖期间需要将供求信息作为工作的指导，以品牌为工作发展导向，基于消费需求给出管理方案。养殖管理人员清楚行业发展形势，对政府在行业发展方面的政策有足够了解，从而可以最大限度地利用政策，减轻肉牛养殖的经营压力。此外，养殖场主利用信息，及时调整肉牛养殖规模，做好肉牛健康管控，保证牛肉制品可以深受市场消费者喜爱，并借此获得较高的经济效益。

近些年，公众对食品健康关注度较高。肉牛养殖场需要基于大众对牛肉制品品质要求，根据养殖工作需要，从品种引入和管理方面进行调控。当下我国肉牛规模养殖有较好的发展态势，肉牛养殖管理人员应该在行业规模化发展中学习先进的经营管理知识，借鉴其他肉牛养殖场经营经验，使用适合自身的方式进行管理，为农民就业提供新的路径，也利于肉牛养殖业的健康发展。在肉牛养殖经营中，通过科学手段有助于养殖户落实养殖期间的工作任务，提高肉牛健康水平，向市场提供优质的牛肉制品。

第二章　肉牛高效养殖品种选择及杂交改良技术

第一节　国外主要肉牛品种

一、西门塔尔牛

西门塔尔牛原产于瑞士西部的阿尔卑斯山区，主要产地为西门塔尔平原和萨能平原。在法国、德国、奥地利等国边邻地区也有分布。西门塔尔牛数量占瑞士全国牛只的50%、占奥地利牛只的63%，现已分布到很多国家，成为世界上分布最广、数量最多的乳、肉、役兼用品种之一。

西门塔尔牛原产于瑞士，并不是纯种肉用牛，而是乳肉兼用品种。但由于西门塔尔牛产乳量高，产肉性能也并不比专门化肉牛品种差，役用性能也很好，是乳、肉、役兼用的大型品种。它是我国分布最广的引进品种，适应性好，在许多地区用它改良本地黄牛，普遍反馈改良效果好，肉用性能得到提高，日增重加快。1990年山东省畜牧局牛羊养殖基地引进该品种。此品种被畜牧界称为全能牛。我国从国外引进肉牛品种始于20世纪初，但大部分都是中华人民共和国成立后才引进的。西门塔尔牛在引进我国后，对我国各地的黄牛改良效果非常明显，杂交一代的生产性能一般都能提高30%以上，因此很受欢迎。

西门塔尔牛毛色为黄白花或淡红白花，躯体常有白色胸带，头部、腹部、尾梢、四肢的飞节和膝关节以下为白色；体格粗壮结实，额宽，头部轮廓清晰，嘴宽眼大，角细致，前躯较后躯发育好，胸和体躯较深，腰宽身躯长，体表肌肉群明显易见，臀部肌肉充实，股部肌肉深，多呈圆形；四肢粗壮，蹄圆厚。西门塔尔牛体型高大，一般成年公牛体重为1000～1300kg，母牛为650～800kg；产肉性能良好，瘦肉多，脂肪分布均匀，肉质佳，屠宰率一般为63%。

二、利木赞牛

利木赞牛又称利木辛牛，为大型肉用品种，原产于法国中部的利木赞高原，并因此得名。利木赞牛分布于世界许多国家，利木赞牛以生产优质肉块比重大而著称，骨较细，出肉率高。其主要分布在法国中部和南部的广大地区，数量仅次于夏洛来牛，育成后于 20 世纪 70 年代初，输入欧美各国，现在世界上许多国家都有该牛分布，属于专门化的大型肉牛品种。1974 年和 1993 年，我国数次从法国引入利木赞牛，在河南、山东、内蒙古等地改良当地黄牛。

毛色多为一致的黄褐色。角为白色，公牛角较粗短，向两侧伸展；被毛浓厚而粗硬；肉用特征明显，体质结实，体躯较长，肌肉发达，臀部宽平。利木赞牛属早熟型，生长速度快，适应能力好，补偿生长能力强，耐粗饲。成牛公牛活重可达 900～1100kg，产肉性能和胴体质量好，眼肌面积大，出肉率高，肥育牛屠宰率可达 65% 左右，胴体瘦肉率为 80%～85%，骨量小，牛肉风味好。

三、夏洛来牛

夏洛来牛原产于法国中西部到东南部的夏洛来省和涅夫勒地区，是举世闻名的大型肉牛品种，自育成以来就以其生长快、肉量多、体型大、耐粗放、瘦肉多、饲料转化率高而受到国际市场的广泛欢迎，早已输往世界许多国家。被毛白色或黄白色，少数为枯草黄色，皮肤为肉红色。体型大而强壮，头小而短，口方宽，角细圆形为白色，向前方伸展。腰间由于臀部肥大而略显凹陷。颈粗短，胸深宽，背长平宽。全身肌肉很发达，尤其是臀部肌肉圆厚、丰满，尾部常出现隆起的肌束，称"双肌牛"。

夏洛来牛生长速度极快，适应性强，耐寒抗热，产肉性能好，具有皮薄、肉嫩、胴体瘦肉多、肉质佳、味美等优良特性。成年公牛体重为 1100～1200kg，母牛为 700～800kg，最高日增重可达 1.88kg，屠宰率为 65%～70%。12 月龄体重可达 500kg 以上。初生 400d 内平均日增重 1.18kg，屠宰率 62.2%；20 世纪 70 年代引入河北省作杂交改良父本牛。近年来，每年改良本地母牛 15 万头以上。

四、安格斯牛

安格斯牛原产于苏格兰东北部的阿伯丁、安格斯、班夫和金卡丁等郡，并因此得名。与英国的卷毛加罗韦牛亲缘关系密切。目前分布于世界各地，是英国、美国、加拿大、新西兰和阿根廷等国的主要牛种之一，在澳大利亚、南非、巴西、丹麦、挪威、瑞典、西班牙、德国等有一定的数量分布。

安格斯犊牛平均初生重 25～32kg，具有良好的增重性能，在自然随母哺乳的条件下，公犊 6 月龄断奶体重为 198.6kg，母犊 174kg；周岁体重可达 400kg，并且达到要求的胴体等级，日增重 950～1000g。安格斯牛成年公牛平均活重 700～900kg，高的可达 1000kg，母牛 500～600kg。成年体高公母牛分别为 130.8cm 和 118.9cm。

安格斯牛肉用性能良好，表现早熟易肥、饲料转化率高，被认为是世界上各种专门化肉用品种中肉质最优秀的品种。安格斯牛胴体品质好、净肉率高、大理石花纹明显，屠宰率为 60%～65%。安格斯牛肉嫩度和风味很好，是世界上唯一一种用品种名作为品牌名称的肉牛。

五、赫里福德牛

赫里福德牛，英格兰赫里福德郡产肉牛品种。体被毛红色，脸白色，有白色标志斑。1846 年第一次出版良种登记册时，将此品种分为四类：脸带斑点的、浅灰色的、深灰色的、体红色而白脸的。突出的特点是毛色一致、早熟及能够在不利条件下成长。赫里福德牛 1817 年最初由 Henry Clay 引进美国。它在北美洲草原地区已成为主要品种。它在大不列颠赫里福德郡和乌斯特以及邻近地区是主要品种，苏格兰、爱尔兰和威尔士也有这个品种。赫里福德牛适合澳大利亚、新西兰、阿根廷、乌拉圭和巴西的草原环境。美国无角赫里福德牛品系是由 1900 年左右选择注册的天然无角赫里福德牛培育而成的。其数量增加迅速，全美国包括夏威夷到处都有畜群，其品系已广泛输出。

六、比利时蓝牛

比利时蓝牛是一种原产于比利时的肉牛品种。该牛适应性强，其特点是早熟、温驯，肌肉发达且呈重褶，肉嫩、脂肪含量少。现已分布到美国、加拿大等 20 多个国家。比利时蓝牛肉体大、圆形，肌肉发达，表现在肩、背、腰和大腿肉块重褶。

头呈轻型，背部平直，尻部倾斜，皮肤细腻，有白、蓝斑点或有少数黑色斑点。成年母牛平均体重 725kg，体高 134cm；公牛体重 1200kg，体高 148cm。比利时蓝牛不但体魄健壮而且早熟，易于早期育肥，日增重 1.4kg。据测定：增 1kg 体重耗浓缩料 6.5kg。该牛最高的屠宰率达 71%。比利时蓝牛能比其他品种牛多提供肌肉 18%～20%，骨少 10%，脂肪少 30%。

七、皮埃蒙特牛

皮埃蒙特牛原产于意大利北部的皮埃蒙特地区，原为役用牛，经长期选育，现已成为生产性能优良的专门化肉用品种。因其具有双肌肉基因，是目前国际公认的终端父本，已被世界22个国家引进，用于杂交改良。

皮埃蒙特牛体躯发育充分，胸部宽阔、肌肉发达、四肢强健，公牛皮肤为灰色，眼、睫毛、眼睑边缘、鼻镜、唇以及尾巴端为黑色，肩胛毛色较深。母牛毛色为全白，有的个体眼圈为浅灰色，眼睫毛、耳廓四周为黑色，犊牛幼龄时毛色为乳黄色，4～6月龄胎毛褪去后，呈成年牛毛色。牛角在12月龄变为黑色，成年牛的角底部为浅黄色、角尖为黑色。体型较大，体躯呈圆筒状，肌肉高度发达。成年体重：公牛不低于1000kg，母牛平均为500～600kg。平均体高公牛和母牛分别为150cm和136cm。

皮埃蒙特牛肉用性能十分突出，其育肥期平均日增重1500g（1360～1657g），生长速度为肉用品种之首。公牛屠宰适期为550～600kg活重，一般在15～18月龄即可达到此值。母牛14～15月龄体重可达400～450kg。肉质细嫩，瘦肉含量高，屠宰率为65%～70%。经试验测定，该品种公牛屠宰率可达到68.23%，胴体瘦肉率达84.13%，骨骼13.60%，脂肪仅占1.50%。每100g肉中胆固醇含量只有48.5mg，低于一般牛肉（73mg）、猪肉（79mg）和鸡肉（76mg）。

八、海福特牛

原产于英格兰西部的海福特郡，是世界上最古老的中小型早熟肉牛品种，现分布于世界上许多国家。

海福特牛具有典型的肉用牛体型，分为有角和无角两种。颈粗短，体躯肌肉丰满，呈圆筒状，背腰宽平，臀部宽厚，肌肉发达，四肢短粗，侧望体躯呈矩形。全身被毛除头、颈垂、腹下、四肢下部以及尾尖为白色外，其余均为红色，皮肤为橙黄色，角为蜡黄色或白色。

成年母牛平均520～620kg，公牛900～1100kg；犊牛初生重28～34kg。该牛7～18月龄的平均日增重为0.8～1.3kg；良好饲养条件下，7～12月龄平均日增重可达1.4kg以上。该品种牛适应性好，在干旱高原牧场冬季严寒（-50～-48℃）的条件下，或夏季酷暑（38～40℃）条件下，都可以放牧饲养和正常生活繁殖，表现出良好的适应性和生产性能。

九、短角牛

原产于英格兰东北部的诺森伯兰郡、达勒姆郡。最初只强调育肥，到21世纪初已培育成为世界闻名的肉牛良种。近代短角牛有两种类型，即肉用短角牛和乳肉兼用型短角牛。

肉用短角牛被毛以红色为主，有白色和红白交杂的沙毛个体，部分个体腹下或乳房部有白斑；鼻镜粉红色，眼圈色淡；皮肤细致柔软。该牛体型为典型肉用牛体型，侧望体躯为矩形，背部宽平，背腰平直，尻部宽广、丰满，股部宽而多肉。体躯各部位结合良好，头短，额宽平；角短细、向下稍弯，角呈蜡黄色或白色，角尖部为黑色，颈部被毛较长且多卷曲，额顶部有丛生的被毛。

第二节　国内主要肉牛品种

一、鲁西黄牛

鲁西牛亦称"山东牛"，是中国黄牛的优良地方品种。原产山东西南地区，主要产于山东省西南部的菏泽和济宁两地区，北自黄河，南至黄河故道，东至运河两岸的三角地带。鲁西牛是中国中原四大牛种之一，以优质育肥性能著称。毛色多黄褐、赤褐。体型大，前躯发达，垂皮大，肌肉丰满，四肢开阔，蹄圆质坚。成年公牛体重500kg以上，母牛350kg以上。挽力大而能持久。性温驯，易肥育，肉质良好。鲁西黄牛具有较好的肉役兼用体型，耐苦耐粗，适应性强，尤其抗高温能力强。

二、南阳黄牛

南阳黄牛是全国五大良种黄牛之首，其特征主要体现在：体躯高大，力强持久，肉质细，香味浓，大理石花纹明显，皮质优良。南阳牛属大型役肉兼用品种，主要分布于河南省南阳市唐河、白河流域的广大平原地区，以南阳市郊区、唐河、邓州、新野、镇平、社旗、方城、泌阳8个县、市为主要产区。除南阳盆地几个平原县、市外，周口、许昌、驻马店、漯河等地区分布也较多。河南省有200多万头南阳黄牛。

体型外貌：毛色多为黄色，其次是黄、草白等色；鼻镜多为肉红色，多数带有黑点；体型高大，骨骼粗壮结实，肌肉发达，结构紧凑，体质结实；肢势正直，蹄形圆大，行动敏捷。公牛颈短而厚，颈侧多皱纹，稍呈弓形，鬐甲较高。肉用性能：成年公牛体重为 650～700kg，屠宰率在 55.6% 左右，净肉率可达 46.6%。该品种牛易于育肥，平均日增重最高可达 813g，肉质细嫩，大理石纹明显，味道鲜美。南阳牛对气候适应性强，与当地黄牛杂交，后代表现良好。

三、秦川牛

秦川牛是我国著名的大型役肉兼用品种，原产于陕西渭河流域的关中平原，目前饲养的总数在 60 万头以上。秦川牛因产于陕西省关中地区的"八百里秦川"而得名。其中渭南、临潼、蒲城、富平、大荔、咸阳、兴平、乾县、礼泉、泾阳、三原、高陵、武功、扶风、岐山 15 个县、市为主产区，共有 28.6 万头，占 60%。

体型外貌：毛色以紫红色和红色居多，占总数的 80% 左右，黄色较少。头部方正，鼻镜呈肉红色，角短，呈肉色，多为向外或向后稍弯曲；体型大，各部位发育均衡，骨骼粗壮，肌肉丰满，体质强健；肩长而斜，前躯发育良好，胸部深宽，肋长而开张，背腰平直宽广，长短适中，荐骨部稍隆起，一般多是斜尻；四肢粗壮结实，前肢间距较宽，后肢飞节靠近，蹄呈圆形，蹄叉紧、蹄质硬，绝大部分为红色。肉用性能：秦川牛肉用性能良好。成年公牛体重 600～800kg。易于育肥，肉质细致，瘦肉率高，大理石纹明显。18 月龄育肥牛平均日增重为 550g（母）或 700g（公），平均屠宰率达 58.3%，净肉率 50.5%。

四、晋南牛

晋南牛产于山西省西南部汾河下游的晋南盆地。晋南牛属大型役肉兼用品种，产于山西省西南部汾河下游的晋南盆地，包括运城地区的万荣、河津、临猗、永济、运城、夏县、闻喜、芮城、新绛，以及临汾地区的侯马、坤远、襄汾等县、市。

体型外貌：毛色以枣红色为主，其次是黄色及褐色；鼻镜和蹄趾多呈粉红色；体格粗大，体较长，额宽嘴阔，俗称"狮子头"。骨骼结实，前躯较后躯发达，胸深且宽，肌肉丰满。肉用性能：晋南牛属晚熟品种，产肉性能良好，平均屠宰率 52.3%，净肉率为 43.4%。

五、延边牛

延边牛产于东北三省东部的狭长地带，分布于吉林省延边朝鲜族自治州的延吉、和龙、汪清、珲春及毗邻各县；黑龙江省的宁安、海林、东宁、林口、汤元、桦南、桦川、依兰、勃利、五常、尚志、延寿、通河，辽宁省宽甸县及沿鸭绿江一带。

延边牛属寒温带山区的役肉兼用品种。适应性强。胸部深宽，骨骼坚实，被毛长而密，皮厚而有弹力。公牛头方额宽，角基粗大，多向外后方伸展成一字形或倒"八"字角，颈厚而隆起。母牛头大小适中，角细而长，多为龙门角，乳房发育较好。毛色多呈浓淡不同的黄色，黄色占 74.8%；浓黄色 16.3%，淡黄色 6.79%，其他毛色 2.2%；鼻镜一般呈淡褐色，带有黑斑点。延边牛自 18 月龄育肥 6 个月，日增重为 813g，胴体重 265.8kg，屠宰率 57.7%，净肉率 47.23%，肉质柔嫩多汁，鲜美适口，大理石纹明显。眼肌面积 75.8cm。母牛初情期为 8～9 月龄，性成熟期平均为 13 月龄；公牛平均为 14 月龄。母牛发情周期平均为 20.5d，发情持续期 12～36h，平均 20h。公牛终年发情，7—8 月为旺季。常规初配时间为 20～24 月龄。

六、渤海黑牛

渤海黑牛为中国罕见的黑毛牛品种，中国良种牛育种委员会将该牛列为中国八大名牛之一。属于黄牛科，是世界上三大黑毛黄牛品种之一，因为它全身被黑，传统上一直叫它渤海黑牛，是山东省环渤海数个县经过长期驯化和选育而成的优良品种。渤海黑牛全身黑色，低身广躯，后躯发达，体质健壮，形似雄狮，当地称为"抓地虎"，港澳誉为"黑金刚"。渤海黑牛成年公牛、阉牛体高 133cm 左右，体重 460kg 左右，母牛体高一般 120cm 左右，体重 360kg 左右。

七、蒙古牛

广泛分布于我国北方各省、自治区，以内蒙古中部和东部为集中产区。外貌特征毛色多样，但以黑色和黄色者居多，头部粗重，角长，垂皮不发达，胸较宽深，背腰平直，后躯短窄，尻部倾斜；四肢短，蹄质坚实。成年牛平均体重：公牛 350～450kg、母牛 206～370kg，地区类型间差异明显；体高分别为 113.5～120.9cm 和 108.5～112.8cm。

泌乳力较好，产后 100d 内，日均产乳 5kg，最高日产 8.10kg。平均含脂率 5.22%。中等膘情的成年阉牛，平均屠宰前重 376.9kg，屠宰率为 53.0%，净肉率 44.6%，眼肌面积 56.0cm^2。该牛繁殖率 50%～60%，犊牛成活率 90%；4～8 岁为繁殖旺盛期。蒙古牛终年放牧，在 –50～35℃不同季节气温剧烈变化条件下能常年适应，且抓膘能力强，发病率低，是我国最耐干旱和严寒的少数几个品种之一。

八、三河牛

产于内蒙古呼伦贝尔草原的三河（根河、得勒布尔河、哈布尔河）地区，是我国培育的第一个乳肉兼用品种，含西门塔尔牛血统。

三河牛毛色以黄白花、红白花片为主，头白色或有白斑，腹下、尾尖及四肢下部为白色毛。头清秀，角粗细适中，体躯高大，骨骼粗壮，结构匀称，肌肉发达，性情温驯。角稍向上向前弯曲。

生产性能平均活重：公牛1050kg，母牛547.9kg；体高分别为156.8cm和131.8cm。初生重：公牛为35.8kg，母牛为31.2kg。三河牛年产乳量在2000kg左右，条件好时可达3000～4000kg，乳脂率在4%以上。该牛产肉性能良好，未经肥育的阉牛，屠宰率为50%～55%，净肉率44%～48%，肉质良好，瘦肉率高。该牛由于个体间差异很大，在外貌和生产性能上表现均不一致，有待于进一步改良提高。

九、草原红牛

草原红牛是由吉林省白城地区和内蒙古赤峰市、锡林郭勒盟南部以及河北省张家口地区联合育成的一个兼用型新品种，1985年正式命名为"中国草原红牛"。

大部分有角，角多伸向前外方，呈倒"八"字形，略向内弯曲。全身被毛为紫红色或红色，部分牛的腹下或乳房有白斑；鼻镜、眼圈粉红色。体格中等大小。

成年活重：公牛为700～800kg，母牛450～500kg。初生重：公牛为37.3kg，母牛为29.6kg。成年牛体高：公牛137.3cm，母牛124.2cm。在放牧为主的条件下，第一胎平均泌乳量为1127.4kg，年均产乳量为1662kg；泌乳期为210d左右。18月龄阉牛经放牧肥育，屠宰率达50.84%，净肉率40.95%。短期育肥牛的屠宰率和净肉率分别达到58.1%和49.5%，肉质良好。该牛适应性好，耐粗放管理，对严寒酷热的草场条件耐力强，且发病率很低；繁殖性能良好，繁殖成活率为68.5%～84.7%。

十、新疆褐牛

原产于新疆伊犁、塔城等地区。由瑞士褐牛及含有该牛血液的阿拉塔乌牛与当地黄牛杂交育成。

被毛为深浅不一的褐色，额顶、角基、口腔周围及背线为灰白色或黄白色。体躯健壮、肌肉丰满。头清秀、嘴宽、角中等大小，向侧前上方弯曲，呈半椭圆形，颈适中，胸较宽深，背腰平直。

成年公牛平均体重为950.8kg，体高144.8cm；母牛平均体重430.7kg，体高121.8cm。新疆褐牛平均产乳量2100～3500kg，高的个体产乳量达5162kg：平均乳脂率4.03%～4.08%，乳中干物质含量为13.45%。该牛产肉性能良好，在伊犁、塔城牧区天然草场放牧9～11个月屠宰测定，1.5岁、2.5岁和阉牛的屠宰率分别为47.4%、50.5%和53.1%，净肉率分别为36.3%、38.4%和39.3%。该牛适应性好，可在极端温度 -40℃和47.5℃下放牧，抗病力强。

第三节　肉牛的选种和经济杂交

一、肉牛的选种方法

肉牛的选择包括自然选择和人工选择两种方式。自然选择是指随着自然环境的变迁，适者生存、不适者淘汰的一种选择方式；人工选择是指根据人们的各种需要，对肉牛进行有目的的选择的一种方式。

肉牛选择的一般原则是："选优去劣，优中选优"。种公牛和种母牛的选择，是从品质优良的个体中精选出最优个体，即是"优中选优"，而对种母牛大面积的普查鉴定、评定等级，同时及时淘汰劣等，这又是"选优去劣"的过程。在肉牛公母牛选择中，种公牛的选择对牛群的改良起着关键作用。

肉牛选择的途径主要包括系谱选择、个体选择、后裔选择和旁系选择4项。种公牛的选择，首先是审查系谱，其次是审查该公牛外貌表现及发育情况，最后还要根据种公牛的后裔测定成绩，以断定其遗传性是否稳定。对种母牛的选择则主要根据其本身的生产性能或与生产性能相关的一些性状，此外还要参考其系谱、后裔及旁系的表现情况。

（一）系谱选择

通过系谱记录资料比较牛只优劣。肉牛业中，对小牛的选择，并考察其父母、祖父母及外祖父母的性能成绩，对提高选种的准确性有重要作用。资料表明，种公牛后裔测定的成绩与其父亲后裔测定成绩的相关系数为0.43，与其外祖父后裔测定成绩的相关系数为 0.24，而与其母亲 1～5 个泌乳期产奶量之间的相关系数只有 0.21、0.16、0.16、0.28、0.08。由此可见，估计种公牛育种值时，对来自父亲的遗传信息和来自母亲的遗传信息不能等量齐观。审查肉牛系谱时，肉牛的双亲及其祖代的审查，重点在于各阶段的体重与增重、饲料报酬及与肉用性能有关的外貌表现，同时查清先代是否携带致死、半致死等其他不良基因。系谱选择注意如下几点。

（1）重点考虑其父母亲的品质。祖先中父母亲品质的遗传对后代影响最大，其次为祖父母，血统越远影响越小。系谱中母亲生产力大大超过全群平均数，父亲又是经过后裔测定证明是优良的，这样选留的种牛可成为良种牛。

（2）不可忽视其他祖先的影响。不可只重视父母亲的成绩而忽视其他祖先的影响，后代有些个别性状受隔代遗传影响，受祖父母远亲的影响。

（3）注意遗传的稳定性。如果各代祖先的性状比较整齐，而且有直线上升趋势，则系谱较好，选留该牛比较可靠。

（4）其他方面。以生产性能、外形为主做全面比较，同时注意有无近交和杂交以及有无遗传缺陷等。

（二）个体选择

个体选择通过个体品质鉴定和生产性能测定，根据种牛本身一种或若干种性状的表型值判断其种用价值，从而确定个体是否选留。当小牛长到 1 岁以上，就可以直接测量其某些经济性状，如 1 岁活重、肉牛肥育期增重效率等。而对于胴体性状，则只能借助如超声波测定仪等设备进行辅助测量，然后对不同个体做出比较。对遗传力高的性状，适宜采用这种选择途径。具体做法是：可以在环境一致并有准确记录的条件下，与所有牛群的其他个体进行比较，或与所在牛群的平均水平进行比较。有时也可以与鉴定标准比较。

（1）肉牛的体型外貌。体型外貌特征是：体型呈长方形。体躯低垂，四肢较短，颈短而宽，鬐甲平广、宽厚，背腰平宽，胸宽深，腹部紧凑，尻部宽平，股部深。头宽颈粗，无论侧望、俯望、前望、后望，体躯部分都呈明显的长方形、圆筒状。

（2）肉用种公牛的选择。种公牛本身的表现主要包括生长发育、体质外貌、体尺体重、早熟性以及精液质量等性状。

肉用种公牛的体型外貌主要看其体型大小，全身结构要匀称，外形和毛色要符合品种要求，雄性特征明显，无明显的外貌缺陷。生殖器官发育良好，睾丸大小正常，有弹性。凡是体型外貌有明显缺陷的，或生殖器官畸形的，睾丸大小不一等均不合乎种用。肉用种公牛的外貌评分不得低于一级，核心公牛要求特级。

除外貌外，还要测量种公牛的体尺和体重，按照品种标准分别评出等级。另外，还需要检查其精液质量，正常情况下鲜精活力不低于0.7，死、畸形精子过多者（高于20%）不宜作为种用。

（3）肉用种母牛的选择。种母牛本身性能主要包括体型外貌、体尺体重、生产性能、繁殖性能、生长发育、早熟性与长寿性等。

①体型外貌。肉用种母牛体型外貌必须符合肉牛外貌特点的基本要求。

②体尺体重。肉牛的体尺体重与其肉用性能有密切关系。选择肉牛时，要求生长发育快，各期（初生、断奶、周岁、18月龄）体重大、增重快、增重效率高。初生重较大的牛，以后生长发育较快，故成年体重较大。犊牛断奶重决定于母牛产奶量的多少。周岁重和18月龄重对选择肉用后备母牛及公牛很重要，它能充分看出其增重的遗传潜力。

肉牛的各性状之间具有遗传相关，在选种上利用遗传相关就能提高选种效果。如果能对一些遗传力较低的性状，找出与该性状遗传相关系数较高的另一个高遗传力性状，通过对这个高遗传力性状的选择，就能间接地提高低遗传力性状。此外，有些性状的测定比较费事，条件不具备时可以不必直接进行测定，而通过间接选择去提高。如饲料利用率是肉牛生产中很重要的性状，但测定较费时、费事，而增重速度的测定就很容易做到，饲料利用率与增重速度之间具有高度的遗传正相关，因此，通过增重速度的选择就能使饲料利用率在较大程度上得到改进。

③肉用性能。对肉牛产肉性能的选择，除外貌、产奶性能、繁殖力之外，重点是生长发育和产肉性能两项指标。

a. 生长发育。生长发育性能包括初生重、断奶重、日增重各阶段的体尺和外貌评分。

由于肉牛生长发育性状的遗传力属中等遗传力，根据个体本身表型值选择能收到较好的效果，如果结合家系选择则效果更好。

b. 产肉性能。主要包括宰前重、胴体重、净肉重、屠宰率、净肉率、肉骨比、肉脂比、眼肌面积、皮下脂肪厚度等。

肉牛产肉性能的遗传力都比较高，对于产肉性能的选择主要根据种牛半同胞资料进行。

④繁殖性能。主要包括受胎率、产犊间隔、发情的规律性、产犊能力以及多胎性等。

a. 受胎率。受胎率的遗传力很低。在正常情况下，每次怀犊的配种次数越少越好，而其遗传力一般小于 0.15。

b. 产犊间隔。即连续两次产犊间的天数，其遗传力很低，1～6 胎为 0.32，一生分娩次数的遗传力为 0.37。一般要求一年产一犊。

c. 60～90d 不返情率。人工授精时不返情率平均为 65%～70%，其遗传力约为 0.20。

d. 产犊能力。选择种公牛的母亲时，应选年产一犊、顺产和难产率低的母牛，一般要求肉乳兼用品种的初胎母牛，其难产率不超过 2.4%，二胎以上母牛不超过 1.3%。

e. 多胎性。母牛的孪生，即多产性，在一定程度上也能遗传给后代。据统计，双生率随母牛年龄上升而增加，8～9 岁时最高，并因品种不同而异，其中夏洛来牛的双胎率为 6.55%，西门塔尔牛为 5.12%，中国荷斯坦牛为 2.35%～3.39%。

⑤早熟性。早熟性是指牛的性成熟较早，它可较快地完成身体的发育过程，可以提前利用，节省饲料，经济价值较高。早熟性受环境影响较大。如秦川牛属晚熟品种，但在较好的饲养管理条件下，可以较大幅度地提高其早熟性，育成母牛平均在（9.3±0.9）月龄（最早 7 月龄）即开始发情，育成公牛 12 月龄即可射出能供干冰（-79℃）冷冻的成熟精子。

（三）后裔测验（成绩或性能试验）

后裔测验是根据后裔各方面的表现情况来评定种公牛好坏的一种鉴定方法，这是多种选择途径中最为可靠的选择途径。具体方法是将选出的种公牛令其与一定数量的母牛配种，对犊牛成绩加以测定，从而评价使（试）用种牛品质优劣的程序。

（四）旁系选择（同胞或半同胞牛选择）

旁系是指所选择个体的兄弟、姐妹、堂表兄妹等。利用旁系材料的主要目的是从侧面证明一些由个体本身无法查知的性能（如公牛的泌乳力、配种能力等）。此法与后裔测定相比较，可以节省时间。

肉用种公牛的肉用性状，主要根据半同胞材料进行评定。应用半同胞材料估计后备公牛育种值的优点是可对后备公牛进行早期鉴定。

二、肉牛的经济杂交方法

多用于商品生产的牛场，特别是用于黄牛改良、肉牛改良和奶牛的肉用生产。目的是利用杂交优势，获得具有高度经济利用价值的杂交后代，以增加商品肉牛的数量和降低生产成本，获得较好的效益。生产中，简便实用的杂交方式主要有二元杂交、三元杂交等。

（一）二元杂交

二元杂交又称两品种固定杂交或简单杂交，即利用两个不同品种（品系）的公母牛进行固定不变的杂交，利用一代杂种的杂种优势生产商品牛。这种杂交方法简单易行，杂交一代都是杂种，具有杂种优势的后代比例高，杂种优势率最高。这种杂交方式的最大缺点是不能充分利用繁殖性能方面的杂种优势。通常以地方品种或培育品种为母本，只需引进一个外来品种作父本，数量不用太多，即可进行杂交。

（二）三元杂交

三元杂交又称三品种固定杂交。从两个品种杂交的杂种一代母牛中选留优良的个体，再与另一品种的公牛进行杂交，所生后代全部作为商品肉牛肥育。第一次杂交所用的公牛品种称为第一父本，第二次杂交利用的公牛称为第二父本或终端父本。这种杂交方式由于母牛是一代杂种，具有一定的杂种优势，再杂交有望得到更高的杂种优势，所以三品种杂交的总杂种优势要超过两品种杂交。

第四节　肉用牛的选购和引进

一、肉用牛的选购

（一）选购原则

架子大、增重快、瘦肉多、脂肪少、无疾病。

（二）品种类型

在肉牛生产中，目前国内育肥的肉牛来源主要是国外肉牛、本地耕牛

（优良的地方黄牛品种）、奶牛（公牛犊）、杂种牛（国外优良肉牛品种与我国本地黄牛杂交的杂交牛）以及淘汰的老牛等。在我国目前最好选择夏洛来牛、利木赞牛、皮埃蒙特牛、西门塔尔牛等肉用或肉乳兼用牛作肉牛，也可自行利用纯种的夏洛来、利木赞、西门塔尔、海伏特、安格斯等公牛与奶牛或本地牛杂交所生的后代作肉牛，或利用我国地方黄牛良种，如晋南黄牛、秦川牛、南阳黄牛和鲁西黄牛等。但以纯种肉牛和杂种牛及奶公犊较好。如果当地没有以上牛种，也可利用奶公牛与本地黄牛杂交的后代，其生长速度和饲料利用率一般都较高，饲养周期短，见效快，收益大。

（三）年龄

如果利用小牛作肉牛，以选择 12 月龄以前的犊牛最佳，其次为 12～18 月龄，再调养 2～6 个月出栏；如果利用退役耕牛或淘汰奶牛，则要求牙齿大部分完好，能正常取食，不影响反刍消化。

（四）性别

一般宜选公牛作育肥肉牛，其次选阉牛，最次选母牛。因为公牛增重最快，饲料转化率和瘦肉率均高，且胴体瘦肉多、脂肪少。但对 2 周岁以上的公牛育肥时，应先去势，否则其肌纤维粗糙，且肉带腥味，食用价值降低。如果选择已去势的架子牛，则早去势为好，3～6 月龄去势的牛可以减少应激，加速头、颈及四肢骨骼的雌化，提高出肉率和肉的品质。

（五）体形外貌

理想的育肥架子牛外貌特征：体型大、肩部平宽、胸宽深、背腰平直而宽广、腹部圆大、肋骨弯曲、臀部宽大、头大、鼻孔大、嘴角大深、鼻镜宽大湿润，下腭发达、眼大有神、被毛细而亮、皮肤柔软而疏松并有弹性，用拇指和食指捏起一握，一大把皮，这样的牛长肉多，易育肥。

一般情况下，1.5～2 岁或 15～21 月龄的牛，体重应在 300kg 以上，体高和胸围最好大于其所处月龄发育的平均值。

（六）膘情

一般来说，架子牛由于其营养状况不同，膘情也不同，可通过肉眼观察和实际触摸来判断。主要应注意肋骨、脊骨、十字部、腰角和臀端肌肉丰满情况，如果骨骼明显外露，则膘情为中下等；若骨骼外露不明显，但手感较明显为中等；若手感较不明显，表明肌肉较丰满，则为中上等。

（七）健康状况

选购时要向原饲养者了解牛的来源、饲养役用历史及生长发育情况等，并通过牵牛走路、观察眼睛神采和鼻镜是否潮湿以及粪便是否正常等特征，对牛的健康状况进行初步判断；必要时应请兽医师诊断，重病牛不宜选购，小病牛也要待治好后再肥育。

二、肉用牛的运输

（一）运输时间

肉牛运输最佳季节应选择春、秋季，这两个季节温度适宜，牛出现应激反应现象比其他季节少。夏季运输时热应激较多，白天应在运输车厢上安装遮阳网，减少阳光直接照射。冬天运牛要在车厢周围用帆布挡风防寒。

（二）运输车辆

选用货车运输较为合适，肉牛在运输途中装卸各需 1 次即可到达目的地，给肉牛造成的应激反应比较小。运输途中押运人员饮食和牛饮水比较方便，也便于途中经常检查牛群的情况，发现牛只有异常情况能及时停车处理。如果是火车运输需装卸多次才能到达目的地，肉牛出现应激反应较大，肉牛出现异常情况无法及时处理。车型要求为：使用高护栏敞篷车，护栏高度应不低于1.8m。车身长度根据运输肉牛头数和体重选择适合的车型。同时还要在车厢靠近车头顶部分用粗的木棒或钢管捆扎一个 $1cm^2$ 左右的架子，将饲喂的干草堆放在上面。

（三）车厢内防滑

在肉牛上车前，必须在车厢地板上放置干草或草垫 20～30cm，并铺垫均匀，因为肉牛连续 3～4d 吃睡都在车厢里，牛粪尿较多，使车厢地板很湿滑，垫草可以防止肉牛滑倒或摔倒。

（四）饮水桶和草料的准备

在肉牛装车之前应准备胶桶或铁桶 2 个，不要使用塑料桶。另外，还要准备 1 根长 10m 左右的软水管，便于停车场接自来水给牛饮水。草料要选择运输前饲喂的，要估计几天路程，每天每头牛需要多少草料，计算出草料总量，备足备好，只多不少。将干草放在车厢的顶部，用防雨布或塑料布遮盖，防止路途中遇到雨水浸湿发霉变质。

（五）运输过程中的饲喂

在运输之前，应该对待运的肉牛进行健康状况检查，体质瘦弱的牛不能进行运输。在刚开始运输的时候应控制车速，让牛有一个适应的过程，在行驶途中规定车速不能超过每小时 80km，急转弯和停车均要先减速，避免紧急刹车；牛在运输前只喂半饱即可。肉牛在长途运输中，每头牛每天喂干草 5kg 左右。但必须保证牛每天饮水 1～2 次，每次 10L 左右。为减少长途运输带来的应激反应，可在饮水中添加适量的电解多维或葡萄糖。

（六）办好检疫证明

在长途运输时沿途经过多个省市，每个省市都设有动物检疫站，押运人一定要将车辆进站进行防疫消毒，不要逃避检疫消毒。同时还要准备好相关的检疫证明，如出县境动物检疫合格证明和动物及动物产品运载工具消毒证明等。

（七）防止肉牛应激

由于突然改变饲养环境，车厢内活动空间受到限制，青年牛应激反应较大，免疫力会下降。因此在汽车起步或停车时要慢、平稳，中途要匀速行驶。长途运输过程中押运人每行驶 2～5h 要停车检查 1 次，尽最大努力减少运输引起的应激反应，确保肉牛能够顺利抵达目的地。

在运输途中发现牛患病，或因路面不平、急刹车造成肉牛滑倒、关节扭伤或关节脱位，尤其是发现有卧地牛时，不能对牛只粗暴地抽打、惊吓，应用木棒或钢管将卧地牛隔开，避免其他牛只踩踏。要采取简单方法治疗，主要以抗菌、解热、镇痛的治疗方法为主，针对病情用药。

三、运输后的管理

到达目的地后，将牛慢慢从车上卸下，赶到指定的牛舍中进行健康检查，挑出病牛，隔离饲养，做好记录，加强治疗，尽快恢复患病牛的体能。

牛经过长时间的运输，路途中没有饲喂充足的草料和饮水，突然看到草料和水就容易暴饮暴食。所以需要准备适量的优质青草，控制饮水，青草料减半饲喂。可在饮水中加入适量电解多维和葡萄糖，有利于更好地恢复生产体能。

新购回的肉牛相对集中后，在单独圈舍进行健康观察和饲养过渡10～15d。第1周以粗饲料为主，略加精料；第2周开始逐渐加料至正常水平，同时结合驱虫，确保肉牛健康无病及检疫正常后再转入大群。

第三章　肉牛的生物学特性

第一节　肉牛生物学特征

一、消化与吸收

（一）牛消化系统结构

牛的消化系统包括消化道及与消化道有关的附属器官。消化道起于口腔，经咽、食管、胃、小肠（包括十二指肠、空肠和回肠）、大肠（包括盲肠、结肠和直肠），止于肛门。附属消化器官有唾液腺、肝脏、胰腺、胃腺和肠腺。

牛的胃为复胃，包括瘤胃、网胃（蜂巢胃）、瓣胃（重瓣胃）和皱胃（真胃）4个室。前3个室的黏膜没有腺体分布，相当于单胃的无腺区，总称为前胃，俗称"草肚子"。瘤胃和网胃由一个叫作蜂巢瘤胃壁的褶叠组织相连接，使采食入胃的食物可以在这两胃之间流通。皱胃黏膜内分布有消化腺，机能与单胃相同，所以又称之为真胃，俗称"水肚子"。牛消化道有一食管沟，它从贲门起始到重瓣胃止，由两片肌肉褶构成。当肌肉褶关闭时，形成一个管沟，可使饲料直接由食道进入真胃，避开瘤胃发酵。食管沟是犊牛吮吸奶时把奶直接送到皱胃的通道，它可使吮吸的奶中营养物质躲开瘤胃发酵，直接进入皱胃和小肠，被机体利用。这种功能随犊牛年龄的增长而减退，到成年时只留下一痕迹，闭合不全。胃的容积大，占整个消化系统的70%。4个胃室的相对容积和机能随牛的年龄变化而发生很大变化。初生犊牛皱胃占整个胃容积的80%或以上，前两胃很小，而且结构很不完善，瘤胃黏膜乳头短小而软，微生物区系还未建立，此时瘤胃还没有消化作用，乳汁的消化靠皱胃和小肠。随着日龄的增长，犊牛开始采食部分饲料，瘤胃和网胃迅速发育，瘤胃黏膜乳头也逐渐增长变硬，并建立起较完善的微生物区系，3～6月龄时已能较好地消化植物饲料。而皱胃则生长较慢。

1. 瘤胃

瘤胃最大，占 4 个胃总体积的 80%；而网胃最小，占 5%；瓣胃和皱胃各占 7%～8%。瘤胃的发育随着年龄、采食饲料的种类、饲养管理等因素的改变而在结构、体积和微生物种群上发生改变。成年牛的瘤胃几乎充满了整个腹腔左侧，下部的一部分越过正中线占据腹腔右半部。

瘤胃是一个发酵罐，为厌氧环境，能够容纳 132L 以上含 10%～20% 干物质的物料，是微生物活动的场所。常见的微生物有细菌、纤毛虫和真菌。细菌附着于饲料颗粒，将饲料降解并产生挥发性脂肪酸（VFA），作为牛的一种能量来源。瘤胃内的 pH 值为 5.5～7.0，温度为 39～40℃。当瘤胃内 pH 值降至 5.0 以下时，瘤胃微生物失去活性；若 pH 值升至 8.0 以上，瘤胃微生物也会失去活性。饲料在瘤胃内停留 20～48h，瘤胃每 50～60s 收缩两次以上。瘤胃的内壁表面布满乳头状、细小如手指状的突起，以此增加瘤胃的吸收面积。挥发性脂肪酸、氨和水可以直接通过瘤胃壁进入血液。

2. 网胃

内壁呈蜂巢状，贲门和瘤网皱褶将网胃和瘤胃隔开。位于剑状软骨区的体正中面偏左，与第 6 至第 8 肋骨相对。其前壁紧贴膈及肝，而膈与心包的距离仅为 1.5cm。当饱食后，膈与心包几乎相接。随着网胃的有力收缩，瘤网皱褶移位从而将网胃内的消化物推向上方进入瘤胃，这一过程随瘤胃肌肉收缩而反复。同时，在此过程中将网瓣口打开，细小浓稠的消化物流入瓣胃，而粗大稀疏的消化物反流回瘤胃的腹囊中。消化物流出瘤 - 网胃之前，网胃的收缩起了分类过筛的主要作用。因此，当牛吞食的金属异物进入网胃后，由于网胃的蠕动与收缩，金属异物常刺穿网胃壁而引起创伤性网胃炎，严重者可刺穿膈进入心包而引起创伤性心包炎。

瘤 - 网胃是牛容量最大的消化器官，整个消化道内 67% 的消化物存在于瘤 - 网胃中。瘤胃本身的重量占整个消化道重量的 44%。两个区域适合微生物发酵的最佳 pH 值为 6.0～6.8。

3. 瓣胃

瓣胃呈球状结构，是由许多肌肉形成的叶片状结构组成，俗称"重瓣"或"百叶肚"。位于体正中面的右侧，在肩端水平线与第 8 至第 11 肋间隙相对处，前由网瓣胃孔与网胃相连，后由瓣皱胃孔与皱胃相接。成年牛的瓣胃形状与一个篮球大小相当，有一定的活动范围。来自瘤 - 网胃的消化物通过瓣胃中的叶片状结构后变得很干，瓣胃吸收了从瘤胃来的水分等物质，如钠离子（Na^+）和碳酸（H_2CO_3）。过量摄入矿物质和低劣的纤维，如向日葵籽壳、半干不湿的玉米皮、粉碎的稻草粉可以造成瓣胃的阻塞。

4. 皱胃

皱胃是牛的第四个胃，常称为"真胃"，因为它具有腺体表层，分泌消化酶和盐酸（HCl）。皱胃有两个独特的结构，其基底主要分泌盐酸和酶，以维持皱胃酸性环境，皱胃的 pH 值为 2～4，可以杀灭来自前胃的微生物。消化物进入十二指肠之前在幽门区被聚集成小团。皱胃中的食物刺激胃壁分泌盐酸，盐酸能使胃蛋白酶原转变为胃蛋白酶，胃蛋白酶能使蛋白质变成短链的多肽或氨基酸，以利于小肠消化和吸收；在皱胃中还可消化一些脂肪。

5. 小肠

小肠由十二指肠、空肠、回肠 3 段组成，长 27～49m，相当于体长的 20 倍。小肠部分的消化腺很发达，胆汁和胰液由导管输入小肠的第一段十二指肠内，十二指肠起于皱胃幽门，其后是空肠，空肠是小肠中最长的一段，与管壁较厚的回肠相连，回肠末端开口于盲肠与结肠的交界处，连接处有回盲瓣，瓣口控制食糜从小肠流入盲肠和大肠，并且阻止回流入小肠。小肠管腔内壁布满如指纹样的网状突起，称为绒毛。绒毛中分布有淋巴管和大量毛细血管，其上还有更微小的绒毛。这些绒毛可以扩大吸收的表面积，小肠是进行消化和吸收的主要部位。

6. 大肠

牛的大肠包括盲肠、结肠和直肠 3 段，长 6.4～10m，是牛消化道的最后一段。大肠较短、管径较粗，肠黏膜上无肠绒毛，发达部有纵肌带和肠袋。盲肠是悬垂在回肠和结肠之间的外突肠段。盲肠有两个开口，即回盲口和盲结口，分别与回肠和结肠相通。牛的盲肠较为发达，主要是消化前段未被消化的纤维。结肠分为升结肠、横结肠和降结肠 3 部分，结肠是大肠部分最长的一段，起始部粗如盲肠，向后逐渐变细，结肠能吸收食糜中大量的水分和电解质。结肠连接最后一段称为直肠，位于骨盆腔内，后端与肛门相连，主要作用是吸收水分和排出粪便。

据报道，反刍动物的瘤胃可看作是一个发酵罐；盲肠和结肠也进行发酵作用，能消化饲料中纤维素的 15%～20%。因此，牛等反刍动物两大发酵罐同时并存，纤维素经发酵产生大量挥发性脂肪酸，可被机体吸收利用。

一切不能被消化利用的草料残渣、消化管的排泄物、微生物发酵腐败的产物，在结肠内形成粪便，经直肠、肛门排出。大肠内也会产生少量有毒物质，大部分随粪便排出，少量被吸收入肝脏解毒。长期便秘，毒物积聚不能排出易引起机体中毒。因此，必须每天观察大便情况。

由于复胃和肠道长的缘故，食物在牛消化道内存留时间长，一般需7～8d甚至10d以上的时间，才能将饲料残余物排尽。因此，牛对食物的消化吸收比较充分。

（二）瘤胃内环境和功能

1. 瘤胃内环境

（1）瘤胃中内容物分布。牛采食时摄入的精饲料，大部分沉入瘤胃底部或进入网胃。草料的颗粒较粗，主要分布于瘤胃背囊。

（2）瘤胃中的水。瘤胃内容物的水分来源，除饲料水和饮水外，尚有唾液和瘤胃壁透入的水。以喂干草、体重530kg的母牛为例，24h流入瘤胃的唾液量超过100L，瘤胃液平均50L，24h流出量为150～170L。白天流入量略高于夜间流入量。通常将每小时离开瘤胃的流量占瘤胃液容积的比例称为稀释率。喂颗粒饲料的牛平均流量为18%瘤胃液体容积，即9L/h。泌乳牛流量比干奶牛高30%～50%。瘤胃液约占反刍动物机体总水量的15%，而每天以唾液形式进入瘤胃的水分占机体总水量的30%，同时瘤胃液又以占机体总水量30%左右的比例进入瓣胃，经过瓣胃的水分60%～70%被吸收。此外，瘤胃内水分还通过强烈的双向扩散作用与血液交流，其量可超过瘤胃液10倍之多。瘤胃可以看作体内的蓄水库和水的转运站。在生产实际中，如能通过调控瘤胃水平衡来提高瘤胃稀释率，可提高瘤胃微生物蛋白进入小肠的数量。

（3）瘤胃温度。瘤胃内温度比牛体温高1～2℃，瘤胃正常温度为39～41℃。瘤胃温度易受饲料、饮水等因素影响。采食易发酵饲料，可使瘤胃温度高达41℃。当饮用25℃的水时，会使瘤胃温度下降5～10℃，2h后才能复原到39℃。瘤胃部位不同，温度亦有差异，一般腹侧温度高于背侧温度。

（4）瘤胃内容物比重。据研究，瘤胃内容物的比重平均为1.038（1.022～1.055）。放牧牛有的报道是0.80～0.90，有的报道平均为1.01。瘤胃内容物的颗粒越大比重越小，颗粒越小比重越大。

（5）瘤胃内环境的pH值。瘤胃pH值变动范围为5.0～7.5，低于6.5对纤维素消化不利，而对淀粉则没有影响。瘤胃pH值易受日粮性质、采食后测定时间和环境温度的影响。喂低质草料时，如秸秆，瘤胃pH值较高。喂苜蓿和压扁的玉米时，瘤胃pH值降至5.2～5.5。大量喂淀粉或可溶性碳水化合物可使瘤胃pH值降低，采食青贮料时pH值通常降低，饲后2～6h瘤胃pH值降低，以后随着唾液的分泌pH值又回升。背囊和网胃内pH值较瘤胃其他部位略高。

（6）瘤胃内环境的渗透压。一般情况下，瘤胃内渗透压比较稳定。平均为 280mOsm/kg（260～340mOsm/kg）。饲喂前一般比血浆低，饲喂后数小时高于血浆，然后又渐渐转变为饲前水平。饮水导致瘤胃渗透压下降，数小时后恢复正常。高渗透压对瘤胃功能有影响，当达到 350～380mOsm/kg 时，可使反刍停止。体外试验表明，达到 400mOsm/kg，纤维素消化率下降。

（7）瘤胃的缓冲能力。瘤胃 pH 值在 6.8～7.8 时具有良好的缓冲能力，超出这个范围则缓冲力显著降低。重要的缓冲物为碳酸氢盐和磷酸盐，缓冲能力与碳酸氢盐、磷酸盐、挥发性脂肪酸的浓度有关。饲料粉碎对缓冲力的影响很小，饮水的影响主要是由于稀释了瘤胃液，牛在绝食情况下，碳酸氢盐比磷酸盐更重要，当 pH 值 <6 时，磷酸盐相对比较重要。

微生物发酵需要比较稳定的酸碱度。唾液是重要的缓冲剂。唾液分泌量在吃粗饲料时最多，吃精饲料时则少，咀嚼时间长就多，咀嚼时间短则少，唾液还为微生物提供些营养物。所以，唾液对牛瘤胃的活动尤为重要。

（8）氧化还原电位。瘤胃内经常活动的菌群，主要是厌气性菌群，使瘤胃内氧化还原电位保持在 250～450mV。负值表示还原作用较强，瘤胃处于厌氧状态；正值表示氧化作用强或瘤胃处于需氧环境。在瘤胃内，二氧化碳占 50%～70%，甲烷占 20%～45%，还有少量的氢气、氮气、硫化氢等，几乎没有氧气的存在。有时瘤胃气体中含 0.5%～1% 的氧气，主要是随饲料和饮水带入的。不过，少量好气菌能利用瘤胃内氧气，使瘤胃内仍保持很好的厌氧条件和还原状态，保证厌氧性微生物连续生存和发挥作用。

（9）瘤胃液的表面张力。通常瘤胃液的表面张力为 $5×10^{-4}～6×10^{-4}$ N/c 当表面张力和内容物黏度都增高时会造成瘤胃的气泡臌气。饮水和表面活性剂（如洗涤剂、硅、脂肪）可降低瘤胃液的表面张力，而饲喂精饲料补充料，尤其是小颗粒的，可使瘤胃内容物黏度增高，表面张力增加。

2. 瘤胃功能

瘤胃通过其强有力的肌肉组织对食团进行混合和搅拌。瘤胃的运动可以混合内容物，增加粗饲料颗粒的回流量和亲和性，增强反刍、消化能力。瘤胃可看作是一个发酵罐，其中的某些微生物促进了气体的产生。这些气体位于瘤胃上部，主要由二氧化碳和甲烷组成，通过嗳气排出体外，每天有 500～1000L。

（1）瘤胃发酵作用。瘤胃中微生物主要是细菌和原生动物，另外还有真菌，1mL 瘤胃液可含 160 亿～400 亿个细菌和 20 万个原生动物。细菌和原生动物种类很多，摄入的饲料种类决定着细菌主要群系，而细菌群系又决定着挥发性脂肪酸的生成量和比例。

瘤胃发酵的主要功能：从纤维素和半纤维素中吸取能量，将蛋白质和非蛋白氮（NPN）转变成细菌蛋白，后者可被牛利用合成乳蛋白；牛可利用瘤胃细菌合成的 B 族维生素复合物和维生素 K，瘤胃发酵还可中和饲料中的一些有毒成分。

与此同时，瘤胃内碳水化合物的发酵与部分能量损失有关（甲烷和二氧化碳的生成）。如果细菌没有足够的能量将氨转化成细菌蛋白，就会部分地降解饲料中高营养价值的蛋白质，从而使其以氨的形式丢失。牛采食大量的低能量植物纤维如劣质牧草，这些物质需在瘤胃内停留较长时间以便逐渐发酵。但日粮植物纤维比例过高时，即使牛摄入大量的这类饲料仍会发生能量不足。虽然瘤胃内微生物对日粮成分的变化适应很快，但牛仍然需要相当长的时间调整，以适应不同挥发性脂肪酸比例的变化。因而，改变饲料成分应当是渐进的（需 4～5d）。瘤胃内每天细菌生成量，直接与可被细菌利用的能源量相关，后者又与采食饲料所含的能量呈正比。虽然牛并不直接采食细菌，但是瘤－网胃内每天可形成 2.5kg 的细菌蛋白（相当于 400g 氮）排入小肠。这些细菌蛋白在小肠内被消化并作为氨基酸的主要来源。

（2）瘤胃动力学。健康的牛，瘤胃每分钟有两次以上的收缩，瘤胃的运动促进内容物的混合，使细菌和饲料接触增加。如果瘤胃内容物较为稠厚和粒度较短，就直接推移出瘤胃，并将粒度长的饲料推移至瘤胃上端，供产生反刍。牛每天有 8～10 次的反刍，反刍周期包含 4 个阶段。当食道周围部位因粗饲料的感受和刺激便发生回呕（刮擦效应）；一旦粗饲料位于口腔，就发生第二阶段的再咀嚼，磨碎饲料至较小的颗粒；第三阶段是再次分泌唾液，唾液中含有缓冲剂或缓冲物质，与回呕的饲料混合后能够稳定瘤胃的 pH 值，一头牛正常反刍时，1d 能产生多至 100L 的唾液；第四阶段是牛再吞咽草团，如果粗饲料经过咀嚼已经机械地减小粒度，当饲料粒度浓稠（较重）和较短时，饲料应下沉至瘤胃底部，随后离开瘤胃移入网胃，但粒度长的饲料在瘤胃中悬浮，在瘤胃上部形成饲草或干草的浮筏，并促使另行的反刍。如果粗饲料过于粗长，诸如农作物秸秆，就需要更多的时间再次咀嚼饲料，这样就降低了总体的干物质进食量。

当饲料在瘤胃中发酵时，将形成大量的甲烷、二氧化碳和其他气体，就必须通过嗳气不断排出（28～47L/h）。在通常情况下，气体的扩张促使母牛必须有瘤胃的收缩，这将起到清理或疏通食道的作用，并将气体嗳出或嗝出；如果这一部位没有疏通或者气体形成泡沫，牛可能发生瘤胃臌胀。

（3）碳水化合物的瘤胃发酵。平均而言，碳水化合物占 70% ～ 80% 的日粮干物质，而蛋白质、脂肪和矿物质组成其余的部分。

碳水化合物是瘤胃微生物的主要能量来源。在饲料中有两种类别的碳水化合物，即非结构性碳水化合物（糖和淀粉）和结构性碳水化合物（纤维素、半纤维素和果胶）。

糖存在于植物的细胞以及诸如糖蜜和乳清的饲料中。淀粉是能量的储存形式，存在于谷物和块根中。

结构性碳水化合物为植物提供刚度和力度，木质素不是碳水化合物，但在分析上列入结构性碳水化合物。

结构性碳水化合物和非结构性碳水化合物由瘤胃微生物消化（从复杂结构转化成单糖），并发酵产生挥发性脂肪酸。这些挥发性脂肪酸提供了 60% ～ 80% 母牛所需要的能量，瘤胃中未降解的碳水化合物、脂肪和蛋白质，提供了其余的能量。挥发性脂肪酸从瘤胃吸收进入血液，并转运至肝、乳腺、脂肪沉积组织和其他组织。当各个挥发性脂肪酸的产量和比率改变时，产奶量和奶成分也发生变化。碳水化合物的瘤胃降解有所不同，这取决于饲草的成熟度、碳水化合物的来源（结构性的还是非结构性的）以及诸如谷物的粉碎和饲草切割的加工处理程度。

（4）蛋白质和氮的代谢。蛋白质为维持、生长、繁殖和产奶所必需。泌乳牛的蛋白质需要量是生物学功能所需要氨基酸的总和。氨基酸是由瘤胃细菌合成的蛋白质和过瘤胃饲料蛋白质，在小肠消化后供给的。有 60% ～ 70% 的日粮蛋白质由微生物降解为肽、氨基酸和氨，这些都可被微生物用作氨的来源。

瘤胃微生物利用氨合成蛋白质。未利用的氨通过瘤胃壁吸收，进入血液，在肝中转换成尿素，通过唾液再进入瘤胃被利用或从尿液和乳汁中排出。

牛奶尿素氮（MUN）浓度超过 18mg/100mL 的奶牛群，有两种情况：一是瘤胃中蛋白质利用效率低下；二是瘤胃中过多的氨或瘤胃有效能量缺乏，从而限制了微生物的生长。

有 3 种类别的蛋白质可以用于表述瘤胃的日粮蛋白质的利用情况和限定奶牛蛋白质的需要量。

可溶性蛋白质（SP）是在瘤胃中快速降解的饲料蛋白质部分，如尿素或酪蛋白。

瘤胃可降解蛋白质（RDP），是瘤胃内可被降解的饲料蛋白质部分（包括可溶性蛋白质和降解较为缓慢的蛋白质来源）。约有一半的日粮可降解蛋白质应该为可溶性蛋白质的形式。日粮中必须提供充足的 RDP，使瘤胃液的氨浓度达到合适浓度，供微生物蛋白质的合成。

瘤胃非降解蛋白质（RUP），是不能在瘤胃中降解，而是通过瘤胃进入下一消化道仍然保持原样的饲料蛋白质部分。瘤胃非降解蛋白质包括了下一消化道消化和吸收的有效部分（也称为过瘤胃蛋白）以及不消化并在粪便中排出的部分（也称为结合蛋白、热损害蛋白、酸洗纤维不溶氮）。

营养师对氨基酸营养的目标是增加微生物氨基酸的瘤胃合成（满足所需要总蛋白质的 50% ～ 70%），并且用含有必需氨基酸的瘤胃非降解蛋白（RUP）与瘤胃微生物产生的氨基酸相补充，满足母牛的氨基酸需要量。

（5）脂肪代谢。通常喂给奶牛的日粮中，脂肪以适中的数量存在（2% ～ 3%）。当母牛在产奶量高峰期而处于负能量状态时，补充脂肪可以增加日粮的能量含量。如果干物质进食量没有降低，总的脂肪水平可以增加到日粮干物质的 6%。脂肪酸的组成和脂肪、油脂在瘤胃的惰性程度，是影响瘤胃环境和干物质进食量的重要条件。

采食的日粮脂肪和油类中，既有三酰甘油（3 个脂肪酸附着于 1 个甘油分子），也有游离脂肪酸。瘤胃微生物水解三酰甘油成脂肪酸和甘油（由瘤胃微生物用作次要的能量来源）。饲料中的脂肪酸可以分为饱和脂肪酸和不饱和脂肪酸。

瘤胃微生物可以部分氢化不饱和脂肪酸，形成相似碳链长度的较为饱和的脂酸。脂肪酸（诸如大豆中的）可能负面地干扰瘤胃发酵并降低纤维的消化率。不饱和脂肪酸对瘤胃纤维消化细菌可能是有毒性的，并可包被纤维颗粒，因而降低了细菌的附着和纤维的消化。

（6）矿物质和维生素。矿物质为瘤胃微生物生长所需要，应该与饲草和精饲料混合饲喂。水溶性 B 族维生素可由瘤胃微生物合成，并满足牛的需要。钴是瘤胃微生物合成维生素 B_{12} 所需要的。硫则为瘤胃微生物合成硫氨基酸所需要的，饲粮中理想的氮硫比例为（10 ～ 12）：1。

（7）优化瘤胃消化。瘤胃中微生物发酵产生的挥发性脂肪酸是牛能量的主要来源。最主要的挥发性脂肪酸是乙酸，占挥发性脂肪酸的 65% ～ 90%。乙酸产自结构性碳水化合物的消化，并有乳腺合成牛奶中的脂肪酸。乙酸也是体组织中的一种能量来源。

丙酸或丙酸盐是一种产自淀粉、糖和果胶消化的三碳挥发性脂肪酸。瘤胃产生的丙酸，占挥发性脂肪酸的 15% ～ 30%。乳酸也在瘤胃中产生。肝脏可以用丙酸合成葡萄糖，葡萄糖用于合成牛奶中的乳糖。

第三种主要挥发性脂肪酸是丁酸或丁酸盐，是产自结构性碳水化合物和糖分解的四碳挥发性脂肪酸，占所产生的挥发性脂肪酸的 5%～15%。丁酸可用作体组织的能量来源，并用于乳脂的合成。在瘤胃中也产生其他的挥发性脂肪酸（戊酸、异丁酸），但与 3 个主要的挥发性脂肪酸相比，其数量很少。

瘤胃液中乙酸对丙酸（A:P）的比率（如 60% 的乙酸:20% 丙酸或 3:1），可以表示瘤胃发酵的特征。在最适的条件下，A:P 比率应该大于 2.2:1。生产丙酸在能量利用上效率较高，而且可提供高产奶牛所需的葡萄糖前体。相对于丙酸的高水平乙酸，说明日粮中纤维多而淀粉少；相对于乙酸的高水平丙酸，可能表示纤维消化率降低和酸中毒。

（8）瘤胃 pH 值的影响。牛体内液体的 pH 值对正常的化学反应和健康状况至关重要。瘤胃的 pH 值变化范围为 5.5～7.5，最佳 pH 值为 6.2～6.8。瘤胃内纤维消化细菌的生长最好在 pH 值为 6.0～6.8，但淀粉消化细菌的生长宜在 pH 值为 5.5～6.0。因此，为了两种细菌群的最佳生长，并产生有利的蛋白质产量和各个挥发性脂肪酸比率，瘤胃的 pH 值须保持在近乎 6.0。

（9）影响瘤胃 pH 值的因素。

①饲草与精饲料比率。高饲草日粮有利于 pH 值超过 6.0，并可以引起唾液的大量分泌。唾液中含有缓冲瘤胃和增加乙酸产量的碳酸氢钠。瘤胃细菌发酵饲草中的主要碳水化合物（纤维素和半纤维素）没有发酵精饲料中的碳水化合物（淀粉和糖）那么快。瘤胃的 pH 值高有利于乙酸的产生以及高的 A:P 比率（超过 3）和较高的乳脂率。饲喂过量的精饲料则会增加丙酸产量，降低瘤胃 pH 值（6 以下），降低干物质进食量，减少微生物营养物质的产量，并导致乳脂抑制（乳蛋白率虽有增加，但乳脂率降低）。

②饲料的物理形状。粉碎、制粒、切断和在搅拌车内过度混合，均可改变饲料粒度。如果饲草粒度过短（母牛采食少于 2.3kg 的粒度在 2.5cm 饲草），瘤胃的饲草悬浮就难以形成，这样纤维的消化降低，而且瘤胃的 pH 值下降。由于较少的咀嚼或反刍时间，唾液的产量也减少。母牛通常每天有 8h 以上的咀嚼时间或者每 0.45kg 干物质有 10～15min 的咀嚼时间。休息时，60% 的母牛应该反刍。如果精饲料过细，淀粉的微生物发酵就会加速瘤胃 pH 值降低，而且丙酸产量和乳酸产量增加，由此降低了乳脂率，提高了乳蛋白率，减少了产奶量。粮食谷物的蒸汽压片、制粒和粉碎会崩解淀粉颗粒，提高瘤胃利用率，并可支持瘤胃微生物的生长，但也可能增加瘤胃酸中毒的风险。

③饲料进食量。随精饲料进食量的增加，特别当含有大量的可发酵碳水化合物时，瘤胃 pH 值可能下降。随着较多的干物质进入瘤胃，就有较多的细

菌发酵，发酵随之扩增，并增加了挥发性脂肪酸的产量。产生的唾液数量虽有增加，但与较高饲料进食量相比较，增加的数量或速率相对缓慢，这样唾液的缓冲作用有所抵消，使 pH 值下降。

④日粮的水分含量。饲喂湿的饲料可以降低瘤胃 pH 值，因为反刍减少，产生的唾液减少。如果总日粮的水分超过 55%，干物质进食量也减少。

⑤饲喂不饱和脂肪和油类。不饱和脂肪酸，诸如植物油，可以降低纤维的消化率，对纤维消化细菌具有毒性，可包被纤维粒，减少纤维的消化。油籽的加工可破坏种子的细胞壁，释放油脂存在于瘤胃，影响纤维的消化。

⑥饲喂方法。饲喂全混合日粮（TMR）可以较好地稳定瘤胃 pH 值，增加干物质进食量，并减少挑食。如果精饲料是分开饲喂的，每次限量至 2.27kg 的干物质，避免高淀粉饲料的大量饲喂，并尽可能减少细粉碎谷物的饲喂。

二、母性行为

（一）母性行为概述

母性行为（maternal behavior）是指幼畜出生前后母畜所表现出来的分娩及育幼相关的行为，主要包括选地、做窝、分娩、舔仔、识仔、喂仔、护仔、教仔、亲仔等行为表现。母性行为在保持母畜与后代关系以及种内社会关系中占据重要地位。对后代来说，母性行为对其存活和适应环境起关键作用。母畜是其后代学习的最初来源，母畜可以提供给幼畜以社交经验及捕食、鸣叫和识别事物的技巧。诸多研究表明，母仔交流不畅或距离过远可明显增加后代情绪的紧张和沮丧，从而给后代成活、生长及健康带来不利影响。

母仔识别主要依靠嗅觉、视觉和听觉，母畜识别仔畜的能力是分娩时就具备的，仔畜出生后只要与母畜有几分钟接触，母畜就能通过嗅仔畜的泄殖区从而鉴别出自己的仔畜。母畜在舔舐新生畜中学到了许多怎样识别自己仔畜的本领，母畜的舔舐也促使幼畜对自己的母亲产生初始的兴趣，犊牛出生 6h 之内开始出现吮乳行为。随着日龄的增长，在仔畜识别母畜的能力中，视力的重要性下降，听力的重要性增加。据观察，放牧牛牧归时发出哞叫，以寻找自己的犊牛；犊牛听到后也发出哞叫，犊牛叫声较母牛叫声频繁且很有规律，每头犊牛哞叫有各自特定的时间间隔，如 9s、13s 等不同，此时母仔识别中听觉很重要。

（二）母性行为表达

1. 分娩前行为

接近分娩时母牛会从畜群中移至畜群外，为避免与其他个体发生冲突，通常会寻找一处安静、不受同伴和人类干扰的地方。如果受到干扰，分娩可能就会延迟数小时。母牛行为会在分娩的前几天或几个小时突然改变，表现为精神不安、徘徊走动、食欲减退、不时作排尿状并伴随着舔舐自己的腹侧或摇尾。

2. 分娩

分娩通常可分为 3 个阶段：第一阶段，子宫开始收缩，黏膜与液体排出，并破水；第二阶段，子宫收缩加强，产出犊牛；第三阶段，胎盘（胎衣）排出，母牛开始舔舐幼牛，多数母牛产犊后会将胎盘吃掉，这是某些偶蹄类动物的行为表征。这样可有效防止细菌污染，也可避免掠食者闻味而至。

3. 母仔识别

母性行为是母牛哺育、保护和带领犊牛能力的表现。生单胎的母牛要比生双胎的母牛反应性强些。初胎母牛的保姆性常不成熟，但经产牛较强。而当 2 头双胞胎犊牛分开时，这种反应会加强。母牛在产犊后 2h 左右即与犊牛建立牢固的相互联系。母仔相识，除通过互相认识外貌外，还依靠体味、叫声。母牛识别犊牛是在舔初生犊牛被毛上的胎水时开始，母牛舔舐新生犊牛，从而刺激犊牛血液循环并排出胎尿和胎粪。当犊牛站立吸吮母乳时，尾巴摆动，母牛回头嗅犊牛的尾巴和臀部，进一步巩固对亲犊的记忆，发挥保姆性。犊牛存在时，其体味、叫声或用头部激烈撞击母牛乳房等排乳刺激促进母牛催产素的分泌，乳汁开始由乳腺排出。母牛保护亲犊吮乳，拒绝非亲犊吮乳。犊牛识母，是通过吮乳时对母牛气味的记忆，以及吮乳过程中母牛轻柔的叫声与舔嗅行为。经 1～2h 的相处，犊牛即能从众多母牛中凭声音准确找到母亲。人工哺乳的犊牛也可以此认出犊牛饲养员，使以后成长为成年牛时仍对人温顺，较之随母牛哺乳成长的牛，更易接受乳房按摩和人工挤乳等活动。

4. 母仔关系建立

母牛在舔舐犊牛过程中对犊牛的气味形成记忆，舔舐时间可达 1.5h。另外，母牛和犊牛进行声音交流，对发展母仔关系也是非常重要的。犊牛出生后几分钟内便可建立母仔联系，如果延迟母仔联络 5h，50% 的母牛会拒绝接受犊牛。可见，母仔关系形成的关键期为产后几小时之内。如果经过一段短暂的接触后，把犊牛移走，母牛则表现不安，并呼唤。经过 24h 分离后，母牛则不再辨识自己的犊牛。

5. 哺乳行为

大多数仔牛在出生后 5 ～ 6h 就会吮乳，如同其他年幼的反刍动物一样，犊牛寻找母牛无毛的区域来寻找乳头，接触最多的是腋下和腹股沟。母牛的乳房形状影响犊牛找到乳头的时间，如果乳房较大且下垂，犊牛要花费较长的时间进行第一次吮乳，从出生到第一次吃到乳，初产乳牛的犊牛需要约 200min；经产乳牛的犊牛需要接近 300min，与乳头形状大小以及初生乳牛的个体都有关系。而母牛的乳房小，犊牛花费时间则较短（17min），母性好的母牛通过移动身躯使犊牛容易找到乳头。当哺乳时，母牛表现出特殊的伸腿姿势、使肩部降低，刺激乳的流出，新生犊牛每天哺乳 5 ～ 7 次，持续时间 8 ～ 10min，随着年龄的增大，哺乳时间减少。

6. 护仔行为

护仔行为是母牛的本能，当异物接近犊牛或听到犊牛的求救叫声时，母牛往往不畏强敌去保护自己的犊牛。护仔行为很大程度上发生在母牛身上，通常描述为母性；而寻求保护是幼龄犊牛的行为，护仔、寻求保护这些行为从出生后不久开始表现，直到母仔分离后。

母牛在产犊时寻找相对安静的地方，如果有可能，它们会藏起来。出生后新母亲的寻仔行为立即就显现出来，它站起来开始舔干它的新生犊牛，有些母牛开始跟它们的孩子"讲话"。在它们的孩子首次试图站立、跟跟跄跄走出几步时，它们变得十分担心和敏感。在母牛的舔护和"言语"的鼓励之下，犊牛逐渐站立，开始寻找乳头。新生犊牛的视力都不太好，但可以闻、碰触和尝试。如果在牧场上，新母亲通常会把它的犊牛藏起来，在出生后的 1 ～ 2d 犊牛主要是睡觉，母牛就在附近吃草，忍住巨大的疼痛不会暴露出隐藏犊牛的地方。在吃草间隙，它返回藏身之处去喂犊牛。

母牛和犊牛之间的识别是通过闻（嗅觉）、看（视觉）和听（听觉）。母牛会在离开一段时间后嗅闻它的犊牛，犊牛也会识别出它母亲的叫声。这种母牛和犊牛之间的联系非常强。若在出生后 1h 左右的这个关键时段把犊牛从它的母亲身边移走，过段时间再放到它的母亲身边，犊牛常会遭到母牛的拒绝。

三、繁殖行为

牛是单胎家畜，繁殖年限为 10 ～ 12 年，家牛一般无明显的繁殖季节。性成熟年龄，公牛为 6 ～ 10 月龄，母牛为 8 ～ 14 月龄。母牛性成熟之后，出现正常的发情周期,家牛的发情周期通常为 18 ～ 24d,妊娠期为 280 ～ 285d。母牛产后通常在 30d 以后出现第一次发情。牛发情时,多出现明显的兴奋、不安、哞叫、爬跨等表现,采食量亦下降,可以据此进行发情鉴定。妊娠期的长短,因品种、个体、年龄、季节及饲养管理条件的不同而异。母牛妊娠后,性情一般变得温顺,行动迟缓;外阴部比较干燥,阴部收缩,皱纹明显,横纹增多。

(一)发情、交配行为

母牛发情具有明显的周期性。发情时,母牛变得不安、兴奋,采食量下降、外阴红肿、阴道分泌物增加,常伴有"挂线"现象,愿意接近公牛,并接受公牛爬跨。公牛的交配具有特定的行为过程,其典型的模式是:性激动、求偶、勃起、爬跨、交合、射精和交配结束。当发情母牛与公牛接触时,常出现公牛嗅舐母牛外阴部,然后公牛阴茎勃起试图爬跨,母牛接受时,体姿保持不动,公牛跃起并将前肢搭于其骨盆前方,阴茎插入后 5 ～ 10s 射精,尾根部肌肉痉挛性收缩,公牛跃下,阴茎缩回,完成交配动作。

(二)分娩行为

母牛的分娩可分为产前期、胎儿产出期和产后期 3 个行为时期。

1. 产前期

临产时,母牛摄食行为减弱,出现有规则的不安,惊恐地环顾四周,两耳不断往各个方向转动,继而表现为躺下和起立交替,不断踏步,回顾腹部,并常拱背、尿频,出现轻度的腹部收缩运动。随着时间的延长,疼痛性痉挛越来越明显和频繁,此后每隔大约 15min 出现一次持续约 20s 的强直收缩。产前期大约持续 4h。

2. 胎儿产出期

胎儿产出期开始于更为强烈的努责,羊膜暴露,大约每隔 3min 有一次持续 0.5min 左右的努责。犊牛的前肢被推挤到外阴部时,努责则更强、更快。当犊牛的前躯部分产出之后,多数母牛即可迅速起立(若此前母牛是侧卧躺下),并采取站立姿势,犊牛的后躯于是很快地由盆腔中脱出,随着脐带断裂,分娩期结束。

3. 产后期

在胎儿产出、母牛经过或长或短的休息之后,开始舔吃犊牛体表附着的胎膜和胎水。自然状态下的母牛,甚至会吞噬随后排出的胎盘;在人工饲养管理下，一般会采取措施，防止母牛这种产后行为的建立。

四、争斗行为

争斗行为多发生于公牛之间，发生打斗时先用前肢刨地，大声吼叫，然后用头角相互顶撞，直至分出胜负。母牛一般比较温顺，很少发生争斗，偶见于采食、饮水时，以强欺弱。

争斗行为是个体之间头部和角基部顶在一起的动作，一方将另一方顶到后退、逃跑为止，整个过程结束，常在等级不明或等级接近的个体之间发生，也可发现犊牛的社会游戏行为有与争斗行为相同的动作；头顶和推开是上位个体对下位个体所表示的行为，头顶是用头部，推开是使用肩和体侧部排挤下位个体的行为；威吓可以看作是头顶动作形式化的行为或头顶动作的前行为，当威吓有效果时，就不会发生实际的头顶行为，即上位个体向下位个体摆出攻击的架势而吓退对方，实际上是没有物理性接触就排挤成功的行为；逃避是下位个体面对上位个体的攻击或威吓而逃离的行为；回避是下位个体尽管没有受到上位个体的威吓或者是预先察觉到上位个体威吓等行为，避免受到物理性攻击而避开的行为。

争斗行为、头顶和推开动作是个体之间的实际接触，称为物理性敌对行为，而威吓、逃避、回避称为非物理性敌对行为。在一个群体等级安定的群内，可以观察到其非物理性的敌对行为所占的比例较高。两者的比例可以看作牛群内社会安定的一个指标。

牛只间的攻击行为和身体相互接触主要发生在建立优势序列（排定位次）阶段。牛只的排序通常由其年龄、体重、气质以及在牛群中的资历等因素决定。通过这种方式，年长和体型大的牛只通常会拥有较高的优势地位，而年幼、体轻和新转入群体内的母牛地位较低。

另外，牛只自身活动（躺卧、站立和伸展等）所需要的空间范围和同伴之间所要保持的最小距离空间范围受到了侵犯，牛会试图逃跑或对"敌对势力"进行攻击。牛所需的空间范围一般以头部的距离计算。通常在放牧条件下，成年母牛的个体空间需求为 $2 \sim 4m^2$。如果密度过大限制了其自由移动，牛只就会产生压力，并表现出相应的行为。诸如食物、饮水和躺卧位置等资源条件受到限制，可能会激发牛只间大量的、剧烈的攻击性行为。因而，在牛场设计时，考虑牛的空间需求是很有必要的。

第二节　肉牛习性

一、合群

牛科动物在自然状况下常常是自发地组成一个以母牛为主体的"母性群体"。这种结构是由一头老母牛、它的后裔及其幼犊所组成的持久的联系。成年公牛通常是独居生活或生活在"单身群"中，只有在繁殖李节才同母牛发生接触。在家牛中，特别是在密集饲养条件下，这种畜群组织特点则已完全改变了。"母性群体"已经消失，往往是将同性别、年龄相近的牛饲养在一起。

牛是群居家畜，具有合群行为。根据牛的群居性，舍饲牛应有一定的运动场面积，若面积太小，容易发生争斗。驱赶牛转移时，单个牛不易驱赶，小群牛驱赶则较单个牛容易些，而且群体性强，不易离散。当个别牛受到惊吓而哞叫时，会引起群体骚动，一旦有牛越栏，其他牛会跟随。

家养的牛在散养条件下以群体从一个场所移动到另一个场所，而且个体间距离都很近。在被驱赶或护送时，它们会彼此靠得很近，肉牛经常以群体卧躺，放牧的牛通常相互间保持仅几米的距离，很少会跑到牛群中其他牛的视野之外。对青年母牛的研究显示，母牛之间较其他牛之间更容易结合。在这项研究中，饲养在一起的犊牛，成年时更可能去结合。当然，也形成其他的联合，而且这些联合在混合了各年龄段的哺乳群中发生。在哺乳群中的牛经常彼此梳理（彼此舔舐），并且共度白天大部分的时光。群体间的舔舐及简单的梳理皮肤和毛发对所涉及的动物心理稳定很可能有作用。

多头牛在一起组成一个牛群时，开始有相互顶撞现象。一般年龄大、胸围和肩峰高大者占统治地位。待确立统治地位和群居等级后就会合群，相安无事。这个过程视牛群大小以及是否有两头或两头以上优势牛而定，一般需 $6 \sim 7d$。牛在运动场上往往是 $3 \sim 5$ 头在一起结帮合卧，但又不是紧紧靠在一起，而是保持一定距离；放牧时也喜欢 $3 \sim 5$ 头结群活动；舍饲时仅有 2% 单独散卧，40% 以上 $3 \sim 5$ 头结群卧地。牛群经过争斗会建立优势序列，优势者在各方面都占有优先地位。因此，放牧时，牛群不宜太大，一般以 70 头以下为宜；否则，影响牛的辨识能力，增加争斗次数，同时影响牛的采食。分群时，应考虑牛的年龄、健康状况和生理状态，以便于进行统一的饲养管理。

二、采食

在一天 24h 中，牛采食时间为 4～9h。采食量大小受牛只年龄大小、生理状态、牧草植被和气候情况制约。牛日采食鲜草量约为其体重的 10%，折合的干物质量约为其体重的 2%。牛的食性特点是以植物性饲料为主，采食量大，进食草料速度快，采食后反刍时间长，有卧槽倒嚼的习惯。牛一昼夜反刍 6～8 次，多者达 10～16 次，总共需 7～8h，约占全天 1/3 的时间，且大部分时间在夜间进行，白天只反刍 4～6 次。所以，要给予牛充分的休息时间。日粮应以体积较大的青粗饲料为主，不宜用大量的精饲料。

牛个体较大，消化系统复杂，代谢机能旺盛。牛没有上门齿，采食主要靠舌头卷入口内，用上齿板与下齿，把饲草夹住撕断，牛采食相对比较粗放，采食时不加选择，不加充分咀嚼就吞咽入胃。因此，饲喂草料时要注意清除混在饲料中的铁钉、铁丝等金属异物；否则，极易造成创伤性心包炎。饲喂块根类饲料时，要切成片状或粉碎后饲喂，块过大易引起食道堵塞。牛的臼齿很发达，当休息时，才把食入的饲料团反刍到口腔内，细致咀嚼，将粗硬的草料锉碎，再咽入胃中。牛采食量大，采食时分泌大量的唾液，每昼夜分泌 60L 左右，大量的唾液起混合、湿润、软化饲料的作用，有利于牛的吞咽和反刍。

每分钟咬啃的次数和每次咬啃的草的长度决定着采食量的多少。牛在正常牧食中每分钟咬啃 50～70 次，在牧食条件十分有利的状况下，可以增加到每分钟 80 次。如果牧草的纤维素和干物质含量低时，每分钟咬啃的次数还可以增加。在一系列咬啃过程中，牛每约半分钟头部常向上抬起一次以完成摄食和吞咽动作，在舍饲下喂以 10cm 长的牧草时，牛可以连续采食 1h 之久而不需要抬头。在一个牧食周期开始时，牧食速率可达最高限，然后逐渐减慢，到牧食周期之末速率降至最低限。通过 10 对同卵双胎的犊牛的牧食行为观察表明，最快和最慢的速率分别为每分钟咬啃 48.5 次和 37 次，而每对双胎的同胞之间每分钟咬啃的次数仅有 2 次的差别。由此可见，牧食的速率是受遗传因素控制的。

三、喜干厌湿

在高温条件下，如果空气湿度升高，会阻碍牛体的蒸发散热过程，加剧热应激；而在低温环境下，如湿度较高，又会使牛体的散热量加大，使机体能量消耗相应增加。空气相对湿度以 50%～70% 为宜，适宜的环境湿度有利于牛发挥其生产潜力。试验证明，在相对湿度为 47%～91%、−11.1～4.4℃ 的低温环境中，牛不产生明显影响；而在同样相对湿度下，处于 23.9～38℃

的环境气温中，牛的体温上升且呼吸加快，生产性能下降，发情受到抑制。因此，牛对环境湿度的适应性主要取决于环境的温度。夏季的高温、高湿环境还容易使牛中暑，特别是产前、产后母牛更容易发生。

四、嗅觉

牛比人能嗅出更远距离的气味，在风速 5000m/h、相对湿度 75% 时，牛能嗅到 3000m 以外的气味，如风速和湿度增加，还会嗅得更远些。母牛在发情时散发出一种特有的吸引公牛的气味，在自然交配（本交）中公牛凭借嗅觉能找到较远距离的发情母牛。

牛在牧食时总是在不断地"嗅闻"牧草，可是是否依靠嗅觉来鉴别哪些牧草被采食或被拒绝，这还是一个不太明确的问题。外来草种的牧草气味、某一区域混有粪便的牧草常可影响牧食的选择性，牛常拒绝杂以排泄物的牧草。但是，如果大片牧场都被污染的话，牛却可以摄取这种牧草。

五、运动

运动是牛的一项喜好，适当运动对于增强牛抵抗力、维持牛的健康、克服繁殖障碍、提高产奶量等均具有重要作用。放牧饲养的牛每天有足够的时间在草场采食和运动，一般不存在缺乏运动问题；舍饲养的牛运动不足，会有不孕、难产、肢蹄病，而且会降低抵抗力，引发感冒等疾病。

牛的最常见运动为行走、小跑和奔跑。此外，还可见跳跃、踢踏等动作以及多种不同的动作组合。

牛需要定期运动来锻炼出发育正常的肌肉、肌腱和骨骼。如果锻炼不足，牛可能会在站起或躺卧时遇到困难、步态不稳以及难以做到动作协调。

饲养于犊牛岛的犊牛，自其有机会锻炼后，犊牛的跑动和跳跃、踢踏意愿均会有所增加、可以通过定期提供运动场和将犊牛饲养于较大的栏内来提供锻炼机会。

放牧牛在采食时可以走很远来寻找水源，但身体活动会消耗能量和时间，多项研究表明，根据草的生长情况、草品质量和牧场大小，放牧牛每天可行走 3～5km。如果牛每天走很远的距离（如大于 10km），其饲料采食量和产奶量均会有所下降。

六、爱清洁

牛喜欢清洁、干燥的环境，厌恶污浊。健康牛通过舔舐、抖动、磨蹭来清理被毛和皮肤，保持体表清洁卫生。体弱牛清洁能力差，导致被毛逆立、粗乱无光，体表后肢污染严重。

牛喜欢采食清洁干燥的饲草，凡被污染、践踏，或发霉变质有异味、怪味的饲料和饮水均不采食饮用。因此，牛舍地面应在饲喂结束后及时清扫，冲洗干净；运动场内的粪便应及时清除，保持干燥、清洁、平整，防止积水，夏季要注意排水。

七、适应性

牛的适应性强，分布广，牛有很强的适应环境能力。我国大部分地区都有牛饲养，这些牛已经很好地适应了当地的环境。但是，不能因此而放松对牛的管理，生产中要为牛创造一个适宜生产性能发挥的环境。冬春季节要注意保暖，夏天要注意降温。

（一）耐粗饲

牛对粗饲料的利用率较高。牛与其他反刍家畜一样，由于它具有特殊消化机能的 4 个胃室（瘤胃、网胃、瓣胃和皱胃），瘤胃容积最大，其中有无数的细菌和纤毛虫等微生物，因此能使青粗饲料中的纤维素发酵、分解，产生各种化合物，被牛体消化吸收。据研究，牛对粗纤维的消化率为 55%～65%，最多可达 90%；而马、猪等单胃动物只有 5%～25%。因而，牛能广泛利用 75% 不能被单胃动物直接利用的农作物秸秆、藤蔓、各种野草以及其他加工副产品，转变为人类生活所必需的奶、肉、皮张等畜产品。此外，牛还能利用尿素、盐等非蛋白质含氮物，通过瘤胃微生物的作用，形成菌体蛋白，被牛体消化利用，以补充日粮中蛋白质饲料的不足。

牛的臼齿发达，瘤胃中有大量微生物，能消化纤维素、半纤维素含量高的各种农作物（玉米、高粱、大麦、小麦、莜麦、荞麦、谷子、豆类等）秸秆、秕壳。尽管这些饲料粗纤维比重大，营养价值不高，但实践证明，这些饲料不但大部分能被消化吸收，而且吸水性强，容积大，可填充瘤胃，便牛有饱腹感。另外，对胃肠有刺激作用，能增强牛的消化机能。所以，在牛的日粮中，除了有一定数量的精饲料外，还必须要有足够的粗饲料。如果经常缺乏粗饲料、很容易使牛发生酸中毒，停止反刍，严重的发生疾病，甚至死亡。

（二）耐寒性

牛对低温环境条件的自身调节能力较强，能耐受低于其体温 20～60℃的温度范围。当气温从 10℃降到 -15℃时，对牛的体温并无明显影响。生活于寒冷地区的黄牛，在 -20℃左右的环境气温下仍能生存。但是，低温环境对牛仍构成两方面的影响：一是为了保持体温恒定，必定增加采食而提高产热；二是极端寒冷的环境条件，抑制母牛的发情和排卵。不同品种对温度的适应性也有差异，我国北方黄牛个体较大，耐寒而不耐热；南方黄牛个体小，皮薄毛稀，耐热、耐潮湿，而耐寒能力较差。

（三）抗病力

一般来说，牛的抗病力很强。正是由于抗病力强，往往在发病初期不易被发现，没有经验的饲养员一旦发现病牛，多半病情已很严重。因此，必须时刻细致观察，尽早发现，及时治疗。

牛的抗病力或对疾病的敏感性取决于不同品种、不同个体的先天免疫特性和生理状况。牛病的发生直接受多种环境因素的影响，而这些因素对本地品种牛和外来品种牛的影响是不同的。研究表明，外来品种牛容易发生的普通病多为消化性和呼吸性疾病。外来品种牛比本地品种牛对环境的应激更为敏感。所以，外来品种牛比本地品种牛的发病率、死亡率高。有些本地品种牛虽然生产性能差，但具有适应性强、耐粗饲、适应本地气候条件和饲料条件的优点。因此，保护本地品种牛种质资源，对用于杂交改良非常重要。

八、性情

牛的性情温顺，能建立人牛亲和关系。所以，平时不要打、骂、虐待牛，不能粗暴对待；否则，可能会攻击人。经常刷拭牛体，可以增进牛与人的感情，易于管理，同时也保持了牛皮肤的清洁，促进血液循环和新陈代谢，预防皮肤病。从小调教，使牛形成温顺的性格，便于饲养管理，要早调教，调教晚了难驾驭。生产实际中要尊重牛的习性，不能违背牛的生活习性，才能发挥牛的遗传潜力。

第三节 肉牛异常行为

一、异食

异食癖又名异食症，是由于代谢机能紊乱、味觉异常引起的一种综合征。突出表现为精神异常、容易兴奋、食欲减退，挑食现象明显。在人们看来毫无营养价值或不应该吃的物品，患牛却情有独钟，非常喜欢舔舐、啃咬。例如，粪尿、污水、垫草、墙壁、食槽、墙土、新垫土、砖瓦块、煤渣、破布、围栏、产后胎衣等。患牛易惊恐，对外界刺激敏感性增高，以后则迟钝。患牛被毛缺乏光泽、皮肤干燥而缺乏弹性、消化机能存在障碍、磨牙、逐渐消瘦、贫血。常引起消化不良，食欲进一步恶化，在发病初期多便秘，其后下痢或交替出现。怀孕的母牛，可在妊娠的不同阶段发生流产。异食癖多为慢性经过，病程长短不一，有的甚至达 1～2 年。

（一）异食发生原因

该病的发病原因多种多样，有的尚未弄清。但一般认为由于营养、管理和疾病等因素引起。

1. 营养因素

（1）饲料单一。钠、铜、钴、锰、铁、碘、磷等矿物质不足，特别是钠盐的不足；某些维生素的缺乏，特别是 B 族维生素的缺乏，可导致体内的代谢机能紊乱，而诱发异食癖；某些蛋白质或氨基酸缺乏也能引起该病。

（2）饲料组成比例失调。长期饲喂大量精饲料或酸性饲料过多，常见有异食癖的牛舔食带碱性的物质。

（3）钙磷比例失调也可引起异食癖。

2. 管理因素

（1）不合理的管理是牛形成恶癖的主要原因。在肉牛饲养过程中，没有合理供给饲料、饮水以及没有适当限制饲喂量等，会直接造成机体消化系统功能异常，尤其是肠胃内的酸碱失衡，或者发生腹泻而造成体内大量的钠元素流失，从而引起异食癖。

（2）牛场基础设施布局不合理，饲养环境恶劣，舍内通风较差，含有大量有害气体，缺少阳光照射，存在有害噪声以及严重感染寄生虫等，也都会造成机体消化系统失调，从而引起异食癖。

3. 疾病因素

患有佝偻病、软骨病、慢性消化不良、前胃疾病、某些寄生虫病等可成为异食的诱发因素。虽然这些疾病本身不可能引起异食癖，但可产生应激作用。

（二）预防措施

1. 加强营养管理

异食的治疗可针对发病原因的不同，以补充营养要素、调节中枢神经、调整瘤胃功能为治疗原则。对钙缺乏的，使用磷酸氢钙、维生素 D、鱼肝油等；对碱缺乏的，供给食盐、小苏打、人工盐；对贫血或微量元素缺乏的，可使用氯化钴、硫酸铜；对硒缺乏的，给其肌内注射亚硒酸钠；调节中枢神经可静脉注射安溴 100mL 或盐酸普鲁卡因 0.5 ～ 1g，也可将氢化可的松 0.5g 加入 10% 的葡萄糖溶液中静脉注射；瘤胃环境的调节，可用酵母片 100 片、生长素 20g、胃蛋白酶 15 片、龙胆末 50g、麦芽粉 100g、石膏粉 40g、滑石粉 40g、多糖钙片 40 片、复合维生素 B 20 片、人工盐 100g 混合 1 次内服，每天服 1 剂，连服 5d。

2. 加强日常管理

合理的饲养管理可防止异食癖产生。因此，应提倡善待牛，饲养员要与牛建立感情。必须在病原学诊断的基础上，有的放矢地改善饲养管理。应根据动物不同生长阶段的营养需要喂给全价配合饲料。当发现异食癖时、适当增加矿物质和微量元素的添加量。此外，喂料要定时、定量、定饲养员，不喂冰冻和霉败的饲料。在饲喂青贮饲料的同时，加喂一些青干草。同时，根据牛场的环境，合理安排牛群密度，做好环境卫生工作。对寄生虫病进行流行病学调查，从犊牛出生到老龄淘汰，定期驱虫，以防寄生虫诱发的恶癖。

二、母性行为异常

任何导致初生畜死亡或受伤的母性行为都属于异常母性行为。异常母性行为主要包括缺乏母性、母性过强和食仔 3 种类型。缺乏母性的母畜常表现为遗弃或拒绝接受仔畜或延迟母性照顾开始时间。其原因有的是妊娠期间或分娩后受到了各种应激因素的刺激；有的是母畜初产，没有经验；还有的是母畜在育成期缺乏学习的机会。母性过强往往表现为窃占别窝的仔畜。食仔的母畜表现为攻击或杀死自己的新生犊牛，初产母畜多见。其原因有的是遗传因素导致，有的是母畜奶水不够或受到外来惊扰，母畜的逃走冲动与保护仔畜冲动产生分歧，导致母畜杀死自己的新生犊牛。

异常的母性行为多由不正常的环境条件所导致，分为几种情况，其后果均可能导致幼畜死亡。

（一）缺乏母性

母性差的个体多为初产母畜，表现在产后拒绝授乳，甚至攻击幼畜。母畜母性不强的原因有的由遗传因素和激素因素导致的，也有的在育成期、妊娠期和分娩期所处的应激环境条件导致的。

饲养者经常会遇到种群中的母牛拒绝哺育犊牛的情况。出现这种情况可能的原因有母畜难产、幼仔与母亲的体温差异、暴风雨雪、种群迁移、产仔环境拥挤等。有些情况下，如果产后将母畜和仔畜分开，当它们再次结合时，母畜熟识的气味可能已经丧失或者被其他动物的气味冲淡，这时母畜就会拒绝哺乳仔畜。当然，目前有很多重建母仔关系的方法，如将母畜和仔畜一同离群饲养、在仔畜身上擦拭母畜的羊水、组织、奶水、粪尿等，从而使仔畜具备母畜所熟悉的气味。

（二）母性过强

放牧饲养方式中，妊娠后期的母牛经常在产前过早地表现出母性行为，窃夺其他母畜的后代。"偷盗者"的表现差异极大：有的母牛在亲生犊牛出生后便抛弃寄养犊牛，拒绝其吮乳；有的母牛分娩后抛弃亲生犊牛，而只照顾寄养犊牛；有的母牛虽然能同时照顾亲生犊牛和寄养犊牛，但仍过多袒护后者。

三、发情异常

雌性的异常性行为常表现为慕雄狂和安静发情。慕雄狂是指性兴奋亢进，表现为持续、频繁地强烈发情，并且有吼叫、扒地、追随和爬跨其他家畜的行为，以奶牛较多见，严重者尾根部隆起，乳房增大，其原因多与卵巢囊肿有关；在动物养殖过程中，安静发情的发生率比较高，是家畜繁殖中的一个难题，动物发情时表现不明显，易错过配种时间，母牛若多次失配可能被淘汰，其原因可能与营养不良、精神压抑有关。因此，在畜牧生产中，后备种畜的饲养应照顾到其社群性，减少异常行为的产生。

泌乳过多和环境温度的变化等都可引起母牛异常发情，常见的异常发情有以下几种。

（一）安静发情

安静发情是指母牛发情时缺乏发情的外部表现，但卵巢内有卵泡发育成熟并排卵，又称安静排卵、隐性发情、潜伏发情。大多数母牛产后第一次发情为安静发情。夏季高温、冬季寒冷，长期舍饲又缺乏运动，高产母牛营养不良等均会出现安静发情。这种牛发情持续时间短，很易漏配。

（二）持续发情

本来母牛发情持续期很短，但有的母牛却连续 2～3d 发情不止，母牛发情时间延长，并呈时断时续的状态。此种现象常发生于早春及营养不良的母牛，其原因是卵巢囊肿或卵泡交替发育所致。交替发育的卵泡中途发生退化，而另一新的卵泡又开始发育。因此，形成持续发情的现象。

1. 卵巢囊肿

分为黄体囊肿和卵泡囊肿。卵巢囊肿是由不排卵的卵泡继续增生、肿大而成。由于卵泡的不断发育，分泌过多的雌激素，又使母牛不停地延续发情。引起的原因可能与子宫内膜炎、胎衣不下以及营养有关。

2. 卵泡交替发育

开始在一侧卵巢有卵泡发育，产生雌激素，使母牛发情；但不久另一侧卵巢又有卵泡发育产生雌激素，又使母牛发情。由于两个卵泡前后交替产生雌激素、而使母牛延续发情。原因是垂体所分泌的促卵泡激素不足所致。

（三）假发情

母牛的假发情有 2 种情况。

1. 孕期发情

有的母牛怀孕时仍有发情表现，称为孕期发情。据报道，母牛在怀孕初期（3 个月内）有 3% ～ 5% 会发情，其原因主要是生殖分泌比例失调，即黄体分泌孕酮不足，胎盘分泌雌激素过多所致。有时也可因母牛在怀孕初期卵巢中尚有卵泡发育，雌激素含量过高，引起发情，并常造成怀孕早期流产，称为"激素性流产"，常发生孕期流产的母牛要及时淘汰。还有母牛在妊娠 5 个月左右，突然有性欲表现，特别是接受爬跨。但进行阴道检查时，子宫颈外口表现收缩或半收缩，无发情黏液；进行直肠检查时，能摸到胎儿，有人把这种现象称为"妊娠过半"。

2. 发情不排卵

有的母牛虽具备各种发情的外部表现，但卵巢内无发育的卵泡，最后也不能排卵，常出现在卵巢机能不全的育成母牛和患有子宫内膜炎的母牛身上。

（四）不发情

母牛常因营养不良、卵巢疾病、子宫疾病，乃至全身疾病而不发情。处于泌乳盛期的高产奶牛或使役过重的役用牛往往也不发情。

四、公牛行为异常

繁殖现象与性行为对环境因素极为敏感。在人工饲养条件下，动物生活的环境条件发生大的改变，常常产生异常性行为。

性行为异常与畜禽的性别有关。雄性的异常性行为常表现为同性恋、自淫、性欲过强等。在按性别分群饲养的公畜群，易发生同性恋现象，群体内地位较低者被强行爬跨，牛、羊、猪皆可见。在非自然条件下雄性动物还表现为爬跨异种动物，或对形状与高低适合的物体如假台畜，进行爬跨等性欲过强的行为。

（一）阳痿

阳痿的公畜不爬跨发情母畜或者从接触母畜到爬跨的时间极长。阳痿的公牛经常出现在限制饲养的牛场中，自由放牧公牛较少。这样的公牛缺少求偶行为，也没有嗅闻发情母牛外阴部和卷唇为主要特征的性嗅反射，而是将下颌放在母牛的尻部上面没有任何反应。

（二）爬跨失向

公畜在爬跨时其身体纵轴和站立不动的发情母畜的身体纵轴之间的角度过大，有时甚至呈180°。正常爬跨时，二者之间的角度应为0°或近似0°。爬跨失向的公畜一般有顽固的爬跨取向：即它们总是从母畜的左面或右面爬跨，而且，它和瞌睡阳痿有较强的相关性，二者可以同时发生，或者爬跨失向是瞌睡阳痿的先兆。

公畜阳痿和爬跨失向可见于各种家畜，发生原因可能包含性经验不足等因素，如幼年期和后备期始终处于同质群中或缺少社会交流的公畜。

公畜阳痿可能受遗传因素的影响。例如，海福特牛和安格斯牛容易出现瞌睡阳痿；而其他几个品种的牛容易出现插入阳痿。在自然条件下，配种能力差的雄性动物的后代少，基本上可排除来自遗传的可能性。在家养条件下，人们一般比较重视公畜的配种能力。因为配种能力对公畜的种用价值来讲至关重要，但由于在选种时有其他经济指标的参与和人工授精技术的普及，相对降低了配种能力的重要性。这可能使阳痿越来越与遗传因素有关。

（三）同性性行为

家畜通常养于保持单一性别的群体，很少或永远不会见到异性个体，因而性行为对象往往会指向同性个体，称为同性性行为（homosexual interaction）。正常情况下，性行为的行为对象为异性个体。因此，同性性行为归属于异常行为范畴。同性性行为在奶牛群体中比较频繁，发情的母牛或小母牛被其他母牛爬跨，饲养人员通常将这种同性爬跨作为发情标志，以此作为饲养中的常规管理手段。但在公牛的饲养中，公畜的爬跨目标动物往往是同性个体，即便在随后的育种管理中安排其接触母畜，部分公畜经过学习可以改正错误，但仍有部分公畜的性取向不会改变。同性性行为如果发生在青年公畜中，一般认为是比较正常的。

第四章 肉牛高效繁殖技术

第一节 牛的生殖器官构造及功能

一、公牛

公牛的生殖器官由睾丸、附睾、阴囊、输精管、副性腺、尿生殖道和阴茎7部分组成。公牛的生殖器官具有产生精子、分泌雄性激素以及将精液送入母牛生殖道的作用。

1. 睾丸

睾丸为雄性生殖腺体，是产生精子的场所，并能合成和分泌雄性激素，以刺激公牛生长发育，有促进第二性征及副性腺发育的功能。睾丸在胚胎前期，位于腹膜外面，当胎儿发育到一定时期，它就和附睾一起通过腹股沟管进入阴囊，分居在阴囊的两个腔内。胎儿出生后公牛睾丸若未下降到阴囊，即为"隐睾"。两侧隐睾的公牛完全失去生育能力，单侧隐睾虽然有生育能力，但"隐睾"往往有遗传性，所以两侧或单侧隐睾的公牛均不留作种用。

睾丸是一个复杂的管腺，由曲精细管、直精细管、睾丸精网、输出管及精细管间的间质等部分组成。成年公牛的睾丸呈长卵圆形，左右各一，悬垂于腹下。正常的睾丸触摸时，两睾丸均应坚实，有弹性，阴囊和睾丸实质有光滑而柔软的感觉。

睾丸的表面被覆以浆膜，其下为致密结缔组织构成的白膜，白膜由睾丸的一端伸向睾丸实质，构成睾丸纵隔。纵隔向四周发出许多放管和附睾高密度的精子稀释，形成精液。当家畜达到性成熟时，其副性腺形态和功能得到迅速发育。相反，去势和衰老的家畜腺体萎缩功能丧失。

副性腺的功能：一是冲洗尿生殖道，为精液通过做准备。交配前阴茎勃起时所排出的少量液体，主要是尿道球腺所分泌，它可以冲洗尿生殖道中残留的尿液，使通过尿生殖道的精子避免受到尿液的危害。二是稀释精子。附睾排出的精子与副性腺液混合后，精子即被稀释，从而也扩大了精液容量。三是供给精子营养物质。精子内某些营养物质是在其与副性腺液混合后得到的，如附睾内的精子不含果糖，当精子与精清（特别是精囊腺液）混合时，果糖即很快地扩散入精子细胞内。果糖的分解是精子能量的主要来源。四是活化精子。副性腺液的 pH 一般偏碱性，并且副性腺液的渗透压也低于附睾处，这些条件都能增强精子的运动能力。五是运送精液。副性腺分泌物的液流对精液的射出具有推动作用。副性腺管壁收缩所排出的腺体分泌物在与精子混合的同时，随即运送精子排出体外，精液射入母畜生殖道。六是缓冲不良环境对精子的危害。精清中含有柠檬酸盐及磷酸盐，这些物质具有缓冲作用，给精子提供了良好的环境，从而延长精子的存活时间，维持精子的受精能力。七是形成阴道栓，防止精液倒流。有些家畜的精清有部分和全部凝固的现象，一般认为，这是一种在自然交配时防止精液倒流的天然措施。

2. 阴茎和包皮

阴茎为雄性家畜的交配器官，主要由勃起组织及尿生殖道阴茎部组成，阴茎头为阴茎前端的膨大部，亦称龟头，主要由龟头海绵体构成。牛阴茎勃起时不增大，只是坚挺。阴茎呈"S"状弯曲借助于阴茎缩肌而伸缩。

包皮是腹下皮肤形成的双层鞘囊，分别为内包皮和外包皮，阴茎缩在包皮内，勃起时内外包皮伸展被覆于阴茎表面。包皮的黏膜形成许多褶，并有许多弯曲的管状腺，分泌油脂性分泌物，这种分泌物与脱落的上皮细胞及细菌混合，形成带有异味的包皮垢，经久易引起龟头或包皮的炎症。牛包皮口较狭窄，排尿时阴茎常在包皮内。

二、母牛

母牛的生殖器官由卵巢、输卵管、子宫、阴道、外生殖器等部分组成。

（一）卵巢

牛卵巢的形态为扁椭圆形，附着在卵巢系膜上，其附着缘上有卵巢门，血管和神经由此出入。牛的卵巢一般位于子宫角尖端外侧。初产及经产胎次少的母牛卵巢均在耻骨前缘之后；经产多次的母牛子宫因胎次增多而逐渐垂入腹腔，卵巢也随之前移至耻骨前缘的前下方。

牛卵巢组织分为皮质部和髓质部，两者的基质都是结缔组织。皮质内含有卵泡、卵泡的前身和续产物（红体、黄体和白体）。由于卵巢外表面无浆膜覆盖，卵泡可在卵巢的任何部位排卵。髓质内含有许多细小的血管、神经，它们由卵巢门出入，血管分为小支进入皮质，并在卵泡膜上构成血管网。

卵巢皮质部分布着许多原始卵泡。它经过次级卵泡、生长卵泡和成熟卵泡的发育阶段，最终排出卵子。排卵后，在原卵泡处形成黄体。多数卵泡在发育到不同阶段时退化、闭锁。

在卵泡发育过程中，包围在卵泡细胞外的两层卵巢皮质基质细胞形成卵泡膜。卵泡膜分为血管性的内膜和纤维性的外膜。内膜分泌雌激素，一定量的雌激素是导致母畜发情的直接因素。排卵后形成的黄体能分泌孕酮，它是维持妊娠所必需的激素。

（二）输卵管

输卵管为一对多弯曲的细管，位于卵巢和子宫角之间，是卵子进入子宫的必经通道。一般可分为漏斗部、壶腹部和峡部3部分。

输卵管的管壁从外向内由浆膜、肌层和黏膜构成。肌层从卵巢端到子宫端逐渐增厚。黏膜上有许多纵襞，其大多数上皮细胞有纤毛，能向子宫蠕动，有助于卵子的运送。

从卵巢排出的卵子先到输卵管伞部，借纤毛的活动将其运输到漏斗部和壶腹部。通过输卵管分节蠕动及逆蠕动、黏膜及输卵管系膜的收缩以及纤毛活动引起的液流活动，卵子通过壶腹部的黏膜襞被运送到壶峡连接部。子宫和输卵管为精子获能的部位，输卵管壶腹部为精子、卵子结合的部位。

输卵管主要分泌各种氨基酸、葡萄糖、乳酸、黏蛋白及黏多糖，它是精子、卵子及早期胚胎的培养液。输卵管及其分泌物的生理生化状况是精子和卵子正常运行、合子正常发育及运行的必要条件。

（三）子宫

子宫部分为子宫角、子宫体和子宫颈3部分。牛子宫角基部之间有一纵隔，将两角分开，称为对分子宫。子宫角有大小两个弯，大弯游离，小弯供子宫阔韧带附着，血管和神经由此出入。子宫宫颈前端以子宫内口和子宫体相通，后端突入阴道内，称为子宫颈阴道部，其开口为子宫外口，子宫的组织结构从内向外为黏膜、肌层及浆膜。黏膜层又称子宫内膜，其上皮为柱状细胞，膜内有分支盘曲的子宫腺（管状腺），子宫腺以子宫角最发达，子宫体较少、肌层由较薄的外纵行肌和较厚的内环行肌构成，肌层间有血管网和神经；浆膜与子宫阔韧带的浆膜相连。

子宫颈是精子的"选择性贮库"之一，可以剔出缺损和不活动的精子，它是防止过多精子进入受精部位的第一道栅栏。发情时，子宫颈开张，子宫借其肌纤维的有节律的、强有力的收缩作用运送精液，使精子能以超越其本身的运行速率通过子宫口进入输卵管。子宫内膜的分泌物和渗出物以及内膜中的糖、脂肪、蛋白质代谢物，可为精子获能提供营养。

受胎时，子宫阜（子宫内膜）形成母体胎盘，与胎儿胎盘结合成为胎儿和母体间交换营养、排泄物的器官，提供胎儿发育的良好场所：妊娠时，子宫颈柱状细胞分泌黏液堵塞子宫颈管，防止感染物侵入。临近分娩时，颈管扩张，子宫以其强有力的阵缩排出胎儿。

配种未孕母畜在发情周期的一定时期，子宫分泌的前列腺素（PGF2）对卵巢的周期黄体有溶解作用，导致黄体功能减退，脑垂体会大量分泌促卵泡素，引起卵泡发育成长，导致再次发情。

（四）阴道

阴道为母畜的交配器官，又是产道。其背侧为直肠，腹侧为膀胱和尿道。阴道腔为扁平的缝隙。前端有子宫颈阴道部突入其中。子宫颈阴道部周围的阴道腔称为阴道穹隆，后端以阴瓣与尿生殖前庭分开。牛阴道长为 22～28cm。

（五）外生殖器

由尿生殖前庭、阴唇和阴蒂构成。

尿生殖前庭为从阴瓣到阴门裂的部分，前高后低，稍微倾斜。尿生殖前庭自阴门下连合至尿道外口，牛的长约 10cm。在其两侧壁的黏膜下层有前庭大腺，为分支管状腺，发情时分泌增强。

阴唇分左右两片构成阴门，其上下端联合形成阴门的上、下角。牛、羊和猪的阴门下角呈锐角，而马、驴则相反，阴门上角较尖，下角浑圆。两阴唇间的开口为阴门裂。阴唇的外面是皮肤，内为黏膜，二者之间有阴门括约肌及大量结缔组织。

阴蒂由两个勃起组织构成，相当于公畜的阴茎。阴蒂头相当于公畜的龟头，富有感觉神经末梢，位于阴唇下角的阴蒂凹陷内。

第二节　牛的繁殖特性

一、初情期

初情期是指母牛初次发情（公牛是出现性行为）和排卵（公牛是能够射出精子）的时间。动物到达初情期，虽然可以产生精子（公牛）或排卵（母牛），但性腺仍在继续发育，没有达到正常的繁殖力，母牛发情周期不正常，公牛精子产量很低。这个时候还不能进行繁殖利用。牛的初情期为 6 ～ 12 月龄，公牛略迟于母牛。由于品种、遗传、营养、气候和个体发育等因素，初情期的年龄也有一定的差异。如瑞士黄牛公牛初情期平均为 264d，海福特牛公牛则平均为 326d。

公牛的初情期比较难以判断，一般来说是指公牛能够第一次释放精子的时期。在这个时期，公牛常表现出嗅闻母畜外阴、爬跨其他牛、阴茎勃起、出现交配动作等多种多样的性行为，但精子还不成熟，不具有配种能力。

二、性成熟

性成熟就是指母牛卵巢能产生成熟的卵子，公牛睾丸能产生成熟的精子的现象，把这个时期牛的年龄（一般用月龄表示）叫作牛的性成熟期。性成熟期的早晚，因品种不同而有差异。培育品种的性成熟期比原始品种早，公牛一般为 9 月龄，母牛一般为 8 ～ 14 月龄。秦川牛母犊牛性成熟年龄平均为 9.3 月龄，而公犊则在 12 月龄左右。性成熟并不是突然出现的，而是一个延续若干时间的逐渐发展过程。

三、适配年龄

家畜性成熟期配种虽能受胎，但因此期的身体尚未完全发育成熟，即未达到体成熟，势必影响母体及胎儿的生长发育和新生仔畜的存活，所以在生产中一般选择在性成熟后一定时期才开始配种，把适宜配种的年龄叫适配年龄。适配年龄的确定还应根据具体生长发育情况和使用目的而定，一般比性成熟晚一些，在开始配种时的体重应达到其成年体重的 70% 左右、体高达 90%、胸围达到 80%。

由于公、母牛在 2 ～ 3 岁一般生长基本完成，可以开始配种。一般牛的初配年龄：早熟种 16 ～ 18 月龄，中熟种 18 ～ 22 月龄，晚熟种 22 ～ 27 月龄；

肉用品种适配年龄在 16 ～ 18 月龄，公牛的适配年龄为 2.0 ～ 2.5 岁。

四、繁殖年限

繁殖年龄指公牛用于配种的使用年限或母牛能繁殖后代的年限。公牛的繁殖年限一般为 5 ～ 6 年，7 年后的公牛性欲显著降低，精液品质下降，应该淘汰；母牛的繁殖年限一般在 13 ～ 15 岁（11 ～ 13 胎），老龄牛产奶性能下降，经济价值降低。

第三节　母牛的发情

在肉牛生产过程中，母牛繁殖是发展肉牛业的基础。提高繁殖技术是保证肉牛扩群和品种改良的重要手段，也是提高牛肉质量的关键环节。熟练掌握母牛的发情周期和发情特征对适时配种具有重要指导意义。

一、性成熟鉴别

（一）发情阶段

1. 初情期

母牛第一次出现发情表现称为初情，而初情期是指母牛第一次出现发情或排卵的月龄。一般黄牛在 6 ～ 12 月龄，初情期的出现时间和母牛的品种、营养水平及体重有关系。初情期的母牛发情不规律、不完全，此时母牛常不具备生育能力，不适合配种。

2. 性成熟

性成熟是指初情期后，母牛的生殖器官发育基本完成，能产生成熟的卵细胞，能正常分泌雌激素，具备了繁殖后代的能力。一般黄牛在 8 ～ 14 月龄，性成熟的早晚与母牛的品种、营养、饲养管理水平、气候、生长生存的环境有关系。如果后备母牛营养水平能够满足生长发育的需要，性成熟就比较早，反之则推迟。

母犊牛刚出生时，每个卵巢重 0.5g。3 月龄后，卵巢发育加快，囊状卵泡出现，当卵泡发育成熟时，出现排卵，多数母牛会有发情表现。黄牛到 25 周岁，还能正常排卵，具有生育能力。

3. 体成熟

体成熟是指母牛机体、各个系统、内脏器官已基本发育完成，形体结构接近成年牛，适合繁殖的阶段。一般黄牛在 18 月龄左右，青年母牛达到体成熟就可以进行配种、妊娠和哺育后代了。对晚熟品种牛来说，体成熟一般在 24 月龄左右，配种时间不宜过早，如夏洛来牛就是晚熟品种牛。

（二）发情周期

发情周期是指达到性成熟的母牛，在未受孕的情况下，每隔一定时间段就会发情一次，直到卵巢退化为止，这个有规律的发情时间间隔就叫发情周期。母牛的发情周期平均为 21d。母牛发情周期包括发情前期、发情期、发情后期和休情期 4 个阶段。

1. 发情前期

发情前期是发情期的准备阶段，该阶段卵泡开始增大，雌激素分泌增加，生殖器官细胞增生，上皮组织增厚，生殖道黏液增多，但尚未有黏液排出，母牛无性欲表现。持续时长为 3 ～ 5d。

2. 发情期

发情期又叫发情持续期，是指母牛从发情开始到发情结束的阶段。该阶段因母牛的年龄、季节、气候、营养等不同而时间长短也不同，平均持续时间 18h 左右，一般持续时间为 6 ～ 36h。

（1）发情初期。母牛出生后，卵巢内已有并开始持续产生原始卵泡。母牛生长发育过程中，腺垂体前叶分泌一种激素叫促卵泡激素（FSH），又称卵泡刺激素，成分为糖蛋白，主要功能是促进卵泡发育和成熟，及协同黄体生成素（LH）促使发育成熟的卵泡分泌雌激素和排卵。

发情初期，卵巢内有卵泡迅速发育长大，卵泡中的卵泡素类固醇增多。自然界的类固醇可以随着饲料进入牛机体内，或者在阳光的照射下在动物机体内合成。类固醇和外界的环境、公牛、阳光等共同刺激下，腺垂体大量分泌 FSH，FSH 促进卵泡迅速发育产生的卵泡素增多，即雌激素增多，在雌激素的作用下，母牛生殖道，分泌黏液液量增加，母牛出现哞叫、兴奋和尾随其他牛的发情征兆。但此时的母牛还未做好交配准备，其他牛爬跨时拒绝。

（2）发情盛期。在雌激素的持续作用下，母牛分泌的黏液从阴门流出，往往黏于尾根或臀部的被毛上，此时的卵泡突出于卵巢表面，直肠检查触摸时卵泡波动性差，子宫口已开张，母牛已做好交配准备，爬跨时母牛表示接受，无反抗力，后肢分开，举尾拱背，频频排尿。

（3）发情末期。母牛性欲和性兴奋逐渐减弱，不接受其他牛的爬跨，阴门黏液量减少，直肠检查触摸时卵泡波动性增强。

3. 发情后期

当雌激素分泌到一定量时，抑制腺垂体分泌 FSH，在雌激素的刺激下，腺垂体分泌黄体生成素（LH），在 FSH 和 LH 的共同作用下，使母牛的卵泡成熟并排卵。排卵后，雌激素水平下降，发情结束。黏液分泌逐渐变干，子宫口收缩关闭，阴道表皮细胞脱落。发情后期持续 3～4d。个别牛发情后期会从阴道流出少量血、说明母牛 2～3d 前发情。如果流出的血量不多，颜色正常，没有异味，一般不会影响母牛的配种繁殖，这是由于发情时子宫增厚充血，在发情期子宫发生收缩运动，子宫内子叶的边沿组织微血管破裂，发生血液外渗的原因。这种现象的发生跟母牛是否受孕没有直接关系。

4. 休情期

发情停止后，在 LH 的继续作用下，原来生成卵泡的地方形成黄体。黄体分泌黄体酮，也叫孕酮，黄体酮对腺垂体、生殖道和大脑皮质起到抑制作用。

（1）未受孕如果母牛发情未受孕，黄体在排卵后 15d 左右开始萎缩溶解消失，这个时期的黄体称为"性周期黄体"。

（2）如果母牛配种受精成功，黄体在腺垂体分泌的催乳素的作用下维持分泌黄体酮的机能。胎盘也能分泌部分雌激素，刺激腺垂体分泌 LH 维持黄体的持续，直到母牛分娩后黄体才开始萎缩。这个时期的黄体称为"妊娠黄体"。

不论是"性周期黄体"还是"妊娠黄体"，一旦消失，黄体酮分泌就终止，腺垂体就开始重新分泌 FSH，母牛就进入下一个性周期。

二、发情征兆

1. 行为变化

母牛发情时常会出现精神兴奋、哞叫、爬跨、频频排尿和食欲下降等行为上的变化，发情盛期愿意接受其他牛的爬跨。

2. 生殖道变化

发情母牛外阴部充血、肿胀，阴唇黏膜充血、潮红、有光泽。生殖道黏液分泌量增加并排出。

3. 卵巢变化

卵巢卵泡开始发育，卵泡液不断增加，体积不断增大，卵泡壁不断变薄，排卵后黄体逐渐出现。

三、发情鉴定

1. 外部观察法

外部观察法主要是根据牛的外部变化、精神变化和活动状态来判断发情情况。

发情期的母牛性欲旺盛，精神兴奋，表现得比平常好动，外阴出现肿胀和充血，食欲下降。母牛行为上也会出现变化，发情前期，喜盯住其他牛进行爬跨，但不接受爬跨，阴道流出透明的黏液，量不多；发情盛期，接受其他牛爬跨，阴道流出半透明黏液，而且量多；发情后期，拒绝爬跨行为，还是会爬跨其他牛，阴道流出黏性和透明度较差的黏液。

2. 试情法

试情法主要是利用公牛来试情，将输精管结扎的公牛放到母牛群，根据母牛的反应来判断发情情况。也可以用切除阴茎的公牛来试情，这种做法还可以杜绝疾病的交叉感染。

3. 直肠检查法

直肠检查法是确定适时配种的最可靠方法。主要是根据隔着直肠壁检查卵巢上卵泡的大小、质地、薄厚等来判断母牛发情情况。这种方法还可以判断母牛子宫的健康程度。操作方法：①剪短磨光指甲，手臂戴上专用塑料长臂手套，手指合拢成锥形缓慢旋转伸入牛肛门，掏出牛粪。②手臂伸入直肠，手指伸展，掌心向下，在骨盆底可触碰到质地坚硬的索状物，即为子宫颈。③沿着子宫颈向前可触摸到一浅沟，即为角间沟；角间沟两侧向前向下弯曲的地方为子宫角。④沿着子宫角向下稍外可摸到卵巢。牛的卵泡发育可分为四期，具体特点如下。

第一期（卵泡出现期）：卵泡开始发育，突出卵巢表面，卵泡直径0.50～0.75cm，但波动感不强。此时的子宫颈已变得软化，母牛开始发情，时间大约持续10h。

第二期（卵泡发育期）：卵泡明显增大，明显突出卵巢表面，卵泡直径1.0～1.5cm，波动感明显。子宫颈逐渐变硬，母牛发情由盛期逐渐消失，时间大约持续12h。

第三期（卵泡成熟期）：卵泡不再增大，卵泡壁变薄。波动感强，有一触即破之感。子宫颈变硬，母牛外在发情征兆消失，时间大约持续7h。

第四期（排卵期）：卵泡破裂，在卵巢上留下一个小凹陷，凹陷直径0.6～0.8cm。子宫颈呈较硬的棒状。排卵发生在母牛性欲消失后的10～15h。

4. 电子发情监测法

电子发情监测法主要是利用发情母牛的活动来判断发情。母牛发情通常出现在夜晚，人工观察不够方便，电子发情监测系统可以替代人，24h 监控母牛的活动状态，利用数据分析系统可以分析出母牛是否发情，给人们提供方便，尤其是大型养牛场。分析依据多数是根据母牛每天的运动量来衡量，假如1 头母牛平常的运动量为平均每小时 100 步，发情期运动量可能增加到每小时500 步，根据这个原理，发明了电子发情监测系统，弥补了人工观察容易遗漏的不足。

四、发情异常

1. 不发情

母牛由于卵巢病变、子宫疾病和营养水平低下等均可造成不发情。针对这种情况，可采用营养和药物治疗的办法提高母牛体况，治疗产科疾病，使母牛恢复生育能力。

2. 假发情

假发情分为两种情况：一种是母牛妊娠到 3 ～ 5 个月，突然表现出性欲，并且接受其他牛的爬跨，但是阴道无发情黏液，阴道外口呈收缩或半收缩状态，直肠检查能摸到胎儿，这种现象称为"妊娠过半"；另一种是母牛发情的各种外部表现都正常，只是卵巢没有发育成熟的卵泡，也不能正常排卵，这种现象常会表现在卵巢机能发育不全和患有子宫内膜炎的母牛上。对假发情的母牛切勿盲目配种，以防造成流产。

3. 持续发情

造成持续发情的原因有两种：一种是卵泡囊肿，由于不能正常排卵，卵泡持续增生肿大，则分泌过多的雌激素，所以母牛发情期延长；另一种是卵泡交替发育，发情初期是一侧卵泡发育，产生的雌激素促使母牛发情，但随后卵泡发育终止，另一侧卵泡开始发育，产生的雌激素维持母牛发情表现，这样交替产生的雌激素延长了母牛的发情期。正常母牛的发情期为 2 ～ 3d，持续时间比较短。

4. 隐性发情

隐性发情就是母牛发情时无或缺少性欲表现。其原因是母牛的促卵泡激素（FSH）和雌激素分泌不足，多见于瘦弱母牛和产后母牛。个别母牛在冬季或长时间舍饲都会造成隐性发情，造成漏情。如果通过直肠检查，适时配种也可受胎。

五、影响母牛发情的因素

1. 自然因素

母牛一年四季均可发情。不同的季节自然环境的温度、湿度、日照和饲料源等不同，发情持续时间和发情间隔也不同。充足的日照、舒适的温度季节母牛发情明显高于其他季节。

2. 营养因素

营养水平的高低在很大程度上影响着母牛的发情，营养水平也不是越高越好，母牛膘情过肥也会导致发情不正常。母牛的营养水平要均衡，维持母牛膘情中等，从侧面观察能看到突出的三根肋骨即可。

3. 饲料因素

饲料包括精饲料和粗饲料，市场出售的精饲料配方五花八门，料源组成存在很多不确定性和可变性，在一定程度影响着母牛发育。粗饲料中豆科牧草含有少量植物雌激素，长期饲用会造成母牛繁殖力低下。另外，集约化舍饲母牛粗饲料多为青贮玉米，青贮玉米的调制技术和投入严重影响着其质量，青贮玉米的质量在很大程度上影响着母牛的身体健康和繁殖力。

4. 管理因素

母牛的日常健康管理、营养水平管理、棚圈建设管理、防疫卫生管理和生产生活环境管理都影响着母牛的发情。尤其是母牛的产前和产后管理及犊牛的养殖模式明显影响着母牛的发情状况，母牛的分阶段饲养和犊牛的"隔栏补饲"技术的运用都能够很好地保障母牛正常发情。

第四节　配种方法

肉牛饲养中常用的配种方法有自然交配和人工配种。由于自然交配饲养种公牛成本较高，生产中不提倡自然交配，多采用人工授精和胚胎移植等技术手段配种。实际生产过程中如果母牛屡配不孕，也可以采用自然交配提高受孕率。

一、自然交配

自然交配是母牛和公牛直接交配配种的一种方法。自然交配分为本交和人工辅助交配。

（一）本交

在放牧状态下，要维持适当的公母牛比例，1头公牛最多带15头母牛，而且要注意血缘关系，不能近亲繁殖。不适合种用的公牛要去势，小种公牛要分开单独饲养防止早配。

（二）人工辅助交配

在人工饲养状态下，配种旺盛季节，要注意种公牛的营养搭配，适当提高蛋白饲料和青绿饲料的添加量，保持种公牛身体健康。同时，控制好种公牛每天的交配次数，壮年期每天可交配2次，连续配种2d后就需要休息1d。还要注意不要和生殖道有病的母牛配种，避免疾病传染扩大。每次交配完成后适当在母牛背腰结合部捏一把，并驱赶母牛开始运动，防止精液倒流。

二、人工授精

人工授精是采用人工的方法采取公牛精液，经检验处理后，保存，再用输精枪输送到发情母牛子宫，达到妊娠的目的。

（一）人工授精的意义

人工授精代替自然交配的繁殖方法可以快速扩繁优良品种肉牛的后代，还可通过检查精液质量及早发现和控制繁殖疾病传播，也能及早治疗有生殖道疾病的种牛。人工授精技术已成为畜牧业发展中至关重要的技术手段之一，目前已在全国推广运用，对提高肉牛繁殖率和生产效率起到了重大的推动作用。

（二）冷冻精液的保存

牛的精液分装标记好后，50～100粒包装一组，置于添加液氮的液氮罐中保存与运输。液氮罐是双层金属结构，真空绝热的容器。液氮无色无味，密度比空气小，易气化，不可点燃，温度为 −196℃，遇空气中的水分形成白雾，迅速膨胀。液氮罐储存液氮过程中应注意以下几点。

1. 规范装液氮

向常温液氮罐装液氮前要先预冷，具体做法是，向液氮罐放入少量液氮，形成液氮冷气静置2～3min，如此重复2～3次，以防爆破。液氮罐装满液氮后，先用塑料泡沫封口严实，再盖上盖子，避免液氮泄漏，如发现液氮罐口有结霜现象，要及时换罐。

2. 定期添加液氮

液氮罐内的贮精袋提斗不得暴露在液氮液面外面，要注意检查液氮罐液氮存量，液氮存量减少到容积的 50% ～ 60% 时就应补充。长途运输中更要及时补充液氮，避免损坏容器和降低精液质量。

3. 定期清洗液氮罐

液氮罐的清洗时间间隔为 1 年，贮精提斗转移时要迅速，在空气中暴露的时间不能超过 5s。清洗时将液氮全部倒空，等容器内温度恢复到室温，以 40 ～ 50℃温水刷洗干净，倒置吹干，可再次使用。

4. 规范取用冷冻精液

从液氮罐取出精液时，贮精提斗不得提出液氮罐，提到罐颈处，用长柄镊子夹取，如经 15s，还未取出精液，要放回液氮浸泡一下再继续提取。

（三）输精前的准备

1. 母牛的准备

母牛经发情鉴定，确认已达到可输精阶段后，保定好母牛，用温水清洗母牛外阴，消毒，尾巴斜向上拉向一侧。

如果母牛是初配，要依年龄和体重决定小母牛是否长到可配种阶段。要求体重应达到成年母牛体重的 65% ～ 75% 可进行第一次配种。一般在 16 ～ 22 月龄。原则是：小体型牛体重达 300 ～ 320kg，中体型牛 340 ～ 350kg，大体型牛 380 ～ 440kg 就可配种。

2. 冷配改良员的准备

冷配改良员穿好工作服，指甲要剪短磨光，手臂清洗消毒后戴上专用长臂手套。

3. 输精器械的准备

对输精枪用 75% 的酒精棉球擦拭消毒后，再用生理盐水冲洗，水分晾干后用消毒过的纱布包好放入瓷方盘中备用。

4. 精液的准备

（1）解冻。细管冻精解冻时，取出细管冻精，检查细管上的种牛编号，并做好记录。将细管封口端向下，棉塞端朝上，投入 38.5 ～ 39.5℃的保温杯温水中约 15s，待细管颜色一变立即取出用于输精。

（2）精子活力检查。随机抽取每批次样品冷冻精液 1 ～ 3 支，取出精液置于 37℃显微镜载物台镜检，精子活力达到 30% 以上可以使用。这种抽查方法每隔一段时间进行一次，保证精液质量。

（3）装枪。从保温杯取出冻精，用纸巾或无菌干药棉擦干残留水分，用细管专用剪刀剪掉非棉塞封口端。把输精枪的推杆推到与细管长度相等的位置，将剪好的细管棉塞端先装入枪内，再把输精枪装进一次性无菌输精枪外套管，拧紧外套管。

（四）输精

1.输精时间

精子在母牛生殖道的正常寿命是 15 ～ 24h，而母牛发情持续期大约 18h，排卵时间一般在发情结束后 7 ～ 17h，排卵前后最有利于受孕，所以最佳的输精时机是在发情中、后期。生产实践中常根据发情的时间来推断适宜的输精时间。一般规律是母牛早晨（9:00 以前）发情，应在当日下午输精，若翌日早晨仍接受爬跨应再输精一次；母牛下午或傍晚接受爬跨，可在翌日早晨输精。为了真正做到适时输精，最好是通过直肠检查卵巢，根据卵泡发育程度加以确定。当卵泡壁很薄，触之软而有明显的波动感时，母牛已处于排卵的前夕，此时输精能获得较高的受胎率。

2.输精部位

普遍采用子宫颈深部（子宫颈内）2/3 ～ 3/4 处输精。

3.输精次数

由于发情排卵的时间个体差异较大，一般掌握在 1 次或 2 次为宜。盲目增加输精次数，不一定能够提高受胎率，有时还可能造成某些感染，发生子宫或生殖道疾病。

4.输精剂量

颗粒精液的输精量为 1mL，细管精液有两种规格，一种是 0.5mL，另一种是 0.25mL，直线前进运动精子数在 1500 万个以上。

5.输精方法

目前最常用的是直肠把握输精法。输精员一只手戴上薄膜手套，伸入母牛直肠，掏出宿粪，把握住子宫颈的外口端，使子宫颈外口与小指形成的环口持平。用深入直肠的手臂压开阴门裂，另一只手持输精器由阴门插入，先向上倾斜插入 5 ～ 10cm，以避开尿道口，而后转成水平，借助握子宫颈外口处的手与持输精器的手协同配合，使输精器缓缓越过子宫颈内的皱襞，进入子宫颈口内 5 ～ 8cm 处注入精液，抽出输精器检查输精枪是否有精液残留，如果有再输精一次。

三、胚胎移植（GB/T 26938—2011 牛胚胎生产技术规程）

胚胎移植也叫受精卵移植，是将具有优良稳定遗传性状的公母牛交配后的早期胚胎，或者通过体外受精及其他方式得到的胚胎，移植到另一头生理状态一致的母牛体内，使之继续发育为新个体的技术。

（一）供、受体牛的选择

供体公牛要求谱系清楚，遗传性转稳定，个体品种特点明显，体貌符合品种特点，牛体健康无病，最好正值壮牛。供体母牛除了公牛的这些要求外，还要求选择 1 ～ 2 产的经产牛。受体牛要求身体发育健康成熟且体格较大，繁殖机能正常，没有流产史，膘情中等，性情温顺。

（二）供体牛的超数排卵

牛超数排卵的核心技术是在不损害供体牛与卵母细胞成熟、排卵、受精、胚胎发育相关过程情况下，对供体牛进行处理，以提高排卵率及可用胚胎数。在母牛发情周期的一定时间给予外源促性腺激素，如促卵泡激素（FSH）处理，从而使供体母牛卵巢上有多枚卵泡能够发育成熟并排卵，在人工授精后一定时间内通过非手术采集而获得多枚胚胎的技术。

能繁母牛的卵巢中只有一小部分卵母细胞可以排卵，排卵在发情后开始，妊娠期间终止。初情期后母牛卵巢上腔前卵泡的生长不需要促性腺激素的支持，在卵巢旁分泌和自分泌作用的调控下即可由静止原始卵泡自发进入生长卵泡，但是当卵泡发育至有腔卵泡阶段及其随后的发育进程则依赖于血液中足够的促性腺激素的支持，缺少 FSH 的支持，卵泡就无法继续发育而发生闭锁退化。一头母牛最理想的状态是每年生产一头小牛，如果在适宜的发情状态下对母牛注射外源 FSH，以弥补牛血中因 FSH 浓度下降导致的内源性 FSH 不足，就可使母牛卵巢上多枚有腔卵泡都能得到充分的 FSH 的维持，从而得以继续生长发育、形成优势卵泡并排卵，从而起到超数排卵的作用。由于卵巢对性腺激素的反应因个体不同而有较大差异，因而发育的卵泡数、排卵数及受精率等也不尽一致，每头牛每年超数排卵数为 4 ～ 5 枚，其中可用于胚胎移植的卵细胞有 80% ～ 85%，这样一来每头牛每年可用于移植胚胎有 3 ～ 4 枚。母牛常用的超数排卵方法有两次氯前列烯醇（PG）+ 促卵泡激素（FSH）法和阴道栓（CIDR）+ 促卵泡激素（FSH）法。

两次 PG+FSH 法：供体母牛肌内注射 4mL PG 后，间隔 10d，再次注射

4mL PG。在第 2 次肌内注射 PG 后的第 14 天开始进行超排处理。注射 FSH 采用递减法，连续 4d，间隔 12h，早晚各注射 1 次，注射量顺序为 70IU/ 次、60IU/ 次、50IU/ 次、40IU/ 次，总量为 440IU。在注射 FSH 的第 3 天，同时注射 PG。在注射 PG 后第 2 天，早晚各输精 1 次，第 3 天如果牛发情依然旺盛，可再补输精 1 次。

CIDR+FSH 法：供体母牛在植入 CIDR 后的第 11 天开始注射 FSH。注射 FSH 采用递减法，连续 4d，间隔 12h，早晚各注射 1 次，注射量顺序为 4mL/ 次、3mL/ 次、2mL/ 次、1mL/ 次，总量为 20mL。在第 3 天注射 FSH 的同时，上下午各注射 1.5mL PG，在第 4 天上午注射 FSH 后，取出 CIDR，取出 CIDR 翌日上、下午各输精 1 次。观察母牛发情情况，可补输精 1 次。

（三）冲胚与检胚

在配种后第 6 ～ 8 天开始冲胚。牛只保定和配种一样，用 2% 的普鲁卡因 5 ～ 10mL 做尾椎硬膜外麻醉。冲胚液要先进行预热，预热温度为 37℃。用扩张棒打开子宫颈通道，采用直肠把握法将冲胚管插入阴道，通过子宫颈将冲卵管插到一侧子宫角，当到达子宫角大弯部位时，钢芯稍微退出，冲卵管继续缓慢反复向前推进，直到冲卵管前端到达子宫角深部。用注射器往冲卵管冲气孔注入空气使气球膨胀，堵住子宫角即可，关闭进气孔后，将通针取出开始冲胚。另一侧重复这样的操作。利用过滤法或沉淀法回收胚胎，然后在显微镜下镜检，用玻璃吸管将胚胎吸出，移到培养液平皿中。

（四）胚胎的质量控制

在显微镜下根据胚胎的分裂程度、发育阶段、形态颜色、透明带和变性情况鉴定。用形态学方法进行胚胎质量鉴定，将胚胎依次分为 A、B、C、D 四级。

A 级：透明带完整无缺陷、薄厚均匀，胚龄与发育阶段相一致，卵裂球轮廓清楚，透明度适中，细胞密度大。卵裂球均匀，无游离细胞或很少，变性细胞比例少于 10%。

B 级：透明带完整无缺陷、薄厚均匀，发育阶段基本符合胚龄，轮廓清楚，明暗度适中或稍暗或稍浅，细胞密度较小，卵裂球较均匀，有小部分游离细胞，变性细胞比例为 10% ～ 20%。

C 级：透明带完整或有缺陷，轮廓不清楚，色泽过暗或过淡，细胞密度小，突出细胞占一多半，细胞变性率为 30% ～ 40%。

D级：透明带完整或有缺陷，胚胎发育停滞、变性，卵裂球少而散，为不可用胚胎。

（五）胚胎移植

1. 受体的同期发情处理

同期处理之前受体牛进行直肠触摸，检查卵巢是否有周期性黄体。主要是通过肌内注射 PG 法和 CIDR 法（NY/T 1572—2007）进行同期发情处理。受体牛跟群观察，以受体牛稳定站立接受其他牛爬跨为发情盛期，准确记录，做好胚胎准备。

2. 受体牛的胚胎移植

受体牛在发情后 6 ~ 8d 均可进行移植，移植前对受体牛进行直肠检查，检查黄体，有发育黄体的母牛用于移植，受体牛实行 1 ~ 2 尾椎间硬膜外麻醉，清洗消毒外阴部。将胚胎装入 0.25mL 塑料细管，再套上无菌隔离外套，将胚胎移植到受体牛有黄体侧子宫角。注意移植枪的前端保持无菌，把装有细管的移植枪套上移植硬外套。

在移植后 60 ~ 90d 对受体牛进行妊娠检查，对已妊娠的受体牛要加强饲养管理，避免应激反应。妊娠受体牛在产前 3 个月要补充足量的维生素、微量元素，适当限制能量摄入，保证胎儿的正常发育，避免难产。

第五节　母牛的妊娠与分娩

一、妊娠期

母牛配种以后，从受精开始，经过发育到成熟的胎儿娩出为止，这段时间称为妊娠期。肉牛的妊娠期一般为 275 ~ 285d。平均为 280d。

二、妊娠检查

配种后要及早地判断母牛的妊娠情况，以防母牛空怀；对没有受胎的母牛则应及时配种，因此要做好妊娠检查工作。

1. 外部征兆观察法

母牛配种后，经过一两个发情周期不再发情，证明可能妊娠了。母牛妊娠后，性情变得安静、温顺，食欲逐渐增强，被毛光亮，身体饱满，腹围逐渐增大，乳房也逐渐增大。妊娠后期，母牛后肢及腹下出现水肿现象。临产前，外阴部肿胀，松弛、尾根两侧明显塌陷。但这种方法并不完全可靠，因未受胎牛可能有安静发情，已受胎牛也可能有假发情现象。

2. 阴道检查

一般对妊娠怀疑时才使用，母牛配种后 1 个月进行。妊娠的母牛，当开膣器插入阴道时，有明显的阻力，并有干涩之感，阴道黏膜苍白，无光泽，子宫颈口偏向一侧，呈闭锁状态，为灰暗浓稠的黏液塞封闭。

3. 直肠检查法

直肠检查法是妊娠鉴定方法中比较准确而且使用最普遍的方法。在配种后 60 ～ 90d 进行第 1 次检查。主要检查子宫角的变化和卵巢上黄体的存在。

（1）妊娠牛。触摸一侧卵巢体积增大约核桃大或鸡蛋大，呈不规则形，质地较硬，有肉样感，有明显的黄体突出于卵巢表面，触摸另一侧卵巢无变化。子宫角柔软或稍肥厚，但无病态变化，触摸时，无收缩反应，可判定为妊娠。

（2）未妊娠牛。

①两侧卵巢一般大或接近一般大，为未妊娠。

②两侧卵巢的大小与发情检查时恰恰相反，为未妊娠。

③两侧卵巢一大一小、大的如拇指大或核桃大，小的如食指大或小指大，有滤泡发育，为未妊娠。

④一侧卵巢大如鸡蛋，既有黄体残迹，又有滤泡发育，触摸时卵巢各部质地软硬不一致，不像卵巢囊肿时那样软，又不像妊娠黄体那样硬。其原因是上次发情在这侧卵巢排卵。后形成黄体，因未受胎，黄体正在消退中，下次发情前本侧卵巢又有新的滤泡发育。所以同一卵巢上同时存在黄体残迹和发育滤泡，是未妊娠的表现。母牛妊娠后第一个月内，胚胎在子宫内处于游离状态，或胚胎与母体联系不紧密，当生存条件发生突变时，易造成隐性流产。因此，第一次检查妊娠后，仍需第二次检查。除检查卵巢有黄体存在外，主要检查子宫角的变化。如无收缩反应，可判定为妊娠。如果妊娠虽有黄体存在，而两侧或一侧子宫角饱满肥厚，如灌肠样，触诊有痛感，则是子宫内膜炎症状。卵巢黄体属于持久黄体，母牛既没有妊娠也不会发情，应该抓紧时间予以治疗。

4. 煮沸子宫颈黏液诊断法

取少量子宫颈黏液，加蒸馏水 4 ～ 5mL 混合，煮沸 1min，呈块状沉淀者为妊娠，上浮者为未妊娠。此法可检出妊娠 30d 以上的母牛。

三、预产期推算

母牛妊娠后，为做好下一步的生产安排及分娩前的准备工作，应大致确定妊娠母牛的预产期。其推算的方法，预产期可按配种月份减3，日数加6的公式计算。

例一：3号母牛于2000年5月10日配种。它的预产月份为：5-3=2（月）；预产日期为：10+6=16（d），即3号母牛预产期在2001年2月16日。

例二：5号母牛于2001年1月28日配种。它的预产期为：月份不够减，须借一年，故加12，则1+12-3=10（月）；日数加上6已超过1个月的天数，故减去30d，在月份里加上1个月。即预产月份是10+1=11（月），预产日期28+6-30=4（d），所以5号母牛的预产期是在2001年11月4日。

四、母牛分娩

1. 临产征兆

临近分娩的母牛，尾根两侧凹陷，特别是经产母牛凹陷得厉害；乳房胀大，分娩前1～2d内可挤出初乳。阴唇肿胀、柔软，皱褶开始展平，封闭子宫颈口的黏液塞开始融化，在分娩前1～2d呈透明的索状物从阴门流出，垂挂于阴门外。母牛食欲减退，时起时卧，显得不安，频频排粪尿，头不时回顾腹部。此时，分娩即将来临，要加强护理，做好接产准备工作。

2. 孕牛围产期的饲养管理

产前15d开始加料，一般在此之前的孕牛喂精料1～2kg，应在此基础上加料0.5kg，保证产后营养平衡，缓解产后因能量不平衡造成母牛体重减轻，同时还可降低酮体症的发病率，为预防产后瘫痪，可在产前8d注射适量维生素D，如第8天还未分娩，可再注射1次。每日喂粗饲料，最好是秸秆干草和青贮玉米，达到日粮低钙的效果。为预防酮体症，产前8d开始，每天补喂125～250g丙二醇和6～12g烟酸，可预防酮体症。对胎衣不下，日粮中补加硒和维生素E，即在产前第8天，每天补硒10～15mg，维生素E 50～150mg，也可产前第9天每天注射孕酮100mg。

3. 分娩过程与助产

母牛分娩过程分3个阶段，即开口期又称准备期，一般为2～6h；产出期0.5～4.0h，母牛不安，时起时卧，拱背努责，经多次努责胎囊由阴门流出，12～20min后羊膜破裂，然后胎儿前肢和头部露出，再经过强烈努责将胎儿排出，若是双胎，第2个胎儿将在20～120min娩出。胎衣排出期，胎衣在胎儿分娩后的5～8h排出，最长12h，超过12h按胎衣不下处理。助产的方法是：分娩时若努责无力，在挤出胎儿时应配合努责进行，并保护好阴门；若是倒生，当后肢露出后，应立即拉出，以防止腹部受压迫，造成胎儿窒息；若是胎位不正常，应矫正胎位，矫正要在努责间隙进行。当羊膜排出后未破时将羊膜扯破，胎儿露出头后，将胎儿口腔与鼻镜周围的黏液擦净，以利胎儿呼吸。初产牛难产率高，在5%左右，经产牛在1%左右，母牛初配时间越早难产率就越高。

第六节　提高母牛繁殖力的主要措施

母牛繁殖力的高低，受到多种因素的影响，主要与饲养、繁殖管理、繁殖技术和疾病防治等有密切关系。

一、加强饲养管理

营养缺乏或失衡是导致母牛发情不规律、受胎率低的重要原因。如缺乏蛋白质、矿物质（如钙、磷）、微量元素（如铜、锰、硒）、维生素（维生素A、维生素D、维生素E）均可引起母牛生殖机能紊乱。如果营养水平过高，造成母牛过肥，生殖器官被脂肪所充塞，使受胎率下降和难产；营养过于贫乏，则体质消瘦，影响母牛发情配种；营养比例不当，易发生代谢疾病，也会影响繁殖机能。在管理上，牛舍建筑要宽敞明亮，通风良好，运动场宽大平坦，做到冬有暖舍，夏有凉棚。对妊娠母牛应防止相互拥挤碰撞引起流产。

二、做到适时配种

要及时观察、检查母牛发情情况，把握好时机，及时配种，这样能提高受胎率。母牛产犊后20d生殖器官基本恢复正常，此时，注意发情表现，后1～3个情期，发情及排卵规律性强，配种容易受胎。随时间推移，发情与排卵往往失去规律性而难以掌握，有可能造成难孕。对于产后不发情或发情不正常的母牛要查找原因，属于生殖器官疾患的要及时治疗，属于内分泌失调的应注射性激素促进发情排卵，以便适时配种。

三、提高人工授精技术水平

养殖户与人工授精员要互相配合，掌握好发情期，做到适时输精；配种员要熟练掌握母牛发情鉴定，应用直肠把握输精方法检查发情、排卵和配种后的妊娠检查工作，从而提高受胎率；精液解冻后要检查活力，只有符合标准方可用来输精；配种员要严格执行操作规程。

四、注重疾病防治

布鲁氏菌病和结核病等传染病、子宫内膜炎、卵巢囊肿、持久黄体等生殖器官疾病对牛群健康、繁殖影响最大，必须加以控制，防止传染蔓延。在生产中要及时检查，发现病症及早治疗，早愈早配，提高繁殖力。

第五章　肉牛营养和日粮配制技术

第一节　肉牛的营养需要

一、牛生长所需养成分

牛生长所需的养分包括能量、蛋白质、脂肪、矿物质、维生素和水等。

（一）能量

能量是牛正常生长、生存、发育和生产的需要。如果能量供应不足会造成机体消瘦，此时能量为负平衡。

（二）蛋白质

饲料中的粗蛋白质进入瘤胃后，60%的饲料蛋白质和非蛋白氮被微生物降解成小肽、氨基酸和氨，然后再被微生物合成菌体蛋白，饲料中未被降解的蛋白质和菌体蛋白一起进入皱胃和小肠。蛋白质是牛体组织再生、修复和更新所必需的营养物质，通过同化作用和异化作用保持体内蛋白质的动态平衡。通常情况下，牛体组织蛋白质12～14个月更新一次。

（三）脂肪

牛体一般不会缺少脂肪，但是当母牛能量负平衡时，体脂动用过多过快，会产生大量酮体，从而引发酮病，给生产造成很大损失。解决能量负平衡的有效办法是在日粮中补充一定量的过瘤胃脂肪。饲料中添加适量的脂肪，一方面可以增加体内能量浓度，使得动物在一定采食量下获得更多的能量；另一方面可以提高乳脂率，减少酮病发生率。

（四）矿物质

矿物质根据牛体需要量分为常量元素（含量占体重 0.01% 以上）和微量元素（含量占体重 0.01% 以下）。常量元素包括钙（Ca）、磷（P）、钾（K）、钠（Na）、氯（Cl）、硫（S）、镁（Mg），微量元素包括铜（Cu）、铁（Fe）、锌（Zn）、硒（Se）、钴（Co）、碘（I）、锰（Mn）。矿物质在牛体内过量和缺乏都会引起代谢病，在添加矿物质时要严格按照动物身体状态和需求量添加。

1. 常量元素

（1）Ca。牛机体中的 Ca 约 99% 构成骨骼和牙齿。Ca 在维持神经和肌肉正常功能中起抑制神经和肌肉兴奋性的作用，但 Ca 过多会引起磷和锌的吸收不足，导致尿石症；当血 Ca 含量低于正常水平时，神经和肌肉兴奋性增强，引起动物抽搐，导致产后母牛昏迷。Ca 也可促进凝血酶的激活，参与正常血凝过程。Ca 还是多种酶的活化剂或抑制剂。

（2）P。牛机体 80% 的 P 存在于骨骼和牙齿中。P 以磷酸根的形式参与糖的氧化和酵解，参与脂肪酸的氧化和蛋白质分解等多种物质代谢。在能量代谢中 P 以三磷酸腺苷（ATP）和二磷酸腺苷（ADP）的成分存在，在能量储存与传递过程中起着重要作用。P 还是 RNA（核糖核酸）、DNA（脱氧核糖核酸）及辅酶 I、II 的成分，与蛋白质的生物合成及动物的遗传有关；另外，P 也是细胞膜和血液中缓冲物质的组成成分。牛的钙磷需要量比例为 1:（1～2）。

（3）K。K 在维持细胞内渗透压和调节酸碱平衡上起着重要作用。也能调节水的平衡，调节神经冲动的传导和肌肉收缩。在许多酶促反应中作为激活剂和辅助因子。植物性饲料中 K 的含量比较丰富，尤其是幼嫩植物，一般情况下，牛饲料中不会缺钾。如果钾摄入过量，影响 Na 和 Mg 的吸收，可能引起"缺镁痉挛症"。

（4）Na 和 Cl。Na 和 Cl 主要分布在牛体的体液和软组织中。Na 和 Cl 的主要作用就是维持细胞内渗透压和调节酸碱平衡。Na 也可促进肌肉和神经兴奋，并参与神经冲动的传递。在饲料中添加食盐（NaCl）可以提高部分饲料的适口性。

（5）S。S 是牛体内以含硫氨基酸（蛋氨酸、半胱氨酸、胱氨酸、牛磺酸等）形式参与牛被毛、角和蹄子等胶原蛋白的合成。S 是硫胺素、胰岛素和生物素的组成成分，参与碳水化合物的代谢。在牛的日粮中一般不会缺 S。

（6）Mg。牛机体中约 70% 的 Mg 参与骨骼和牙齿的构成。Mg 具有抑制神经和肌肉兴奋性及维持心脏正常功能的作用。在糠麸、饼粕和青贮饲料中含

Mg 比较丰富。牛如果缺 Mg 会变现为神经过敏，肌肉痉挛，呼吸弱，抽搐，甚至死亡，可利用氧化镁、硫酸镁和碳酸镁进行补饲。

2. 微量元素

（1）Cu。Cu 对造血起催化作用，促进合成血红素。Cu 是红细胞的组分成分之一，可加速卟啉的合成，促进红细胞成熟等。缺 Cu 影响动物正常造血功能，可给牛补饲硫酸铜。Cu 在饲料中分布比较广泛，尤其是豆科牧草、豆粕、豆饼和禾本科籽实等含 Cu 比较丰富，动物体一般不会缺 Cu。

（2）Fe。Fe 是合成血红蛋白和肌红蛋白的原料。由于 Fe 在动物机体能被二次利用，成年牛不易缺铁。犊牛如果缺铁，会造成食欲低下，体弱，轻度腹泻，如果血红蛋白下降，还可造成呼吸困难，严重时会引起死亡。Fe 主要分布在高粱、燕麦、黄玉米、酒糟、马铃薯渣、亚麻饼、黑麦草和苜蓿等饲料中。

（3）Zn。Zn 是牛体内多种酶的成分或激活剂，催化多种生化反应。犊牛缺 Zn 时食欲降低，生长发育受阻，严重会出现"侏儒"现象。种公牛缺 Zn 会影响精子生成。补 Zn 可抑制多种病毒侵害犊牛机体。Zn 的来源也比较广泛，在幼嫩植物、麸皮和油饼类中含量丰富。

（4）Se。Se 具有抗氧化作用。Se 也与牛机体肌肉生长发育和动物的繁殖密切相关。犊牛缺 Se 会表现为白肌病。如果饲料含有 0.10～0.15mg/kg 的 Se，就可以满足牛体日常对 Se 的需要。

（5）Co。Co 是瘤胃微生物繁育和合成维生素 B_{12} 的必需元素，维生素 B_{12} 促进血红素的形成，在蛋白质、碳水化合物、蛋氨酸和叶酸等代谢起重要作用。如果缺 Co，瘤胃中维生素 B_{12} 合成受阻，牛会出现食欲不振，生长停滞，体弱消瘦，黏膜苍白等贫血症状表现。

（6）I。I 是甲状腺素的主要成分。甲状腺素几乎参与机体的所有物质代谢过程，与动物的生长、发育和繁殖密切相关。犊牛缺 I 就会表现为"侏儒症"。牛对 I 的获取主要是通过饲料和饮水。沿海植物含 I 普遍比内陆植物高。

（7）Mn。Mn 是酶的组成部分或激活剂。Mn 主要参与蛋白质、脂肪、碳水化合物和核酸代谢。缺 Mn 时动物采食量下降，生长发育受阻，骨骼变形，关节肿大。植物性饲料中 Mn 的含量比较高，尤其在青绿饲料和糠麸类中 Mn 的含量比较高。

（五）维生素

维生素不是牛机体器官的组成物质，也不是动物的能量来源，是一种动物正常生理功能所必需的低分子化合物，作为生物活性物质，在代谢中起着调节和控制作用。维生素的缺乏和过量都会导致牛体病变，牛瘤胃可以合成部分B族维生素和维生素K，一般不需要通过饲料添加。

维生素的分类

（1）脂溶性维生素。包括维生素A、维生素D、维生素E、维生素K。

①维生素A（也叫视黄醇、抗干眼症维生素）维生素A在维持牛在弱光下的视力方面起主要作用，如果缺乏维生素A，在弱光下，牛的视力会减退或完全丧失，患"夜盲症"。维生素A还在促进幼龄动物生长、维持上皮组织健康、性激素的形成、抗癌和提高动物免疫力方面起着重要作用。维生素A只存在于动物体内，胡萝卜素又叫做维生素A，存在于植物中，一般植物里主要是β-胡萝卜素。在青绿饲料、优质干草、胡萝卜、红心甘薯、黄色玉米和南瓜中胡萝卜素含量最多。

②维生素D（也叫抗佝偻症维生素）维生素D的种类很多，对动物体有重要作用的只有维生素D_2（麦角固醇）和维生素D（7-脱氢胆固醇经紫外线照射可转化为维生素D）。维生素D被吸收后并无活性，只有在肝脏、肾脏中经羟化，才能发挥作用。

植物体中麦角固醇紫外线维生素D，动物体中7-脱氢胆固醇紫外线维生素D_3。

缺乏维生素D会导致动物体Ca和P代谢失调，幼年动物出现行动困难、不能站立和生长缓慢等"佝偻病"症状。维生素D还能影响巨噬细胞的免疫功能。由于维生素D_3的毒性比维生素D_2大10～20倍，在生产中补充维生素D时，注射用维生素D_2，不用维生素D_3。经晾晒的干草含有较多的维生素D_2，动物舍外运动和晒太阳也能促使体内7-脱氢胆固醇转变为维生素D_3。

③维生素E（也叫生育酚、抗不育症维生素）在动物体内维生素E是主要的生物催化剂，具有抗氧化作用，保护细胞膜免遭氧化。维生素E还可促进性腺发育，调节性机能，增强卵巢机能，促进精子生成，提高精子活力。

缺乏维生素E则公牛精细胞形成受阻，造成不育症，母牛性周期失常。维生素E在新鲜的谷实类胚果、青绿饲料和优质干草中含量比较丰富。

④维生素K（也叫抗出血症维生素）维生素K是一类萘醌衍生物。对动物体起作用的主要有K（叶绿醌）、K_2（甲基萘醌）和K_3（甲萘醌）。K和K_2是天然产物，K_3为人工合成产品，但其效力高于K_2。维生素K主要参与凝血活动，致使血液凝固。维生素K_2普遍存在于植物性饲料中，尤其是青绿饲料。维生素K_2除了饲料中含有外，在牛瘤胃中也可经微生物合成。

（2）水溶性维生素：包括 B 族维生素和维生素 C。

①B 族维生素 包括维生素 B_1（也叫硫胺素）、维生素 B_2（也叫核黄素）维生素 B_3（泛酸，也叫遍多酸）、维生素 B_6（也叫吡哆醇）、维生素 B_{12}（也叫氰钴素）、维生素 PP（烟酸）、叶酸、生物素。B 族维生素都是水溶性维生素，都是作为细胞的辅酶或辅基的成分，参与碳水化合物、脂肪和蛋白质的代谢。成年牛可在瘤胃中合成 B 族维生素。除了 B_{12}，其他 B 族维生素广泛存在于各种优质干草、青绿饲料、青贮饲料和籽实类的种皮和胚芽中。

②维生素 C（也叫抗坏血酸、抗坏血病维生素）维生素 C 参与细胞间质胶原蛋白的合成，维生素 C 还能促进抗体的形成和白细胞的噬菌能力，增强机体免疫力和抗应激能力。缺乏维生素 C 时，毛细血管细胞间质减少，通透性增强而引起周身出血、牙齿松动、牙龈出血，骨骼脆弱和创伤难痊愈等症状。维生素 C 的来源比较广泛，青绿饲料和块根鲜果中含量都比较丰富，而且动物体还能合成。

（六）水

水对动物来说极为重要，动物体水分丧失 10% 就会引起代谢紊乱，丧失 20% 时会造成动物死亡。水是动物体重要的溶剂，参与体温调节，是各种生化反应的媒介，在维持组织和器官形态方面也起着重要作用。

二、肉牛营养需要与饲养标准

中国和世界很多国家肉牛营养需要的饲养标准都是按阶段划定。肉牛在不同生理状态和生产水平下对各种营养物质的需求特点、变化规律和影响因素，可作为制定饲养标准的依据，进而实现科学化和标准化饲养，这是提高肉牛规模化生产效益的基础。世界各国营养专家一直不断地研究肉牛的饲养标准或营养需要，并按照品种、年龄、性别、生长发育阶段、生理状态和生产目的，制定出符合各国国情的饲养标准，如美国国家研究委员会（NRC）和英国农业研究委员会（ARC）。2004 年农业部颁布了我国农业行业标准《肉牛饲养标准》（NY/T 815—2004），该标准对我国的肉牛养殖起到了重要的指导作用。

第二节　肉牛粗饲料及其加工

粗饲料是指容重小、纤维成分含量高（干物质中粗纤维含量大于或等于 18%）、可消化养分含量低的饲料。主要有牧草与野草、青贮饲料、干草类、农副产品类（藤、秧、蔓、秸、荚、壳）及干物质中粗纤维含量大于等于18% 的糟渣类、树叶类和非淀粉质的块根、块茎类。感观要求无发霉、变质、结块、冰冻、异味及臭味。

一、青绿饲料

青草是肉牛最好的饲草。天然牧草的产草量受到土壤、水分、气候等条件的影响。有条件的养殖场，可以种植优质牧草或饲料作物，以供给肉牛充足的新鲜饲草；也可以晒制青干草或制成青贮饲料，在冬春季节饲喂肉牛。

（一）豆科牧草

豆科牧草富含蛋白质，人工栽培相对较多，其中紫花苜蓿、沙打旺、红豆草等适合中原地区栽培，尤其紫花苜蓿，栽培面积广，营养价值高。豆科草有根瘤，根瘤菌有固氮作用，是改良土壤肥力的前茬作物。

1. 紫花苜蓿

注意选择适于当地的品种。播种前要翻耕土地、耙地、平整、灌足底水，等到地表水分合适时进行耕种，施足底肥，有机肥以 3000 ～ 4000kg/ 亩（1 亩 ≈667m^2）为宜。一般在 9 月至 10 月上中旬播种，北部早，南部稍晚。播种量为 0.75 ～ 1kg/ 亩，面积小可撒播或条播，行距为 30cm。每亩用3 ～ 4kg 颗粒氮肥作种肥。播种深度以 1.5 ～ 2cm 为好，土壤较干旱而疏松时播深可至 2.5 ～ 3cm。也可与生活力强、适口性好的禾本科草混播。因苜蓿种子"硬实"比例较大，播种前要作前处理。

科学的田间管理可保证较高的产草量和较长的利用期。紫花苜蓿苗期生长缓慢，杂草丛生影响苜蓿生长，应加强中耕除草、使用除草剂、收割等措施。缺磷时苜蓿产量低，应在播前整地时施足磷肥，以后每年在收割头茬草后再适量追施 1 次磷肥。

紫花苜蓿的收割时期根据目的来定，调制青干草或青贮饲料时在初花期收获，青饲时从现蕾期开始利用至盛花期结束。收割次数因地制宜，中原地区可收 4 ～ 6 次，北方地区可收割 2 ～ 3 次，留茬高度一般 4 ～ 5cm，最后一茬可稍高，以利越冬。

苜蓿既可青饲，也可制成干草、青贮饲料饲喂。不同刈割时期的紫花苜蓿干草喂肉牛的效果不同。现蕾至盛花期刈割的苜蓿干草对肥育牛的增重效果差异不大，成熟后刈割的干草饲料报酬显著降低。

2. 沙打旺

也叫直立黄芪，抗逆性强、适应性广、耐旱、耐寒、耐瘠薄、耐盐碱、抗风沙，是黄土高原的当家草种。播种前应精细整地和进行地面处理，清除杂草，保证土壤，施足底肥，平整地面，使表土上松下实，确保全苗壮苗。撒播播种量每亩 2.5kg。沙打旺一年四季均可播种，一般选在秋季播种好。

沙打旺在幼苗期生长缓慢，易被杂草抑制，要注意中耕除草。雨涝积水应及时开沟排除。有条件时，早春或刈割后灌溉施肥能增加产量。

沙打旺再生性差，1 年可收割两茬，一般用作青饲料或制作干草，不宜放牧。最好在现蕾期或株高达 70 ～ 80cm 时进行刈割。若在花期收获，茎已粗老，影响草的质量，留茬高度为 5 ～ 10cm。当年亩产青草 300 ～ 1000kg，两年后可达 3000 ～ 5000kg，管理不当 3 年后衰退。沙打旺有苦味，适口性不如苜蓿，不可长期单独饲喂，应与其他饲草搭配。沙打旺与玉米或其他禾本科作物和牧草青贮，可改善适口性。

3. 红豆草

最适于石灰性壤土，在干旱瘠薄的砂砾土及沙性土壤上也能生长。耐寒性不及苜蓿。不宜连作，须隔 5 ～ 6 年再种。清除杂草，深耕施足底肥，尤其是磷、钾肥和优质有机肥。单播行距 30 ～ 60cm，播深 3 ～ 4cm。生产干草单播行距 20 ～ 25cm，以开花至结荚期刈割最好。混播时可与无芒雀麦、苇状羊茅等混种。年可刈割 2 ～ 4 次，均以第一次产量最高，占全年总产量的 50%。一般红豆草齐地刈割不影响分枝，而留茬 5 ～ 6cm 更利于红豆草再生。红豆草的饲用价值可与紫花苜蓿媲美，苜蓿称为"牧草之王"，红豆草为"牧草皇后"。青饲红豆草适口性极好，效果与苜蓿相近，肉牛特别喜欢吃。开花后品质变粗变老，营养价值降低，纤维增多，饲喂效果差。

豆科还有许多优质牧草，如小冠花、百脉根、三叶草等。

（二）禾本科牧草

1. 无芒雀麦

适于寒冷干燥气候地区种植。大部分地区宜在早秋播种。无芒雀麦竞争力强，易形成草层块，多采取单播。条播行距 20 ～ 40cm，播种量 1.5 ～ 2.0kg/ 亩，播深 3 ～ 4cm，播后镇压。栽培条件良好，鲜草产量可达 3000kg/ 亩以上，每次种植可利用 10 年。每年可刈割 2 ～ 3 次，以开花初期刈割为宜，过迟会影响草质和再生。无芒雀麦叶多茎少，营养价值很高，幼嫩无芒雀麦干物质中所含蛋白质不亚于豆科牧草。可青饲、青贮或调制干草。

2. 苇状羊茅

耐旱耐湿耐热，对土壤的适应性强，是肥沃和贫瘠土壤、酸性和碱性土壤都可种植的多年生牧草。苇状羊茅为高产型牧草，要注意深耕和施足底肥。一般春、夏、秋播均可，通常以秋播为多，播量为 0.75 ～ 1.25kg/ 亩，条播行距 30cm，播深 2 ～ 3cm，播后镇压。在幼苗期要注意中耕除草，每次刈割后也应中耕除草。青饲在拔节后至抽穗期刈割；青贮和调制干草则在孕穗至开花期。每隔 30 ～ 40d 刈割 1 次，每年刈割 3 ～ 4 次。每亩可产鲜草 2500 ～ 4500kg。苇状羊茅鲜草青绿多汁，可整草或切短喂牛，与豆科牧草混合饲喂效果更好。苇状羊茅青贮和干草，都是牛越冬的好饲草。

3. 象草

象草又名紫狼尾草，为多年生草本植物。栽培时要选择土层深厚、排水良好的土壤，结合耕翻，每亩施厩肥 1500 ～ 2000kg 作基肥。春季 2—3 月，选择粗壮茎秆作种用，每 3 ～ 4 节切成一段，每畦栽两行，株距 50 ～ 60cm。种茎平放或芽朝上斜插，覆土 6 ～ 10cm。每亩用种茎 100 ～ 200kg，栽植后灌水，10 ～ 15d 即可出苗。生长期注意中耕除草，适时灌溉和追肥。株高 100 ～ 120cm 即可刈割，留茬高 10cm。生长旺季，25 ～ 30d 刈割一次，年可刈割 4 ～ 6 次，亩产鲜草 1 万 ～ 1.5 万 kg。象草茎叶干物质中含粗蛋白质 10.6%、粗脂肪 2%、粗纤维 33.1%、无氮浸出物 44.7%、粗灰分 9.6%。适期收割的象草，鲜嫩多汁，适口性好，肉牛喜欢吃。适宜青饲、青贮或调制干草。

禾本科牧草还有黑麦草、羊草、披碱草、鸭茅等优质牧草，均是肉牛优良的饲草。

（三）青饲作物

利用农田栽培农作物或饲料作物，在其结实前或结实期收割作为青饲料饲用，是解决青饲料供应的一个重要途径。常见的有青割玉米、青割燕麦、青割大麦、大豆苗、蚕豆苗等。一般青割作物用于直接饲喂或青贮。青割作物柔嫩多汁，适口性好，营养价值比收获籽实后的秸秆高得多，尤其是青割禾本科作物其无氮浸出物含量丰富，用作青贮效果很好，生产中常把青割玉米作为主要的青贮原料。此外，青割燕麦、青割大麦也常用来调制干草。青割幼嫩的高粱和苏丹草中含有氰苷配糖体，肉牛采食后会在体内转变为氰氢酸而中毒。为防止中毒，宜在抽穗期收割，也可调制成青贮或干草，使毒性减弱或消失。

二、干草晒制

人工栽培牧草及饲料作物、野青草在适宜时期收割加工调制成干草，降低了水分含量，减少了营养物质的损失，有利于长期储存，便于随时取用，可作为肉牛冬春季节的优质饲料。

（一）干草的收割

青饲料要适时收割，兼顾产草量和营养价值。收割时间过早，营养价值虽高，但产量会降低，而收割过晚会使营养价值降低。所以，适时收割牧草是调制优质干草的关键。一般禾本科牧草及作物，如黑麦草、苇状羊茅、大麦等，应在抽穗期至开花期收割；豆科牧草，如紫花苜蓿、三叶草、红豆草等，在开花初期到盛花期；另外收割时还要避开阴雨天气，避免晒制和雨淋使营养物质大量损失。

（二）干草的调制

适当的干燥方法，可防止青饲料过度发热和长霉，最大限度地保存干草的叶片、青绿色泽、芳香气味、营养价值以及适口性，保证干草安全储藏。要根据本地条件采取适当的方法，生产优质的干草。

1. 平铺与小堆晒制结合

青草收割后采用薄层平铺暴晒 4 ～ 5h 使草中的水分由 85% 左右减到约 40%，细胞呼吸作用迅速停止，减少营养损失。水分从 40% 减到 17% 非常慢，为避免长久日晒或遇到雨淋造成营养损失，可堆成高 1m、直径 1.5m 的小垛，晾晒 4 ～ 5d，待水分降到 15% ～ 17% 时，再堆于草棚内以大垛储存。一般晴日上午把草割倒，就地晾晒，夜间回潮，翌日上午无露水时耙搂成小堆，可减少丢叶损失。在南方多雨地区，可建简易干草棚，在棚内进行小堆晒制。棚顶四周可用立柱支撑，建于通风良好的地方，进行最后的阴干。

2. 压裂草茎干燥法

用牧草压扁机把牧草茎秆压裂，破坏茎的角质层膜和表皮及微管束，让它充分暴露在空气中，加快茎内的水分散失，可使茎秆的干燥速度和叶片基本一致。一般在良好的空气条件下，干燥时间可缩短 1/2 ～ 1/3。此法适合于豆科牧草和杂草类干草调制。

3. 草架阴干法

在多雨地区收割苜蓿时，用地面干燥法调制不易成功，可以采用木架或铁丝架晾晒，其中干燥效果最好的是铁丝架干燥，其取材容易，能充分利用太阳热和风，在晴天经 10d 左右即可获得水分含量为 12% ～ 14% 的优质干草。据报道，用铁丝架调制的干草，比地面自然干燥的营养物质损失减少 17%，消化率提高 2%。由于色绿、味香，适口性好，肉牛采食量显著提高。铁丝架的用材主要为立柱和铁丝。立柱由角钢、水泥柱或木柱制成，直径为 10 ～ 20cm，长 180 ～ 200cm。每隔 2m 立一根，埋深 40 ～ 50cm，成直线排列（列柱），要埋得直，埋得牢，以防倒伏。从地面算起，每隔 40 ～ 45cm 拉一横线，分为三层。最下一层距地面留出 40 ～ 45cm 的间隔，以利通风。用塑料绳将铁丝绑在立柱或横杆上，以防挂草后沉重坠落。每两根立柱加拉一条对称的跨线，以防被风刮倒。大面积牧草地可在中央立柱，小面积或细长的地可在地边立柱。立柱要牢固，铁丝要拉紧和绑紧，以防松弛和倾倒。

4. 人工干燥法

常温鼓风干燥法　收割后的牧草田间晾到含水 50% 左右时，放到设有通风道的草棚内，用鼓风机或电风扇等吹风装置，进行常温吹风干燥。先将草堆成 1.5 ～ 2m 高，经过 3 ～ 4d 干燥后，再堆高 1.5 ～ 2m，可继续堆高，总高不超过 4.5 ～ 5m。一般每方草每小时鼓入 300 ～ 350m³ 空气。这种方法在干草收获时期，白天、早晨和晚间的相对湿度低于 75%，温度高于 15 ℃时可以使用。

5. 高温快速干燥法

将牧草切碎，放到牧草烘干机内，通过高温空气，使牧草快速干燥。干燥时间取决于烘干机的种类、型号及工作状态，从几小时到几十分钟，甚至几秒钟，使牧草含水量从 80% 左右迅速降到 15% 以下。有的烘干机入口温度为 75 ～ 260℃，出口为 25 ～ 160℃；有的入口温度为 420 ～ 1160℃，出口为 60 ～ 260℃。虽然烘干机内温度很高，但牧草本身的温度很少超过 30 ～ 35℃。这种方法牧草养分损失少。

（三）干草的储藏与包装

1. 干草的储藏

调制好的干草如果没有垛好或含水量高，会导致干草发霉、腐烂。堆垛前要正确判断含水量。

现场常用拧扭法和刮擦法来判断，即手持一束干草进行拧扭，如草茎轻微发脆，扭弯部位不见水分，可安全储存；或用手指甲在草茎外刮擦，如能将其表皮剥下，表示晒制尚不充分，不能储藏，如剥不下表皮，则表示可将干草堆垛。干草安全储存的含水量，散放为25%，打捆为20%～22%，铡碎为18%～20%，干草块为16%～17%。含水量高不能储存，否则会发热霉烂，造成营养损失，随时可能引起自燃，甚至发生火灾。

干草储藏有露天堆垛、草棚堆垛和压捆等方法，储藏时应注意以下几点。

（1）防止垛顶塌陷漏雨。干草堆垛后2～3周内，易发生塌顶现象，要经常检查，及时修整。一般可采用草帘呈屋脊状封顶、小型圆形垛可采用尖顶封顶、麦秸泥封顶、农膜封顶和草棚等形式。

（2）防止垛基受潮。要选择地势高燥的场所堆垛，垛底应尽量避免与泥土接触，要用木头、树枝、石头等垫起铺平并高出地面40～50cm，垛底四周要挖排水沟。

（3）防止干草过度发酵与自燃。含水量在17%以上时由于植物体内酶及外部微生物的活动常引起发酵，使温度上升至40～50℃。适度发酵可使草垛坚实，产生特有的香味，但过度发酵会使干草品质下降，应将干草水分含量控制在20%以下。发酵产热温度上升到80℃左右时接触新鲜空气即可引起自燃。此现象在储藏30～40d时最易发生。若发现垛温达到65℃以上时，应立即采取相应措施，如拆垛、吹风降温等。

（4）减少胡萝卜素的损失。堆或垛外层的干草因受阳光的照射，胡萝卜素含量最低，中间及底层的干草，因挤压紧实，氧化作用较弱，胡萝卜素的损失较少。贮藏青干草时，应尽量压实，集中堆大垛，并加强垛顶的覆盖。

（5）准备消防设施，注意防火。堆垛时要根据草垛大小，将草垛间隔一定距离，防止失火后全军覆没，为防不测，提前应准备好防火设施。

2. 干草的包装

有草捆、草垛、干草块和干草颗粒4种包装形式。

（1）草捆。常规为方形、长方形。目前我国的羊草多为长方形草捆，每捆约重50kg。也有圆形草捆，如在草地上大规模贮备草时多为大圆形草捆，其直径可达1.5～2m。

（2）草垛。是将长草吹入拖车内并以液压机械顶紧压制而成。呈长方形，每垛重1～6t。适于在草场上就地储存。由于体积过大，不便运输。这种草垛受风吹日晒雨淋的面积较大，若结构不紧密，可造成雨雪渗漏。

（3）干草块。是最理想的包装形式。可实行干草饲喂自动化，减少干草养分损失，消除尘土污染，采食完全，无剩草，不浪费，有利于提高牛的进食量、增重和饲料转化效率，但成本高。

（4）干草颗粒。是将干草粉碎后压制而成。优点是体积小于其他任何一种包装形式，便于运输和储存，可防止牛挑食和剩草，消除尘土污染。

另外，也有采用大型草捆包塑料薄膜来储存干草的。

（四）干草的品质鉴别

干草品质鉴定方法有感官（现场）鉴定、化学分析与生物技术法，生产上常通过感官鉴定判断干草品质的好坏。

1. 感官鉴定

（1）颜色气味。干草的颜色是反映品质优劣最明显的标志，颜色深浅可作为判断干草品质优劣的依据。优质青干草呈绿色，绿色越深，营养物质损失越小，所含的可溶性营养物质、胡萝卜素及其他维生素越多，品质也越好。茎秆上每个节的茎部颜色是干草所含养分高低的标记，如果每个节的茎部呈现深绿色部分越长，则干草所含养分越高；若是呈现淡的黄绿色，则养分越少；呈现白色时，则养分更少，且草开始发霉；变黑时，说明已经霉烂。适时刈割的干草都具有浓厚的芳香气味，能刺激肉牛的食欲，增加适口性，若干草具有霉味或焦灼的气味，品质不佳。

（2）叶片含量。干草中叶片的营养价值较高。优良干草要叶量丰富，有较多的花序和嫩枝。叶中蛋白质和矿物质含量比茎多 1 ~ 1.5 倍，胡萝卜素多 10 ~ 15 倍，粗纤维含量比茎少 50% ~ 100%，叶营养物质的消化率比茎高40%。干草中的叶量越多，品质就越好。鉴定时可取一束干草，看叶量的多少，优良的豆科青干草叶量应占干草总重量的 50% 以上。

（3）牧草形态。初花期或初花期前刈割的干草中含有花蕾、未结实花序的枝条较多，叶量也多，茎秆质地柔软，适口性好，品质也佳。若刈割过迟，干草中叶量少，带有成熟或未成熟种子的枝条数目多，茎秆坚硬，适口性、消化率都下降，品质变劣。

（4）含水量。干草的含水量应为 15% ~ 18%。

（5）病虫害情况。有病虫害的牧草调制成的干草营养价值较低，且不利于家畜健康，鉴定时查其叶片上是否有病斑出现，是否带有黑色粉末等，如果发现带有病症，不能饲喂家畜。

2. 干草分级

现将一些国家的干草分级标准介绍如下，作为评定干草品质的参考。

内蒙古自治区制定的青干草等级标准如下。

一等：以禾本科草或豆科草为主体，枝叶呈绿色或深绿色，叶及花序损失不到 5%，含水量 15% ~ 18%，有浓郁的干草香味，但由再生草调制的优良青干草，可能香味较淡。无沙土，杂类草及不可食草不超过5%。

二等：草种较杂，色泽正常，呈绿色或淡绿。叶及花序损失不到10%，有香草味，含水量15%～18%，无沙土，不可食草不超过10%。

三等：叶色较暗，叶及花序损失不到15%，含水量15%～18%，有香草味。

四等：茎叶发黄或变白，部分有褐色斑点，叶及花序损失大于20%，香草味较淡。

五等：发霉，有霉烂味，不能饲喂。

（五）干草的饲喂

优质干草可直接饲喂，不必加工。中等以下质量的干草喂前要铡短到3cm左右，主要是防止第四胃易位和满足牛对纤维素的需要。为了提高干草的进食量，可以喂干草块。

肉牛饲喂干草等粗料，按每百千克体重以1.5～2.5kg干物质计算为宜。干草的质量越好，肉牛采食干草量越大，精料用量越少。按整个日粮总干物质计算，干草和其他粗料与精料的比例以50∶50最合理。

三、青贮饲料的加工调制与使用

（一）青贮原理

青贮饲料是指在密闭的青贮设施（窖、壕、塔、袋等）中，或经乳酸菌发酵，或采用化学制剂调制，或降低水分而保存的青绿多汁饲料，白色青贮是调制和储藏青饲料、块根块茎类、农副产品的有效方法。青贮能有效保存饲料中的蛋白质和维生素，特别是胡萝卜素的含量，青贮比其他调制方法都高；饲料经过发酵，气味芳香，柔软多汁，适口性好；可把夏、秋多余的青绿饲料保存起来，供冬春利用，利于营养物质的均衡供应；调制方法简单，易于掌握；不受天气条件的限制；取用方便，随用随取；储藏空间比干草小，可节约存放场地；储藏过程中不受风吹、雨淋、日晒等影响，也不会发生自燃等火灾事故。

青贮发酵是一个复杂的生物化学过程。青贮原料入窖后，附着在原料上的好气性微生物和各种酶利用饲料受机械压榨而排出的富含碳水化合物等养分的汁液进行活动，直至容器内氧气耗尽，1～3d形成厌氧环境时才停止呼吸。乙酸菌大量繁殖，产生乙酸，酸浓度的增加，抑制了乙酸菌的繁殖。随着酸度、厌氧环境的形成，乳酸菌开始生长繁殖，生成乳酸。15～20d后窖内温度由33℃降到25℃，pH值由6下降到3.4～4.0，产生的乳酸达到最高水平。当pH值下降至4.2以下时只有乳酸杆菌存在，pH值下降至3时乳酸杆菌也停止活动，乳酸发酵基本结束。此时，窖内的各种微生物停止活动，青贮饲料进入稳定阶段，营养物质不再损失。一般情况下，糖分含量较高的原料如玉米、高粱等在青贮后20～30d就可以进入稳定阶段（豆科牧草需3个月以上），如果密封条件良好，这种稳定状态可持续数年。

玉米秸、高粱秸的茎秆含水量大，皮厚极难干燥，因而极易发霉。及时收获穗轴制作青贮可免霉变损失。

（二）青贮容器

1. 青贮窖

青贮窖有地下式和半地下式两种。

地下式青贮窖适于地下水位较低、土质较好的地区，半地下式青贮窖适于地下水位较高或土质较差的地区。青贮窖的形状及大小应根据肉牛的数量、青贮料饲喂时间长短以及原料的多少而定。原则上料少时宜做成圆形窖，料多时宜做成长方形窖。圆形窖直径与窖深之比为1∶1.5。长方形窖的四壁呈95°倾斜，即窖底的尺寸稍小于窖口，窖深以2～3m为宜，窖的宽度应根据牛群日需要量决定，即每日从窖的横截面取4～8cm为宜，窖的大小以集中人力2～3d装满为宜。青贮窖最好有两个，以便轮换搞氨化秸秆用。大型窖应用链轨拖拉机碾压，一般取大于其链轨间距2倍以上，最宽12m，深3m。

窖址应选择在地势高燥、土质坚硬、地下水位低、靠近牛舍、远离水源和粪坑的地方。从长远及经济角度出发，不可采用土窖，宜修筑永久性窖，用砖石或混凝土结构。土窖既不耐久，原料霉坏又多，极不合算。青贮窖的容量因饲料种类、含水量、原料切碎程度、窖深而变化。

当全年喂青贮为主时，每头大牛需窖容13～20m³，小牛以大牛的1/2来估算窖的容量，大型牛场至少应有2个以上的青贮窖。

2. 圆筒塑料袋

选用0.2mm以上厚实的塑料膜做成圆筒形，与相应的袋装青贮切碎机配套，如不移动可以做得大些，如要移动，以装满后两人能抬动为宜。原料装好后可以放在牛舍内、草棚内和院子内，用砖块压实，最好避免直接晒太阳使塑料袋老化碎裂，要注意防鼠、防冻。

3. 草捆青贮

主要用于牧草青贮，将新鲜的牧草收割并压制成大圆草捆，装入塑料袋，系好袋口便可制成优质的青贮饲料。注意保护塑料袋，不要让其破漏。草捆青贮取用方便，在国外应用较多。

4. 堆贮

堆贮是在砖地或混凝土地上堆放青贮的一种形式。这种青贮只要加盖塑料布，上面再压上石头、汽车轮胎或土就可以。但堆垛不高，青贮品质稍差。堆垛应为长方形而不是圆形，开垛后每天横切 4～8cm，保证让牛天天吃上新鲜的青贮。

另外，在国外也有用青贮塔，即为地上的圆筒形建筑，金属外壳，水泥预制件做衬里。长久耐用，青贮效果好，塔边、塔顶很少霉坏，便于机械化装料与卸料。青贮塔的高度应为其直径的 2～3.5 倍，一般塔高 12～14m，直径 3.5～6m。在塔身一侧每隔 2m 高开一个 0.6m×0.6m 的窗口，装时关闭，取空时敞开。可用于制作低水分青贮、湿玉米粒青贮或一般青贮，青贮饲料品质优良，但成本高。

（三）青贮饲料的制作

青贮饲料是指将切碎的新鲜贮料通过微生物厌氧发酵和化学作用，在密闭无氧条件下制成的一种适口性好、消化率高和营养丰富的饲料，是保证常年均衡供应肉牛饲料的有效措施。技术要点如下。

1. 收割

一般全株青贮玉米在乳熟后期至蜡熟前期收割，半干青贮在蜡熟期收割，黄贮玉米秸秆在完熟期提前 15d 摘穗后收割，豆科牧草在开花初期，禾本科牧草在抽穗期收割。

2. 运输

要随割随运，及时切碎储存。

3. 切碎

青贮原料一般铡成 1～2cm，黄贮原料要求比青贮切得更短。

4. 调节水分含量

一般青贮饲料调制的适宜含水量应为 60%～70%。若原料过湿，就将原料在阳光下晾晒后再加工，且在装窖的前段时间不加水，待装填到距窖口 50～70cm 处开始加少量水。如果玉米秸秆不太干，应在贮料装填到一半左右时开始逐渐加水。如果玉米秸秆十分干燥，在贮料厚达 50cm 时就应逐渐加水。加水要先少后多、边装边加、边压实。

5. 装填与压实

贮料应随时切碎，随时装贮，边装窖、边压实。每装到 30 ～ 50cm 厚时就要压实一次。制作黄贮时，为了提高黄贮的质量，可逐层添加 0.5% ～ 1% 玉米面，或是每吨贮料中添加 450g 乳酸菌培养物或 0.5g 纯乳酸菌剂，另外还可以按 0.5% 的比例添加尿素，或每吨贮料中添加 3.6kg 甲醛。

6. 密封

贮料装填完后，应立即严密封埋。一般应将原料装至高出窖面 30cm 左右，用塑料薄膜盖严后，再用土覆盖 30 ～ 50cm，最后再盖一层遮雨布。

7. 管护

贮窖贮好封严后，在四周约 1 m 处挖沟排水，以防雨水渗入。多雨地区，应在青贮窖上面搭棚，随时注意检查，发现窖顶有裂缝时，应及时覆土压实。

8. 开窖

青贮玉米、高粱等禾本科牧草一般 30 ～ 40d 可开窖取用；豆科牧草一般在 2 ～ 3 个月开窖取用。

9. 取料

开窖后取料时应从一头开挖，由上到下分层垂直切取，不可全面打开或掏洞取料，尽量减小取料横截面。当天用多少取多少，取后立即盖好。取料后，如果中途停喂，间隔较长，必须按原来封窖方法将青贮窖盖好封严，不透气、不漏水。

10. 饲喂

青贮饲料是优质多汁饲料，开始饲喂家畜时最初少喂，逐步增多，然后再喂草料，使其逐渐适应。青贮时，要使原料含水量控制在 60% ～ 70%。并且一定要压实、封严，尤其是边角。制作时辅助料要喷撒均匀。

（四）黄贮饲料的制作

黄贮是将收获了籽实的作物秸秆切碎后喷水（或边切碎边喷水），使秸秆含水量达到 40%。为了提高黄贮质量，可按秸秆重量的 0.2% 加入尿素，3% ～ 5% 加入玉米面，5% 加入胡萝卜。胡萝卜可与秸秆一块切碎，尿素可制成水溶液均匀地喷洒于原料上。然后装窖、压实，覆盖后储存起来，密封 40d 左右即可饲喂。

（五）尿素青贮饲料的制作

在一些蛋白质饲料缺乏的地区，制作尿素青贮是一种可行的方法。玉米青贮干物质中的粗蛋白质含量较低，约为7.5%，在制作青贮时，按原料的0.5%加入尿素，这样含水70%的青贮料干物质中即有12%～13%的粗蛋白质，不仅提高了营养价值，还可提高牛的采食量，抑制腐生菌繁殖导致的霉变等。

制作尿素青贮时，先在窖底装50～60cm厚的原料，按青贮原料的重量算出尿素需要量（可按0.4%～0.6%的比例计算），把尿素制成饱和水溶液（把尿素溶化在水中），按每层应喷量均匀地喷洒在原料上，以后每层装料15cm厚，喷洒尿素溶液1次，如此反复直到装满窖为止，其他步骤与普通青贮相同。

制作尿素青贮时，要求尿素水溶液喷洒均匀，窖存时间最好在5个月以上，以便于尿素渗透、扩散到原料中。饲喂尿素青贮量要逐日增加，经7～10d后达到正常采食量，并要逐渐降低精饲料中的蛋白质含量。

（六）青贮饲料常用添加剂

1. 微生物添加剂

青绿作物叶片上天然存在的有益微生物（如乳酸菌）和有害微生物之比为10∶1，采用人工加入乳酸菌有利于使乳酸菌尽快达到足够的数量，加快发酵过程，迅速产生大量乳酸，使pH值下降，从而抑制有害微生物的活动。将乳酸菌、淀粉、淀粉酶等按一定比例配合起来，便可制成一种完整的菌类添加剂。使用这类复合添加剂，可使青贮的发酵变成一种快速、低温、低损失的过程。从而使青贮的成功更有把握。而且，当青贮打开饲喂时，稳定性也更好。

2. 不良发酵抑制剂

能部分或全部地抑制微生物生长。常用的有无机酸（不包括硝酸和亚硝酸）、乙酸、乳酸和柠檬酸等，目前用得最多的是甲酸和甲醛。对糖分含量少、较难青贮的原料，可添加适量甲酸，禾本科牧草添加量为湿重的0.3%，豆科牧草为0.5%，混播牧草为0.4%。

3. 好气性变质抑制剂

即抑制二次发酵的添加剂，丙酸、己酸、焦亚硫酸钠和氨等都属于此类添加剂。生产中常用丙酸及其盐类，添加量为0.3%～0.5%时可很大程度地抑制酵母菌和霉菌的繁殖，添加量为0.5%～1.0%时绝大多数的酵母菌和霉菌都被抑制。

4. 营养性添加剂

补充青贮饲料营养成分和改善发酵过程，常用的如下。

（1）碳水化合物。常用的是糖蜜及谷类。它们既是一种营养成分，又能改善发酵过程。糖蜜是制糖工业的副产品，禾本科牧草或作物青贮时加入量为4%，豆科青贮为6%。谷类含有50%～55%的淀粉以及2%～3%的可发酵糖，淀粉不能直接被乳酸菌利用，但是，在淀粉酶作用下可水解为糖，为乳酸菌利用。例如，大麦粉在青贮过程中能产生相当于自身重量30%的乳酸。每吨青贮饲料可加入50kg大麦粉。

（2）无机盐类。青贮饲料中加石灰石不但可以补充钙，而且可以缓和饲料的酸度。每吨青贮饲料碳酸钙的加入量为4.5～5kg。添加食盐可提高渗透压，丁酸菌对较高的渗透压非常敏感而乳酸菌却较为迟钝。添加0.4%的食盐，可使乳酸含量增加，醋酸减少，丁酸更少，从而使青贮品质改善，适口性也更好。

虽然每一种添加剂都有在特定条件下使用的理由，但是，不应当由此得出结论：只有使用添加剂，青贮才能获得成功。事实上，只要满足青贮所需的条件，在多数情况下无须使用添加剂。

（七）青贮饲料的品质鉴定

青贮饲料品质的评定有感官（现场）鉴定法、化学分析法和生物技术法，生产中常用感官鉴定法。

1. 感官鉴定

通过色、香、味和质地来评定。

2. 化学分析鉴定

（1）酸碱度。是衡量青贮饲料品质好坏的重要指标之一。实验室可用精密酸度计测定，生产现场可用精密石蕊试纸测定pH值。优良的青贮饲料，pH值在4.2以下，pH值超过4.2（低水分青贮除外）说明青贮发酵过程中，腐败菌活动较为强烈。

（2）有机酸含量。测定青贮饲料中的乳酸、醋酸和酪酸的含量是评定青贮料品质的可靠指标。优良的青贮料含有较多的乳酸，少量醋酸，而不含酪酸。品质差的青贮饲料，含酪酸多而乳酸少。

一般情况下，青贮料品质的评定还要进行腐败和污染鉴定。青贮饲料腐败变质，其中含氮物质分解成氨，通过测定氨可知青贮料是否腐败。污染常是使青贮饲料变坏的原因之一，因此常将青贮窖内壁用石灰或水泥抹平，预防地下水的渗透或其他雨水、污水等流入。鉴定时可根据氨、氯化物及硫酸盐的存在来评定青贮饲料的污染度。

（八）青贮饲料的饲喂

青贮原料发酵成熟后即可开窖取用，如发现表层呈黑褐色并有腐臭味以及结块霉变时，应把表层弃掉。对于直径较小的圆形窖，应由上到下逐层取用，保持表面平整。对于长方形窖，宜从一端开始分段取用，先铲去约 1m 长的覆土，揭开塑料薄膜，由上到下逐层取用直到窖底。然后再揭去 1m 长的塑料薄膜，用同样方法取用。每次取料的厚度不应少于 9cm，不要挖窝掏取。每次取完后应用塑料薄膜覆盖露出的青贮料，以防雨雪落入及长时间暴露在空气中引起二次发酵，乳酸氧化为丁酸造成营养物质损失，甚至变质霉烂。

青贮饲料是肉牛的一种良好的粗饲料，一般占日粮干物质的 50% 以下，初喂时有的牛不喜食，喂量应由少到多，逐渐适应后，即可习惯采食，喂青贮料后，仍需喂给精料和干草（2 ～ 4kg/d）。每天根据喂量，用多少取多少，否则容易腐臭或霉烂。劣质的青贮料不能饲喂，冰冻的青贮料应待冰融化后再喂。青贮饲料的日喂量对成年肥育牛每 100kg 体重为 4 ～ 5kg。对犊牛，6 月龄以上一般能较好地采食，6 月龄前需要制备专用青贮饲料，3 月龄以前最好不喂青贮。

优良的青贮料，动物采食量和生产性能随青贮料消化率的提高而提高，仅喂带果穗青贮料可使肉牛的日增重维持在 0.8 ～ 1.0kg。青贮饲料的饲养价值受牧草干物质、青贮添加物和牧草切短程度等的影响。

四、秸秆饲料的加工调制与使用

目前我国加工调制秸秆与农副产品的方法很多，有物理、化学和生物学方法。物理法有切碎、粉碎、浸泡、蒸煮、射线照射等，化学法有碱化、氨化、酸化、复合化学处理等，生物法主要有微贮等。但应用效果较好的是化学方法。

（一）碱化

秸秆类饲料主要有稻草、小麦秸、玉米秸、谷草、高粱秸等，其中稻草、小麦秸和玉米秸是我国乃至世界各国的主要三大秸秆。这三类秸秆的营养价值很低，且很难消化，尤其是小麦秸。如果能将其进行碱化处理，不仅可提高适口性，增加采食量，而且可使消化率在原来基础上提高 50% 以上，从而提高饲喂效果。

1. 石灰水碱化法

先将秸秆切短，装入水池、水缸等不漏水的容器内，然后倒入 0.6% 的石灰水溶液，浸泡秸秆 10min。为使秸秆全部被浸没，可在上面压一重物。之后将秸秆捞出，置于稍有坡度的石头、水泥地面或铺有塑料薄膜的地上，上面再覆盖一层塑料薄膜，堆放 1 ～ 2d 即可饲喂。注意选用的生石灰应符合卫生条件，各有害物质含量不超过标准。

2. 氢氧化钠碱化法

湿碱化法是将切碎的秸秆装入水池中，用氢氧化钠溶液浸泡后捞出，清洗，直至秸秆没有发滑的感觉，控去残水即可湿饲。池中氢氧化钠可重复使用。

也有把秸秆切碎，按每百千克秸秆用 13% ～ 25% 氢氧化钠溶液 30kg 喷洒，边喷边搅拌，使溶液全部被吸收，搅匀后堆放在水泥、石头或铺有塑料薄膜的地面上，上面再罩一层塑料薄膜，几天后即可饲喂。

用氢氧化钠处理（碱化）秸秆，提高了采食量、消化率和牛的日增重，但碱化秸秆使牛饮水量增大，排尿量增加，尿中钠的浓度增加，用其施肥后容易使土壤碱化。

（二）氨化

秸秆经氨化后，可提高有机物消化率和粗蛋白含量；改善了适口性，提高了采食量和饲料利用效率；氨还可防止饲料霉坏，使秸秆中夹带的野草籽不能发芽繁衍。目前氨化处理常用液氨、氨水、尿素和碳铵等。

1. 液氨氨化

液氨又名无水氨，在常温常压下为无色气体，有强烈刺激气味，在常温下加压可液化，故通常保存于钢瓶中。

用液氨处理秸秆时，应先将秸秆堆垛，通常有打捆堆垛和散草堆垛两种形式。在高燥平坦的地面上，铺展无毒聚乙烯塑料薄膜，把打捆的或切碎的秸秆堆垛。在堆垛过程中，均匀喷洒一些水在草捆或散草上，使秸秆含水量约为 20%，（一般每 100 千克秸秆再喷洒 8 ～ 11kg 水）。垛的大小可根据秸秆量而定，大垛可节省塑料薄膜，但易漏气，不便补贴，且堆垛时间延长，容易引起秸秆发霉腐烂。一般掌握为垛高 2 ～ 3m，宽 2 ～ 3m，长度依秸秆量而定。用塑料薄膜把整垛覆盖，和地上的塑料膜在四边重合 0.5 ～ 1m，然后折叠好，用泥土压紧。垛顶应堆成屋脊形或蒙古包形，便于排雨水，上面再压上木杠、废轮胎等重物。打捆堆垛时为使垛牢固，可用绳子纵横捆牢。最后将液氨罐或液氨车用多孔的专用钢管每隔 2m 插入草堆通氨，总氨量为秸秆量的 3%。通氨完毕，拔出钢管，立即用胶布，将塑膜破口贴封好。

液氨堆垛氨化秸秆时，要防鼠害及人畜践踏塑料膜而引起漏气。为避免这一点也可用窖处理或氨化炉处理。

氨化效果与温度有关，所以堆垛氨化在冬季需要密封 8 周以上，夏季密封 2 周以上。如用氨化炉，温度不能超过 70℃，否则会产生有毒物质 4- 甲基异吡唑，氨化好后，将草车拉出，任其通风，放掉余氨晾干后储存、饲喂。

2. 尿素和碳铵氨化

尿素和碳铵已成为我国广大农民普遍使用的化肥。它来源广，使用方便，效果仅次于液氨，广泛被各地采用。氨对人体有害，液氨处理不当时，会引起中毒甚至死亡，而且液氨运输、储存不便，出于安全考虑，应以尿素或碳铵氨化更安全，适应性更广。

尿素、碳铵氨化秸秆可用垛或窖的形式处理。其制作过程类似于制尿素青贮，不过秸秆的含水量应控制在 35%～45%；尿素的用量为 3%～5%，碳铵用量为 6%～12%。把尿素或碳铵溶于水中搅拌，待其完全溶解后，喷洒于秸秆上，搅拌均匀。边装窖边稍踩实，但不能全踩实，否则氨气流通不畅，不利于氨化，使氨化秸秆品质欠佳。用碳铵时，由于碳铵分解慢，受温度高低左右，以夏天采用较好。开窖（垛）后晾晒时间应长些，以使残余碳铵分解散失，避免牛多吃引起氨中毒。

氨化秸秆品质鉴别有感官鉴定、化学分析和生物技术法。生产中常用感官鉴定法进行现场评定，是通过检查氨化饲料的色泽、气味和质地，以判别其品质优劣。一般分为 4 个等级。

氨化成熟的秸秆，需要取出在通风、干燥、洁净的水泥或砖铺地面上摊开、晾晒至水分低于 14% 后储存。切不可从窖中取出后马上饲喂，虽表面无氨味，但秸秆堆内部仍有游离氨气，须晒干再喂，以免氨中毒。

氨化秸秆可作为成年役牛或 1～2 岁阉牛的主要饲料，每日可喂 8～11kg，根据体重大小有所不同；肉用或肉役兼用青年母牛，每日可喂 5～8kg 氨化秸秆；生长或肥育牛可据体重和日增重给予氨化秸秆。例如 3% 液氨处理的小麦秸、玉米秸、稻草喂黄牛，比未经氨化的日增重分别提高 13.8%、37%、16%，每增重 1kg 分别减少精料耗量 2.62kg、0.49kg、0.42kg。

（三）复合化学处理

用尿素单独氨化秸秆时，秸秆有机物消化率不及用氢氧化钠或氢氧化钙碱化处理；用氢氧化钠或氢氧化钙单独碱化处理秸秆虽能显著提高秸秆的消化率，但发霉严重，秸秆不易保存。二者互相结合，取长补短，既可明显提高秸秆消化率与营养价值，又可防止发霉，是一种较好的秸秆处理方法。

复合化学处理与尿素青贮方法相同。根据中国农业大学研究成果得出：秸秆含水量按 40% 计算出加水量，按每 100 千克秸秆干物质计算，分别加尿素和氢氧化钙 2～4kg 和 3～5kg，溶于所加入的水中，将溶液均匀喷洒于秸秆上，封窖即可。

（四）物理加工

1. 铡短和揉碎

将秸秆铡成 1～3cm 长短，可使食糜通过消化道的速度加快，从而增加了采食量和采食率。以玉米秸为例，喂整株秸秆时，采食率不到 40%；将秸秆切短到 3cm 时，采食率提高到 60%～70%；铡短到 1cm 时，采食率提高到 90% 以上。粗饲料常用揉碎机，如揉搓成柔软的"麻刀"状饲料，可将采食率提高到近 100%，而且保持有效纤维素含量。

2. 制粒

把秸秆粉制成颗粒，可提高采食量和增重的利用效率，但消化率并未提高。颗粒饲料质地坚硬，能满足瘤胃的机械刺激，在瘤胃内降解后，有利于微生物发酵及皱胃的消化。草粉的营养价值较低，若能与精料混合制成颗粒饲料，则能获得更好的效果。

牛的颗粒饲料可较一般畜禽的大些。试验表明，颗粒饲料可提高采食量，即使在采食量相同的情况下，其利用效率仍高于长草。但制作过程所需设备多，加工成本高，各地可酌情使用。

3. 麦秸碾青

将 30～40cm 厚的青苜蓿夹在上下各有 30～40cm 厚的麦秸中进行碾压，使麦秸充分吸附苜蓿汁液，然后晾干饲喂。这种方法减少了制苜蓿干草的机械损失和暴晒损失，较完整地保存了其营养价值，而且提高了麦秸的适口性。

第三节　肉牛精饲料及其加工技术

精饲料一般指容重大、纤维成分含量低（干物质中粗纤维含量低于18%）、可消化养分含量高的饲料。主要有谷物籽实（玉米、高粱、大麦等）、豆类籽实、饼粕类（大豆饼粕、棉籽饼粕、菜籽饼粕等）、糠麸类（小麦麸、米糠等）、草籽树实类、淀粉质的块根、块茎瓜果类（薯类、甜菜）、工业副产品（玉米淀粉渣、DDGS、啤酒糟粕、豆腐渣等）、酵母类、油脂类、棉籽等饲料原料和多种饲料原料按一定比例配制的精料补充料。

精饲料原料种类主要有能量饲料、蛋白质饲料、矿物质饲料、维生素饲料以及饲料添加剂等，详见国家颁布的饲料原料目录。

应选用无毒、无害的饲料原料，同时应注意：不应使用未取得产品进口登记证的境外饲料和饲料添加剂；不应在饲料中使用违禁的药物或饲料添加剂；所使用的工业副产品饲料应来自生产绿色食品和无公害食品的副产品；严格执行《饲料和饲料添加剂管理条例》有关规定；严格执行《农业转基因生物安全管理条例》有关规定；栽培饲料作物的农药使用按 GB 4285 规定执行。

原料采购过程中要保证采购质量合格的原、副料，采购人员必须掌握和了解原、副料的质量性能和质量标准；订立明确的原料质量指标和赔偿责任合同，做到优质优价。在原料产地，要实地检查原料的感观特性、色泽、比重、粗细度及其生产工艺，充分了解供货方信誉度及原料质量的稳定程度等。要了解本场的生产使用情况，熟知原料的库存、仓容和用量情况，防止造成原料积压或待料停产，出现生产与使用脱节的局面；原料进场，须按批次严格检验产地、名称、品种、数量、等级、包装等情况，并根据不同原料确定不同检测项目。

一、常见精饲料

（一）能量饲料

能量饲料指饲料绝干物质中粗纤维含量低于18%、粗蛋白质低于20%的饲料。能量饲料一般包括谷实类、糠麸类和淀粉质块茎块根及瓜类。

1.谷实类

（1）玉米。玉米是最重要的能量饲料，素有"饲料之王"之称。富含较高的无氮浸出物，占干物质的74%～80%，而且多数是淀粉，故消化能很高。

纤维素含量低；不饱和脂肪酸含量较高，亚油酸含量达 2%，为谷实类之首；玉米中还含有微生物 A 原，β – 胡萝卜素和叶黄素含量也比较高。但是蛋白质和必需氨基酸含量较低，粗蛋白质占干物质的 7.2% ～ 8.9%，而且蛋白质生物学价值较低。

（2）大麦。大麦是一种重要的能量饲料，饲用价值与玉米接近。粗蛋白质含量 12%，比玉米高，而且蛋白质质量较高，其中赖氨酸含量 0.52%，在谷实类不多见。钙、磷含量比玉米高。粗脂肪含量比较低，是获得优质肉牛胴体的良好能量饲料，粉碎饲喂效果更好。但是维生素 A 原含量不足。

（3）高粱。高粱籽实是一种重要的能量饲料。去壳高粱和玉米一样，富含较高的无氮浸出物，主要成分是淀粉，可消化养分高。粗蛋白质含量一般，品质也不高。钙含量少，磷含量较高。维生素 A 原含量少。高粱中含有单宁，有苦味，适口性较差，肉牛不爱采食。破碎后饲用营养价值可达到玉米的 95%。

（4）燕麦。燕麦是一种很有营养价值的饲料，饲草作为青干草和青贮饲料都很有营养价值。燕麦中由于燕麦壳占总重的 25% ～ 35%，故无氮浸出物含量比玉米、大麦和高粱都低。但是蛋白质和粗脂肪含量比较高，分别占总重的 10% 和 4.5%，是喂牛的好饲料。

2. 糠麸类

（1）小麦麸。小麦麸俗称麸皮，是加工面粉过程中的副产物。无氮浸出物比谷实类少，占干物质的 40% ～ 50%。粗蛋白质占 12% ～ 16%，粗纤维占 10% 左右。麸皮适口性好，但是具有轻泻性，作为育肥牛能量饲料的效果不是太理想。

（2）稻糠。稻糠也叫细米糠，是稻谷脱壳后制米的副产物。稻糠的无氮浸出物含量和麸皮相当，粗蛋白质的含量约为 13%，粗脂肪含量也比较高，达到 17%。较高的脂肪给稻糠的储存带来了较大不便，也容易造成腹泻和脂肪发软。

3. 淀粉质块茎块根及瓜类

（1）马铃薯。马铃薯也叫洋芋或山药蛋，俗称土豆。大面积分布在我国北方地区，既是人的主粮，也是肉牛的饲料来源，还是马铃薯粉条加工的主要原料。其淀粉含量比较高，占干物质的 80%。马铃薯中水分含量约为 75%。维生素 C 含量也比较高，粗纤维含量比较低。是肉牛的良好饲料来源，生喂时要注意的是，如果马铃薯表皮变绿，表明龙葵素含量增高，大量饲喂可能引起消化道炎症或中毒，甚至死亡。

（2）南瓜。南瓜中无氮浸出物占干物质的62%，粗蛋白质占13%，粗脂肪占6.5%，粗纤维占12%。南瓜营养价值比较高，不管是藤蔓还是果实都是肉牛的好饲料，藤蔓也可以用于和其他牧草作青贮，是肉牛良好的育肥饲料。

（二）蛋白质饲料

蛋白质饲料是指自然含水率低于45%，干物质中粗纤维又低于18%，而干物质中粗蛋白质含量达到或超过20%的豆类、饼粕类和动物性蛋白质等饲料。但是肉牛属于草食家畜，不能食用动物源性饲料。

1. 豆类

（1）大豆。大豆富含蛋白质、脂肪和无氮浸出物较多。粗蛋白质含量占干物质的34.9%～50%，但蛋白质中含蛋氨酸、色氨酸、胱氨酸较少，与禾本科籽实饲料混合饲喂效果更好。未加工的大豆中含有多种抗营养因子，最常见的是胰蛋白酶抑制因子和凝集素。如果炒熟饲喂，既可破坏其所含的抗胰蛋白酶，且增加适口性，从而提高蛋白质的消化率及利用率。

（2）豌豆。豌豆和蚕豆的蛋白质、无氮浸出物含量相近。粗蛋白质含量占干物质的20.6%～31.2%，因脂肪含量低，喂肥育牛能获得较好的硬脂肪。

2. 饼粕类

（1）大豆饼（粕）。大豆饼（粕）是最常用的一种植物性蛋白质饲料。其蛋白质含量占干物质的40%～45%，去皮豆粕可高达49%，蛋白质消化率达80%以上。大豆饼粕含赖氨酸2.5%～2.9%、蛋氨酸0.50%～0.70%、色氨酸0.60%～0.70%、苏氨酸1.70%～1.90%，氨基酸平衡较好。生大豆饼粕含有抗营养因子，如抗胰蛋白酶、凝集素、皂素等，它们影响豆类饼粕的营养价值。这些抗营养因子不耐热，适当的热处理（110℃，3min）即可灭活，但如果长时间高温作用，通常以脲酶活性大小衡量豆粕对抗营养因子的破坏程度。

（2）菜籽饼（粕）。菜籽饼（粕）蛋白质含量中等，占干物质的36%左右。菜籽饼（粕）的蛋氨酸含量较高，在饼粕中仅次于芝麻饼粕，居第二位，赖氨酸含量2.0%～2.5%，在饼粕类中仅次于大豆饼粕，居第二位，菜籽饼（粕）中硒含量高，达1mg/kg。

（3）棉籽饼（粕）。完全脱了壳的棉籽所制成的棉籽饼粕，蛋白质含量占干物质的40%以上，甚至可达46%。棉籽饼粕中含有棉酚，游离棉酚对动物有很大的危害，具有辛辣味，适口性也不好，肉牛食用时应适量搭配其他蛋白质饲料配合使用。

（4）亚麻饼（粕）。亚麻饼（粕）俗称胡麻饼（粕），粗蛋白质含量占干物质的 32% ～ 36%，粗纤维为 7% ～ 11%，其蛋白质品质不如豆粕和棉粕。亚麻饼粕中含有亚麻苷、乙醛糖酸和维生素 B 等抗营养因子，肉牛食用时应也要适量搭配其他蛋白质饲料配合使用。

（三）饲料添加剂

饲料添加剂是指为了某种目的在饲料生产加工、使用过程中添加的少量或微量物质的总称，在饲料中用量很少但作用显著。在配合饲料中除了添加矿物质饲料外，还可添加部分饲料添加剂。添加饲料添加剂的目的，有的改善饲料营养价值，有的提高饲料利用率，有的增进动物健康，有的促进动物生产等。

1. 饲料添加剂的种类

饲料添加剂按其功能可分为营养性饲料添加剂和非营养性饲料添加剂。

2. 饲料添加剂的使用条件

（1）不影响饲料的适口性，不影响牛肉质量和人体健康；不对肉牛产生急性、慢性中毒和不良影响；不影响胎儿和犊牛生产发育；不污染自然环境，有利于畜牧业健康持续稳定发展。

（2）可以长期使用，有显著的经济效益和生产效果；在饲料中可以稳定保存，在肉牛体内可以稳定存在。

（3）不得使用超过有效期的饲料添加剂。

二、精饲料的加工和贮藏

肉牛的日粮由粗饲料和精料组成，在我国粗饲料与国外不同，基本上以农作物秸秆为主，质量较差，因而对精料补充料的营养、品质要求高。肉牛精料补充料的生产工艺流程如下。

（一）清理

在饲料原料中，蛋白质饲料、矿物性饲料及微量元素和药物等添加剂的杂质清理均在原料生产中完成，液体原料常在卸料或加料的管路中设置过滤器进行清理。需要清理的主要是谷物饲料及其加工副产品等，主要清除其中的石块、泥土、麻袋片、绳头、金属等杂物。有些辅料由于在加工、搬运、装载过程中可能混入杂物，必要时也需清理。清除这些杂物主要采取的措施：利用饲料原料与杂质尺寸的差异，用筛选法分离；利用导磁性的不同，用磁选法磁选；利用悬浮速度不同，用吸风除尘法除尘。有时采用单项措施，有时采用综合措施。

（二）粉碎

饲料粉碎是影响饲料质量、产量、电耗和成本的重要因素。粉碎机动力配备占总配套功率的 1/3 或更多。常用的粉碎方法有击碎（爪式粉碎机、锤片粉碎机）、磨碎（钢磨、石磨）、压碎、锯切碎（对辊式粉碎机、辊式碎饼机）。各种粉碎方法在实际粉碎过程中很少单独应用，往往是几种粉碎方法联合作用。粉碎过程中要控制粉碎粒度及其均匀性。

（三）配料

配料是按照饲料配方的要求，采用特定的配料装置，对多种不同品种的饲用原料进行准确称量的过程。配料工序是饲料工厂生产过程的关键性环节。配料装置的核心设备是配料秤。配料秤性能的好坏直接影响着配料质量的优劣。配料秤应具有较好的适应性，不但能适应多品种、多配比的变化，而且能够适应环境及工艺形式的不同要求，具有很高的抗干扰性能。配料装置按其工作原理可分为重量式和容积式两种，按其工作过程又可分为连续式和分批式两种。配料精度的高低直接影响到饲料产品中各组分的含量，对肉牛的生产影响极大。其控制要点是：选派责任心强的专职人员把关。每次配料要有记录，严格操作规程，搞好交接班；配料秤要定期校验；每次换料时，要对配料设备进行认真清洗，防止交叉污染；加强对微量添加剂、预混料尤其是药物添加剂的管理，要明确标记，单独存放。

（四）混合

混合是生产配合饲料中，将配合后的各种物料混合均匀的一道关键工序，是确保配合饲料质量和提高饲料效果的主要环节。同时在饲料工厂中，混合机的生产效率决定工厂的规模。饲料中的各种组分混合不均匀，将显著影响肉牛生长发育，轻者降低饲养效果，重者造成死亡。

常用混合设备有卧式混合机、立式混合机和锥形混合机。为保证最佳混合效果，应选择适合的混合机，如卧式螺带混合机使用较多，生产效率较高，卸料速度快。锥形行星混合机虽然价格较高，但设备性能好，物料残留量少，混合均匀度较高，并可添加油脂等液体原料，较适用于预混合；进料时先把配比量大的组分大部分投入机内后，再将少量或微量组分置于易分散处；定时检查混合均匀度和最佳混合时间；防止交叉污染，当更换配方时，必须对混合机彻底清洗；应尽量减少混合成品的输送距离，防止饲料分级。

（五）制粒

随着饲料工业和现代养殖业的发展，颗粒饲料所占的比重逐步提高。颗粒饲料主要是由配合粉料等经压制成颗粒状的饲料。颗粒饲料虽然要求的生产工艺条件较高，设备较昂贵，成本有所增加，但颗粒配合饲料营养全面，免于动物挑食，能掩盖不良气味减少调味剂用量，在贮运和饲喂过程中可保持均一性，经济效益显著，故得到广泛采用和发展。颗粒形状均匀，表面光泽，硬度适宜，颗粒直径断奶犊牛为8mm，超过4个月的肉牛为10mm，颗粒长度是直径的 1.5 ~ 2.5 倍为宜；含水率9% ~ 14%，南方在 12.5% 以下，以便储存；颗粒密度将影响压粒机的生产率、能耗、硬度等，硬颗粒密度以 1.2 ~ 1.3g/cm^3，强度以 0.8 ~ 1.0kg/ cm^2 为宜；粒化系数要求不低于97%。

（六）储存

精饲料一般应储存于料仓中。料仓应建在高燥、通风、排水良好的地方，具有防淋、防火、防潮、防鼠雀的条件。不同的饲料原料可袋装堆垛，垛与垛之间应留有风道以利通风。饲料也可散放于料仓中，用于散放的料仓，其墙角应为圆弧形，以便于取料，不同种类的饲料用隔墙隔开。料仓应通风良好，或内设通风换气装置。以金属密封仓最好，可把氧化、鼠和雀害降到最低；防潮性好，避免大气湿度变化造成反潮；消毒、杀虫效果好。

储存饲料前，先把料房打扫干净，关闭料仓所有窗户、门、风道等，用磷化氢或溴甲烷熏蒸料仓后，即可存放。

精饲料储存期间的受损程度，由含水量、温度和湿度、微生物、虫害和鼠害、霉害等储存条件而定。

1. 含水量

不同精料原料储存时对含水量要求不同，水分大会使饲料霉菌、仓虫等繁殖。常温下含水量 15% 以上时，易长霉，最适宜仓虫活动的含水量为13.5% 以上；各种害虫都随含水量增加而加速繁殖。

2. 温度和湿度

温度和湿度两者直接影响饲料含水量多少，从而影响储存期长短。另外，温度高低还会影响霉菌生长繁殖。在适宜湿度下，温度低于 10℃时，霉菌生长缓慢；高于 30℃时，则将造成相当危害。

3. 虫害和鼠害

在 28～38℃时最适宜害虫生长，低于 17℃时，其繁殖受到影响，因此饲料储存前，仓库内壁、夹缝及死角应彻底清除，并在 30℃左右温度下熏蒸磷化氢，使虫卵和老鼠均被毒死。

4. 霉害

霉菌生长的适应温度为 5～35℃，尤其在 20～30℃时生长最旺盛。防止饲料霉变的根本办法是降低饲料含水量或隔绝氧气，必须使含水量降到 13%以下，以免发霉。如米糠由于脂肪含量高达 17%～18%，脂肪中的解脂酶可分解米糠中的脂肪，使其氧化酸败不能作饲料；同时，米糠结构疏松，导热不良，吸湿性强，易招致虫螨和霉菌繁殖而发热、结块甚至霉变，因此米糠只宜短期存放。存放时间较长时，可将新鲜米糠烘炒至 90℃，维持 15min，降温后存放。麸皮与米糠一样不宜长期储存，刚出机的麸皮温度很高，一般在 30℃以上，应降至室温再储存。

第四节　肉牛日粮配合

饲料配方是根据动物的营养需要、饲料的营养价值、原料的供应情况和成本等条件科学地确定各种原料的配合比例。

一、配方设计原则

饲料配方的设计涉及许多制约因素，为了对各种资源进行最佳分配，配方设计应基本遵循以下原则。

1. 科学性原则

第一，根据饲养标准所规定的营养物质需要量的指标进行设计，但应根据牛的生长或生产性能、膘情或季节等条件的变化等情况做适当的调整。

第二，应熟悉所在地区的饲料资源现状，根据当地饲料资源的品种、数量以及各种饲料的理化特性和饲用价值，尽量做到全年比较均衡地使用各种饲料原料。

第三，饲料应选用新鲜无毒、无霉变、质地良好的饲料。

第四，应注意饲料的体积，尽量和牛的消化生理特点相适应。

第五，应选择适口性好、无异味的饲料。若采用营养价值虽高，但适口性却差的饲料，须限制其用量。特别是犊牛和妊娠牛饲料配方时更应注意。

2. 经济性原则

饲料原料成本在饲料企业及畜牧业生产中均占很大比重，在追求高质量的同时，往往会付出成本上的代价。因此应注意以下几点。

第一，要结合实际确定营养参数。

第二，应因地制宜和因时制宜选用饲料原料。

第三，合理安排饲料工艺流程和节省劳动力消耗。

第四，不断提高产品设计质量、降低成本。

第五，设计配方时必须明确产品的定位。

第六，应特别注意同类竞争产品的特点。

3. 可行性原则

第一，在原材料选用的种类、质量稳定程度、价格及数量上都应与市场情况及企业条件相配套。

第二，产品的种类与阶段划分应符合养殖业的生产要求，还应考虑加工工艺的可行性。

4. 安全性原则

设计的产品应严格符合国家法律法规及条例。违禁药物以及对牛和人体有害物质的使用或含量应强制性地遵照国家规定。配方设计要综合考虑产品对生态环境和其他生物的影响，尽量提高营养物质的利用效率，减少动物废弃物中氮、磷、药物及其他物质对人类、生态系统的不利影响。

5. 逐级预混原则

凡是在成品中用量少于 1% 的原料，先进行预混合处理。混合不均匀可能会造成动物生产性能不良，整齐度差，饲料转化率低，甚至造成动物死亡。

二、配方设计依据

1. 饲养标准

饲养标准既具有权威性又具有局限性。无论哪一种饲养标准，都是以当地区（国家）的典型日粮为基础，经试验而制定。只能反映牛对各种营养物质需要的近似值，并通过后继测定及生产实践，每隔数年修订 1 次，例如美国NRC 饲养标准、日本的饲养标准。设计配方时应以本国或本地区的饲养标准为基础，同时参考国内外有关的饲养标准，并根据品种、年龄、生产阶段、生产目的、膘情、当地气候、季节变化、饲养方式等具体情况，作灵活变动。

2. 掌握饲料的种类、价格、营养成分及营养价值

要掌握能够拥有的饲料原料种类、质量规格、饲料的价格及所用饲料的营养物质含量（查饲料营养价值表，但最好经分析化验）。

三、配方设计方法

日粮配合主要是规划计算各种饲料原料的用量比例。设计配方时采用的计算方法分手工计算和计算机设计两大类。手工计算法有交叉法、方程组法、试差法，可以借助计算器计算；计算机设计法，主要是根据有关数学模型编制专门的程序软件，进行饲料配方的优化设计，涉及的数学模型主要包括线性规划、多目标规划、模糊规划、概率模型、灵敏度分析、多配方技术等。

第六章 肉牛高效养殖的环境控制技术

第一节 牛场场址选址、规划设计及建设

一、场址选择条件

如何选择一个好的场址，需要周密考虑，统筹安排，要有长远的规划，要留有发展的余地，以适应今后养牛业发展的需要。同时，必须与农牧业发展规划、农田基本建设规划以及今后修建住宅等规划结合起来，符合兽医卫生和环境的要求，周围无传染源，无人畜地方病，适应现代养牛业的发展方向。

（一）场址选择的原则

（1）符合肉牛的生物学特性和生理特点。
（2）有利于保持牛体健康。
（3）能充分发挥其生产潜力。
（4）最大限度地发挥当地资源和人力优势。
（5）有利于环境安全、保护。

（二）场址选择

1. 地势和地形

场地应选在地势高燥、避风、阳光充足的地方，这样的地势可防潮湿，有利于排水，便于牛体生长发育，防止疾病的发生。与河岸保持一定距离，特别是在水流湍急的溪流旁建场时更应注意，一般要高于河岸，最低应高出当地历史洪水线以上。其地下水位应在 2m 以下，即地下水位须在青贮窖底部 0.5m 以下。这样的地势可以避免雨季洪水的威胁，减少土壤毛细管水上升而造成的地面潮湿。要向阳背风，以保证场区小气候温热状况能够相对稳定，减少冬季雨雪的侵袭。牛场的地面要平坦稍有坡度，总坡度应与水流方向相同。

山区地势变化大，面积小，坡度大，可结合当地实际情况而定，但要避开悬崖、山顶、雷区等地。地形应开阔整齐，尽量少占耕地，并留有余地来发展。理想的地形是正方形或长方形，尽量避免狭长形或多边角。

2. 土壤

土壤应该具有较好的透水透气性能、抗压性强和洁净卫生。透水透气，雨水、尿液不易聚集，场地干燥，渗入地下的废弃物在有氧情况下分解产物对牛场污染小，有利于保持牛舍及运动场的清洁与干燥，有利于防止肢蹄病等疾病的发生；土质均匀，抗压性强，有利于建造牛舍。沙壤土是牛场场地的最好土壤，其次是沙土、壤土。

3. 水源

场地的水量应充足，能满足牛场内的人、肉牛饮用和其他生产、生活用水，并应考虑防火和未来发展的需要，每头成年牛每天耗水量为60L，要求水质良好，能符合饮用标准的水最为理想，不含毒素及重金属。此外，在选择时要调查当地是否因水质不良而出现过某些地方性疾病等。水源要便于取用，便于保护，设备投资少，处理技术简单易行。通常以井水、泉水、地下水为好，雨水易被污染，最好不用。

4. 草料

饲料的来源，尤其是粗饲料，决定着牛场的规模。牛场应距秸秆、干草和青贮料资源较近，以保证草料供应减少成本，降低费用。一般应考虑5km半径内的饲草资源，根据有效范围内年产各种饲草、秸秆总量，减去原有草食家畜消耗量，剩下的富余量便可决定牛场的规模。

5. 交通

便利的交通是牛场对外进行物质交流的必要条件。但距公路、铁路和飞机场过近时，噪声会影响牛的正常休息与消化，人流、物流频繁也易使牛患传染病。所以，牛场应距交通干线1000m以上，距一般交通线100m以上。

6. 社会环境

牛场应选择在居民点的下风向、径流的下方、距离居民点至少500m。其海拔不得高于居民点，以避免肉牛排泄物、饲料废弃物、患传染病的尸体等对居民区的污染。同时，也要防止居民区对牛场的干扰，如居民生活垃圾中的塑料膜、食品包装袋、腐烂变质食物、生活垃圾中的农药造成的牛中毒，带菌宠物传染病，生活噪声影响牛的休息与反刍。为避免居民区与牛场的相互干扰，可在两地之间建立树林隔离区。牛场附近不应有超过90dB噪声的工矿企业，不应有肉联、皮革、造纸、农药、化工等有毒、有污染危险的工厂。

7. 其他因素

（1）我国幅员辽阔，南北气温相差较大，应减少气象因素的影响。例如北方不要将牛场建设于西北风口处。

（2）山区牧场还要考虑建在放牧出入方便的地方。

（3）牧道不要与公路、铁路、水源等交叉，以避免污染水源和防止发生事故。

（4）场址大小、间隔距离等均应遵守卫生防疫要求，并应符合配备的建筑物和辅助设备及牛场远景发展的需要。

（5）场地面积根据每头牛所需要面积 160 ～ 200m² 确定；牛舍及房舍的面积为场地总面积的 10% ～ 20%。由于牛体大小、生产目的、饲养方式等不同，每头牛占用的牛舍面积也不一样。育肥牛每头所需面积为 1.6 ～ 4.6m²，通栏育肥牛舍有垫草的每头牛占 2.3 ～ 4.6m²。

二、牛场规划布局

牛场规划布局的要求应从人和牛的保健角度出发，建立最佳的生产联系和卫生防疫条件，合理安排不同区域的建筑物，特别是在地势和风向上进行合理的安排和布局。牛场一般分成管理区、生产辅助区、生产区以及病牛隔离和粪污处理区四大功能区，各区之间保持一定的卫生间距。

（一）管理区

管理区为全场生产指挥、对外接待等管理部门。包括办公室、财务室、接待室、档案资料室、试验室等。管理区应建在牛场入场口的上风处，严格与生产区隔离，保证 50m 以上距离，这是建筑布局的基本原则。另外，以主风向分析，办公区和生活区要区别开来，不要在同条线上，生活区还应在水流或排污的上游方向，以保证生活区良好的卫生环境。为了防止疫病传播，场外运输车辆（包括牲畜）严禁进入生产区。汽车库应设置在管理区。除饲料外，其他仓库也应该设在管理区。外来人员只能在管理区活动，不得进入生产区。

（二）生产辅助区

生产辅助区为全场饲料调制、储存、加工、设备维修等部门。生产辅助区可设在管理区与生产区之间，其面积可按要求来决定。但也要适当集中，节约水、电线路管道，缩短饲草饲料运输距离，便于科学管理。

粗饲料库设在生产区下风向地势较高处，与其他建筑物保持 60m 防火距离。兼顾由场外运入，再运到牛舍两个环节。饲料库、干草棚、加工车间和青贮池，离牛舍要近一些，位置适中一些，便于车辆运送草料，减小劳动强度。为防止牛舍和运动场污水渗入，饲料库、干草棚、加工车间和青贮池也应设在厂区的下风向处。

（三）生产区

人员和车辆不能直接进入生产区，以保证最安全、最安静。大门口设立门卫传达室、消毒室、更衣室和车辆消毒池，严禁非生产人员出入场内，出入人员和车辆必须经消毒室或消毒池严格消毒。生产区牛舍要合理布局，分阶段分群饲养，按育成牛、架子牛、育肥阶段等顺序排列，各牛舍之间要保持适当距离，布局整齐，以便于防疫和防火。

（四）病牛隔离和粪污处理区

此区应设在下风向、地势较低处，应与生产区距离100m以上，单独通道，便于消毒、便于污物处理。该区要四周砌围墙，设小门出入，出入口建消毒池、专用粪尿池，严格控制病牛与外界接触，以免病原扩散。

粪污处理区应位于下风向、地势较低处的牛场偏僻地带，防止粪尿恶臭味四处扩散、蚊蝇滋生蔓延，影响整个牛场环境卫生。配有污水池、粪尿池、堆粪场，污水池地面和四周以及堆粪场的底部要做防渗处理，防止污染水源及饲料饲草。

肉牛场所需面积要按照生产规模、饲养管理方式和发展规划等确定。既要精打细算，节约建场，还要有长远规划，留有余地。

建场用地主要为牛舍等建筑用地，还有青贮池、干草库及精料加工车间、贮粪池、职工生活建筑用地等。牛舍面积一般可按每头肉牛 10～15m² 来估算，场地总面积按照不低于牛舍面积的 5 倍进行规划。

以存栏规模为100头的肉牛育肥场为例，需要牛舍面积为1000～1500m²，整个养殖场面积不应小于5000m²（约7.5亩）。但如果是农户在自家住房附近建场，且不需要另雇工人，则可省去部分职工生活区面积。

三、肉牛场的布局规划原则

肉牛场的布局规划，应按照牛群组成和饲养工艺安排各类建筑物的位置配备；根据兽医卫生防疫要求和防火安全规定，保持场区建筑物之间的距离；凡属功能区相同或相近的建筑物，要尽量紧凑安排，便于流水作业；场内道路和各种运输管线要尽可能缩短，减少投资，节省人力；牛舍要平行整齐排列，并与饲料调制间保持最近距离。

（一）三大功能区的位置

主要考虑人、畜卫生防疫和工作方便，考虑地势和当地全年主导风向，来安排各区位置。生产区内建筑布局，主要根据牛舍种类及生产阶段特点进行，繁殖母牛舍、犊牛舍在上风向。

（二）牛舍的朝向

主要考虑日照和通风效果，以牛舍达到最理想的冬暖夏凉效果为目标。通常情况下，牛舍朝向均以南向或南偏东、偏西45°以内为宜。实践中要充分考虑当地的地形地势及地方性小气候特点，做到因地制宜。

（三）牛舍的间距

牛舍间距主要考虑日照、通风、防疫、防火和节约占地面积。经专业计算，朝向为南向的牛舍，舍间距保持檐高的3倍（6～8m）以上，就可以保证我国绝大部分地区冬至日（一年内太阳高度角最低）9—15时南墙满光照，同时也可以基本满足通风、排污、卫生防疫防火等要求。

四、牛场建设

牛舍一般横向成排（东西）、竖向成列（南北），整个生产区尽量按方形或近似方形布置，以缩短饲料、粪便运输距离，便于管理和工作联系。根据场地形状、牛舍数量和每栋牛舍的长度，牛舍可以是单列、双列或多列式。

（一）牛舍类型

肉牛舍包括拴系式牛舍、开放式牛舍、围栏式牛舍和塑料暖棚式牛舍。

（1）拴系式肉牛舍。

目前国内采用舍饲的肉牛舍多为拴系式，尤其高强度肥育肉牛。拴系式牛舍是将牛只颈部套住，使牛只并排于饲槽前，也称为固定架方式。这种方式多用于肉牛肥育，尤其是幼龄肥育的养牛场。拴系式养牛占地面积少，节约土地，管理比较精细。同时，牛只活动量少，饲料利用较高。但牛只出入时，系放比较麻烦。

拴系式牛舍内部排列常见的有单列式和双列式。饲养规模小时可采用单列，规模较大的一般采用双列对头式。

牛床长度依牛体大小而异，一般为 160 ～ 180cm，牛床宽 110 ～ 120cm。拴系式牛舍饲养母牛，应于分娩前将母牛移至产房。

（2）开放式肉牛舍。

牛只可以自由出入牛舍和进入运动场。舍内部有休息室及饲喂场。休息场的面积以每头 6 ～ 8m² 为宜，运动场的面积至少应为牛舍的 2 倍。开放式牛舍饲养管理需的劳力少，适于大群饲养。其缺点是不能做到牛只按个体饲养。

（3）围栏式牛舍。

围栏式肉牛场是按牛的头数，以每头繁殖牛 30m²，幼龄肥育牛 13m² 的比例加以围栏，将肉牛养在天的围栏内，除树木、土丘等自然物或饲槽外，栏内一般不设棚或仅在采食区和休息区设有凉棚。在围栏式牛场，牛粪、尿随处分布，不利于卫生管理。可采用倾斜地面，铺垫沙床，时常更换饲养所，在饲槽处铺水泥地面等方法加以解决。适合大规模养殖，特别是在气候温暖而雨量又不多，土质和排水较好的地区。目前，围式牛场在世界上比较流行。

（4）塑料暖棚式牛舍。

主要用于北方寒冷地区。肥育肉牛以每头 4m² 为宜。选用白色透明的不凝结水珠的塑料薄膜，规格 0.02 ～ 0.105mm 厚。栅架材料可根据当地情况，选用木杆、钢筋，防寒材料可用草帘、棉等。塑料薄膜盖棚面积以棚面积的 2/3 的联合式暖棚为最好。在中原地区，塑料坡度可掌握在 40° ～ 60°。封盖适宜时间是 11 月中旬以后至次年的 3 月上旬。塑料薄膜应绷紧拉平，四边封严，不透风。夜间和寒冷阴雨天加盖草帘等防寒材料。暖棚要设置换气孔或换气窗，以排出潮湿空气及有害气体，维持适宜温度、湿度。一般进气孔设在南墙 1/2 的下部，排气孔设在 1/2 的上部或棚面上。每天应通风换气两次，每次 10 ～ 20min。

（二）牛舍结构及要求

牛舍是由基础、屋顶及顶棚、外墙、地面及楼板、门窗、楼梯等（其中，屋顶和外墙组成牛舍的外壳，将牛舍的空间与外部隔开，屋顶和外墙称外围护结构）部分组成。牛舍的结构不仅影响到牛舍内环境的控制，而且影响到牛舍的牢固性和利用年限。

1. 基础

基础是牛舍地面以下承受畜舍的各种荷载并将其传给地基的构件，也是墙突入土层的部分，是墙的延续和支撑。它的作用是将畜舍本身重量及舍内固定在地面和墙上的设备、屋顶积雪等全部荷载传给地基。基础决定了墙和畜舍的坚固性和稳定性，同时对畜舍的环境改善具有重要意义。对基础的要求，一是坚固、耐久、抗震；二是防潮（基础受潮是引起墙壁潮湿及舍内湿度大的原因之一），三是具有一定的宽度和深度。例如，条形基础一般由垫层、大放脚（墙以下的加宽部分）和基础墙组成。砖基础每层放脚宽度一般宽出墙 60mm；基础的底面宽度和埋置的深度应根据畜舍的总荷重、地基的承载力、土层的冻胀程度以及地下水位高低等情况计算确定。北方地区在膨胀土层修建畜舍时，应将基础埋置在土层最大冻结深度以下。

2. 墙

墙是牛舍的重要组成部分，其作用是将屋顶和自身的全部荷载传给基础的承重构件，也是将畜舍与外部空间隔开的外围护结构，是畜舍的主要结构。以砖墙为例，墙的重量占畜舍建筑物总重量的 40% ～ 65%，造价占总造价的 30% ～ 40%。同时，墙也在畜舍结构中占有特殊地位。据测定，冬季通过墙散失的热量占整个畜舍总失热量的 35% ～ 40%，舍内的湿度、通风、采光也要通过墙上的窗户来调节。因此，墙对畜舍小气候状况的保持起着重要作用。对墙的要求是：一是坚固、耐久、抗震、防火；二是良好的保温、隔热性能，墙的保温、隔热能力取决于所采用的建筑材料的特性与厚度，尽可能选用隔热性能好的材料，保证最好的隔热设计，在经济上是最有利的措施；三是防水、防潮，受潮不仅可使墙的导热加快，造成舍内潮湿，而且会影响墙体寿命，所以必须对墙采取严格的防潮、防水措施，墙的防潮措施有用防水耐久材料抹面，保护墙面不受雨雪侵蚀，做好散水和排水沟；设防潮层和墙围，如墙裙高 1.0 ～ 1.5m，生活办公用房踢脚高 0.15m，勒脚高约为 0.5m 等；四是结构简单，便于清扫消毒。

3. 屋顶

屋顶是畜舍顶部的承重构件和围护构件，主要作用是承重、保温隔热、防风沙和雨雪。它由支承结构和屋面组成。支承结构承受着畜舍顶部包括自重在内的全部荷载，并将其传给墙或柱；对屋面起围护作用，可以抵御降水和风沙的侵袭，并隔绝太阳辐射等，以满足生产需要。对屋顶的要求是：一是坚固防水，屋顶不仅承接本身重量，而且承接着风沙、雨雪的重量；二是保温隔热，屋顶对于畜舍的冬季保温和夏季隔热都有重要意义。屋顶的保温与隔热作用比墙重要，因为屋顶的面积大于墙体。舍内上部空气温度高，屋顶内外实际温差总是大于外墙内外温差，热量容易散失或进入舍内；三是不透气、光滑耐久、耐火、结构轻便、简单、造价便宜。任何一种材料不可能兼有防水、保温、承重 3 种功能，所以，正确选择屋顶、处理好三方面的关系，对于保证畜舍环境的控制极为重要；四是保持适宜的屋顶高度。牛舍的高度依牛舍类型、地区气温而异。按屋檐高度计，一般为 2.8 ～ 4.0m，双坡式为 3.0 ～ 3.5m，单坡式为 2.5 ～ 2.8m，钟楼式稍高点，棚舍式略低些。北方牛舍应低，南方牛舍应高。如果为半钟楼式屋顶，后檐比前檐高 0.5m。在寒冷地区，适当降低净高有利于保温。而在炎热地区，加大净高则是加强通风、缓和高温影响的有力措施。

4. 地面

地面的结构和质量不仅影响牛舍内的小气候、卫生状况，还会影响肉牛体的清洁，甚至影响肉牛的健康及生产力。地面的要求是坚实、致密、平坦、稍有坡度、不透水、有足够的抗机械能力以及抗各种消毒液和消毒方式的能力。水泥地面要压上防滑纹（间距小于 10cm，纵纹深 0.4 ～ 0.5cm），以免肉牛滑倒，引起不必要的经济损失。

5. 门窗

牛舍门大小依牛舍而定。繁殖母牛舍、育肥牛舍门宽 1.8 ～ 2.0m，高 2.0 ～ 2.2m；犊牛舍、架子牛舍门宽 1.4 ～ 1.6m，高 2.0 ～ 2.2m。繁殖母牛舍、犊牛舍、架子牛舍的门数要求为 2 ～ 5 个（每一个横行通道一般有一个门），育肥牛舍的门数为 1 个。门高 2.1 ～ 2.2m，宽 2 ～ 2.5m。一般设成双开门，也可设上下翻卷门。封闭式牛舍的窗应大一些，高 1.5m，宽 1.5m，窗台高距地面以 1.2m 为宜。

（三）牛舍的设计

1. 牛舍的内部设计

牛舍内需要设置牛床、饲槽、饲喂通道、清粪通道与粪沟、牛栏和颈枷等。

（1）牛床。必须保证肉牛舒适、安静地休息，保持牛体清洁，并容易打扫。牛床应有适宜的坡度，通常为 1°～ 1.5°。常用的短牛床，牛的前身靠近饲料槽后壁，后肢接近牛床的边缘，使粪便能直接落在粪沟内。短牛床的长度一般为 160 ～ 180cm。牛床的宽度取决于牛的体型，一般为 60 ～ 120cm。牛床可以为砖牛床、水泥牛床或土质牛床。土质牛床常以三合土或灰渣掺黄土夯实。牛床应该造价低、保暖性好、便于清除粪尿。

目前牛床都采用水泥面层，并在后半部划线防滑。冬季为降低寒冷对肉牛生产的影响，需要在牛床上加铺垫物，最好采用橡胶等材料。

（2）饲槽。饲槽一般位于牛床前，长度大致与牛床宽度相当，饲槽底高于牛床。饲槽需坚固，表面光滑不透水，多为砖砌水泥砂浆抹面，饲槽底部平整，两侧带圈弧形，以适应牛用舌采食的习性。为了不妨碍牛的卧息，饲槽前壁（靠牛床的一侧）应做成一定弧度的凹形窝。也有采用无帮浅槽的，把饲喂通道加高 30～40cm，前槽帮高 20～25cm（靠牛床），槽底部高出牛床 10～15cm。这种饲槽有利于饲料车运送饲料，饲喂省力。采食不"窝气"，通风好。

（3）饲喂通道。用于饲喂的专用通道，宽度为 1.6～2.0m，一般贯穿牛舍中轴线。

（4）清粪通道与粪沟。与粪沟清粪通道的宽度要满足运输工具的往返，宽度一般为 150～170cm，清粪通道也是牛进出的通道。在牛床与清粪通道之间一般设有排粪明沟，明沟宽度为 32～35cm、深度为 5～15cm（一般铁锹放进沟内清理），并要有一定的坡度，向下水道倾斜。粪沟过深会使牛蹄子损伤。当深度超过 20cm 时，应设漏缝沟盖。

（5）牛栏和颈枷。牛栏位于牛床与饲槽之间，与颈枷一起用于固定牛只。牛栏由横杆、主立柱和分立柱组成。每 2 个主立柱间距离与牛床宽度相等，主立柱之间有若干分立柱，分立柱之间距离为 0.10～0.12m，颈枷两边分立柱之间距离为 0.15～0.20m。最简便的颈枷为下颈链式，用铁链或结实绳索制成，在内槽沿有固定环，绳索系于牛颈部、鼻环、角之间和固定环之间。此外，还有直链式、横链式颈枷。

2. 不同类型牛舍的设计

专业化牛场一般只饲养育肥牛，牛舍种类简单，只需要牛舍即可；自繁自养的牛场则牛舍种类复杂，需要有犊牛舍、育肥牛舍、母牛舍和分娩牛舍。

（1）犊牛舍。犊牛舍必须考虑屋顶的隔热性能和舍内的温度及昼夜温差。所以，墙壁、屋顶、地面均应重视。并注意门窗安排，避免穿堂风。初生犊牛（0～7 日龄）对温度的抗逆力较差。所以，南方气温高的地方注意防暑。北方重点放在防寒，冬天初生犊牛舍可用厚垫草。犊牛舍不宜用煤炉取暖，可用火墙、暖气等，初生犊牛舍冬季室温在 10℃ 左右，2 日龄以上则因需放室外运动。所以，注意室内外温差不超过 8℃。

犊牛舍可分为两部分，即初生犊牛栏和犊牛栏。初生犊牛栏，长 1.8～2.8m，宽 1.3～1.5m，过道侧设长 0.6m、宽 0.4m 的饲槽。犊牛栏之间用高为 1m 的挡板相隔，饲槽端为栅栏（高 1m）带颈枷，地面高出 10cm，向门方向做 1.5° 坡度，以便清扫。犊牛栏长 1.5～2.5m（靠墙为粪尿沟，也可不设），过道端设统槽，统槽与牛床间以带颈枷的木栅栏相隔，高 1m，每头犊牛占面积 3 ～ 4m²。

（2）育肥牛舍。育肥牛舍可以采用封闭式、开放式或棚舍式。具有一定保温隔热性能，特别是夏季防热。育肥牛舍的跨度由清粪通道、饲槽宽度、牛床长度、牛床列数、粪尿沟宽度和饲喂通道等条件决定。一般每栋牛舍容纳牛 50 ～ 120 头。以双列对头为佳。牛床长（加粪尿沟）2.2 ～ 2.5m，牛床宽 0.9 ～ 1.2m，中央饲料通道 1.6 ～ 1.8m，饲槽宽 0.4m。

（3）母牛舍。母牛牛舍的规格和尺寸同育肥牛舍。

（4）分娩牛舍。分娩牛舍多采用密闭舍或有窗舍，有利于保持适宜温度。饲喂通道宽 1.6 ～ 2m，牛走道（或清粪通道）宽 1.1 ～ 1.6m，牛床长度 1.8 ～ 2.2m，牛床宽度 1.2 ～ 1.5m。可以是单列式，也可以是多列式。

第二节　环境与肉牛生产的关系

一、温热环境

1. 温度

牛舍气温的高低直接或间接影响牛的生长和繁殖性能。牛的适宜环境温度为 5 ～ 21℃。牛在高温环境下，特别是在高温高湿条件下，机体散热受阻，体内蓄热，导致体温升高，引起中枢神经系统功能紊乱而发生热应激，肉牛主要表现为体温升高行动迟缓、呼吸困难、口舌干燥、食欲减退等症状，降低机体免疫力，影响牛的健康，最后导致热射病。

在低温环境下，对肉牛造成直接的影响就是容易出现感冒、气管炎和支气管炎、肺炎以及肾炎等症状，所以必须加以重视。初生牛由于体温调节能力尚未健全，更容易受低温的不良影响，必须加强牛犊的保温措施。

2. 湿度

牛舍要求的适宜相对湿度为 55% ～ 80%。湿度主要通过影响机体的体温调节而影响肉牛生产力和健康，常与温度、气流和辐射等因素综合作用对肉牛产生影响。舍内温度不适时，增加舍内湿度可减弱机体抵抗力，增加发病率，且发病后的过程较为沉重，死亡率也较高。如高温、高湿环境使牛体散热受阻，且促进病原性真菌、细菌和寄生虫的繁殖；而低温、高湿，牛易患各种感冒性疾病，以及风湿、关节炎、肌肉炎、神经痛和消化道疾病等。当舍内温度适宜时，高湿有利于灰尘下沉，空气较为洁净，对防止和控制呼吸道感染有利。而空气过于干燥（相对湿度在 40% 以下），牛的皮肤和口、鼻、气管等黏膜发生干裂，会降低皮肤和黏膜对微生物的防卫能力，易引起呼吸道疾病。

3. 气流

任何季节牛舍都需要通风。一般来说，犊牛和成牛适宜的风速分别为 0.1 ~ 0.4m/s 和 0.1 ~ 1m/s。舍内风速可随季节和天气情况进行适当调节，在寒冷冬季，气流速度应控制在 0.1 ~ 0.2m/s，不超过 0.25m/s；而在夏季，应尽量增大风速或用排风扇加强通风。夏季环境温度低于牛的皮温时，适当增加风速可以提高牛的舒适度，减少热应激；而环境温度高于牛的皮温时，增加风速反而不利。

二、有害气体

舍内的有害气体不仅影响到牛的生长，对外界环境也造成不同程度的污染。对牛危害比较大的有害气体主要包括氨气、二氧化碳、硫化氢、甲烷、一氧化碳等。其中，氨气和二氧化碳是给牛健康造成危害较大的两种气体。

1. 氨气（NH_3）

牛舍内 NH_3 来自粪、尿、饲料和垫草等的分解，所以舍内含量的高低取决于牛的饲养密度、通风、粪污处理、舍内管理水平等。肉牛长期处于高浓度 NH_3 环境中，对传染病的抵抗力下降，当氨气吸入呼吸系统后，可引起上部呼吸道黏膜充血，支气管炎，严重者可引起肺水肿和肺出血等症状。国家行业标准规定，牛舍内 NH_3 含量不能超过 20mg/cm³。

2. 二氧化碳（CO_2）

CO_2 本身无毒，是无色、无臭、略带酸味的气体，它的危害主要是造成舍内缺氧，易引起慢性中毒。国家行业标准规定，

牛舍内 CO_2，含量不能超过 1500mg/cm³。北方的冬季由于门窗紧闭，舍内通风不良，CO_2 浓度可高达 2000mg/cm³ 以上，可造成舍内严重缺氧。

3. 微粒

微粒对肉牛的最大危害是通过呼吸道造成的。牛舍中的微粒少部分来自外界的带入，大部分来自饲养过程。微粒的数量取决于粪便、垫料的种类和湿度、通风强度、牛舍内气流的强度和方向、肉牛的年龄、活动程度以及饲料湿度等。国家行业标准规定，牛舍内总悬浮颗粒物（TSP）不得超过 4mg/cm³，可吸入颗粒物（PM）不得超过 2mg/cm³。

4. 微生物

牛舍空气中的微生物含量主要取决于舍内空气中微粒的含量，大部分

的病原微生物附着在微粒上。凡是使空气中微粒增加的因素，都会影响舍内空气中的微生物含量。据测定，牛舍在一般生产条件下，空气中细菌总数为121 ～ 2530 个 /L，清扫地面后，可使细菌达到 16000 个 /L。另外，牛咳嗽或打喷嚏时喷出的大量飞沫液滴也是携带微生物的主要途径。

第三节　牛舍环境控制

适宜的环境条件可以使肉牛获得最大的经济效益，因此在实际生产中，不仅要借鉴国内外先进的科学技术，还应结合当地的社会、自然条件以及经济条件，因地制宜地制定合理的环境调控方案，改善牛舍小气候。

一、防暑与降温

（一）屋顶隔热设计

屋顶的结构在整个牛舍设计中起着关键作用，直接影响舍内的小气候。

1. 选材

选择导热系数小的材料。

2. 确定合理的结构

在夏热冬暖的南方地区，可以在屋面最下层铺设导热系数小的材料，其上铺设蓄热系数较大的材料，再上铺设导热系数大的材料，这样可以延缓舍外热量向舍内的传递；当夜晚温度下降的时候，被蓄积的热量通过导热系数大的最上层材料迅速散失掉。而在夏热冬冷的北方地区，屋面最上层应该为导热系数小的材料。

3. 选择通风屋顶

通风屋顶通常指双层屋顶，间层的空气可以流动，主要靠风压和热压将上层传递的热量带走，起到一定的防暑效果。通风屋顶间层的高度一般平屋顶为 20cm，坡屋顶为 12 ～ 20cm。这种屋顶适于热带地区，寒冷地区或冬冷夏热地区，不适于选择通风屋顶，但可以采用双坡屋顶设天棚，两山墙上设通风口的形式，冬季可以将风口堵严。

4. 采用浅色

光平外表面外围护结构外表面的颜色深浅和光平程度，决定其对太阳辐射热的吸收和发射能力。为了减少太阳辐射热向舍内的传递，牛舍屋顶可用石灰刷白，以增强屋面反射。

（二）加强舍内的通风设计

自然通风牛舍可以设天窗、地窗、通风屋脊、屋顶风管等设施，以增加进、排风口中心的垂直距离，从而增加通风量。天窗可在半钟楼式牛舍的一侧或钟楼式牛舍的两侧设置，或沿着屋脊等长或间断设置；地窗设在采光窗下面，应为保温窗，冬季可密闭保温；屋顶风管适用于冬冷夏热地区，炎热地区牛舍屋顶也可设计为通风屋脊形式，增加通风效果。

（三）遮阴与绿化

夏季可以通过遮阴和绿化措施来缓解舍内的高温。

1. 遮阴

建筑遮阴通常采用加长屋檐或遮阳板的形式。根据牛舍的朝向，可选用水平遮阴、垂直遮阴和综合遮阴。对于南向及接近南向的牛舍，可选择水平遮阴，遮挡来自窗口上方的阳光；西向、东向和接近这两个朝向的牛舍需采用垂直遮阴，用垂直挡板或竹帘、草苫等遮挡来自窗口两侧的阳光。此外，很多牛舍通过增加挑檐的宽度达到遮阴的目的，考虑到采光，挑檐宽度一般不超过80cm。

2. 绿化

绿化既起到美化环境、降低粉尘、减少有害气体和噪声等作用，又可起到遮阴作用。应经常在牛场空地、道路两旁、运动场周围等种草种树。一般情况下，场院墙周边场区隔离地带种植乔木和灌木的混合林带；道路两旁既可选用高大树木，又可选用攀缘植物，但考虑遮阴的同时一定要注意通风和采光；运动场绿化一般是在南侧和西侧，选择冬季落叶夏季枝叶繁茂的高大乔木。

（四）搭建凉棚

建有运动场的牛场，运动场内要搭建凉棚。凉棚长轴东西向配置，以防阳光直射凉棚下地面，东西两端应各长出 3 ～ 4m，南北两端应各宽出1 ～ 1.5m。凉棚内地面要平坦，混凝土较好。凉棚高度一般 3 ～ 4m，可根据当地气候适当调整棚高，潮湿多雨地区应该适当降低，干燥地区可适当增加高度。凉棚形式可采用单坡或双坡，单坡的跨度小，南低北高，顶部刷白色，底部刷黑色较为合理。

凉棚应与牛舍保持一定距离，避免有部分阴影会射到牛舍外墙上，造成无效阴影。同时，如果牛舍与凉棚距离太近，影响牛舍的通风。

（五）降温措施

夏季牛舍的门窗打开，以期达到通风降温的目的。但高温环境中仅靠自然通风是不够的，应适当辅助机械通风。吊扇因为价格便宜是目前牛场常用的降温设备，一般安装在牛舍屋顶或侧壁上，有些牛舍也会选择安装轴流式排风扇，采用屋顶排风或两侧壁排风的方式。在实际生产中，风扇经常与喷淋或喷雾相结合使用效果更好。安装喷头时，舍内每隔 6m 装 1 个，每个喷头的有效水量为 1.2 ～ 1.4L/min 时，效果较好。

冷风机是一种喷雾和冷风相结合的降温设备，降温效果很好。由于冷风机价格相对较高，肉牛舍使用不多，但由于冷风机降温效果很好，而且水中可以加入一定的消毒药，降温的同时也可以达到消毒的效果，在大型肉牛舍值得推广。

二、防寒与保暖

1. 合理的外围护结构保温设计

牛舍的保温设计应根据不同地方的气候条件和牛的不同生长阶段来确定。目前，冬季北方地区牛舍的墙壁结冰、屋顶结露的现象非常严重，主要原因在于为了节省成本，屋顶和墙壁的结构不合理。选择屋顶和墙壁的构造时，应尽量选择导热系数小的材料，如可以用空心砖代替普通红砖，热阻值可提高41%，而用加气混凝土砖代替普通红砖，热阻值可增加 6 倍。近几年来，国内研制了一些新型经济的保温材料，如全塑复合板、夹层保温复合板等，除了具保温性能外，还有一定的防腐、防潮、防虫等功能。

在外围护结构中，屋顶失热较多，所以加强屋顶的保温设计很重要。天棚可以使屋顶与舍空间形成相对静止的空气缓冲层，加强舍内的保温。如果在天棚中添加一些保温材料，如锯末、玻璃棉、膨胀珍珠岩、矿棉、聚乙烯泡沫等可以提高屋顶热阻值。

地面的保温设计直接影响牛的体热调节，可以在牛床上加设橡胶垫、木板或塑料等，牛卧在上面比较舒服。也可以在牛舍内铺设垫草，尤其是小群饲养，定期清除，可以改善牛舍小气候。

2. 牛舍建筑形式和朝向

牛舍的建筑形式主要考虑当地气候，尤其是冬季的寒冷程度、饲养规模和饲养工艺。炎热地区可以采用开放舍或半开放舍，寒冷地区宜采用有窗密闭舍，冬冷夏热的地区可以采用半开放舍，冬季牛舍半开的部分覆膜保温牛舍朝向设计时主要考虑采光和通风。北方牛舍一般坐北朝南,因为北方冬季多偏西风或偏北风,另外,北面或西面尽量不设门,必须设门时应加门斗,防止冷风侵袭。

三、饲养管理

1. 调整饲养密度

饲养密度是指每头牛占床或占栏的面积,表示牛的密集程度。冬季可以适当增加牛的饲养密度,以提高舍温,但密度太大,舍内湿度会相对增加,有的牛舍早上空气相对湿度可高达90%,有害气体如氨气和二氧化碳浓度也会随之增加。而且密度太大,小群饲养时会增加牛的争斗,不利于牛的健康生长。夏季为了减少舍内的热量,要适当降低舍内牛的饲养密度,但一定要考虑牛舍面积的利用效率。

2. 控制湿度

每天肉牛可排出约20kg的粪便和18kg左右的尿液,如果不及时清除这些污水污物,很容易导致舍内空气的污浊和湿度的增加。通风和铺设垫草是较便捷、有效地降低舍内湿度的方法。一年四季每天定时通风换气,既能排出舍内的有害气体、微生物和微粒,又能排出多余的热量和水蒸气。冬季通风除了排出污浊空气,还要排出舍内产生的大量水蒸气,尤其是早上通风特别关键。

为了保持牛床的干燥,可以在牛床上铺设垫草,以保持牛体清洁、健康,而且垫草本身可以吸收水蒸气和部分有害气体,如稻草吸水率为324%,麦秸吸水率为230%。但铺设垫草时,必须勤更换,否则污染会加剧。

3. 利用温室效应

透光塑料薄膜和阳光板起到不同程度的保温和防寒作用,冬季应经常在舍顶和窗户部位覆盖这些透明材料,充分利用太阳辐射和地面的长波辐射热使舍内增温,形成"温室效应"。但应用这种保温措施时,一定要注意防潮控制。

总之,这些管理措施虽然可以改善牛舍的环境,但必须根据牛场的具体情况加以利用。此外,控制牛的饮水温度也是肉牛养殖的一个重要环节,夏季饮用地下水、冬季饮用温水对于夏季防暑和冬季防寒有重要意义。

第四节　牛场辅助性建筑与设备设施

一、辅助性建筑

（一）运动场

牛舍外的运动场大小应根据牛舍设计的载牛规模和肉牛的体型大小规划。每头架子牛和犊牛的运动场面积分别为 $15m^2$ 和 $8m^2$。育肥牛应减少运动，饲喂后拴系在运动场休息，以减少消耗。运动场应有一定的坡度，以利于排水，场内应平坦、坚硬，一般不硬化或部分硬化。场内设饮水池、补饲槽和凉棚等。运动场的围栏高度，成年牛为 1.2m，犊牛为 1.0m。

（二）干草库

干草库大小根据饲养规模、饲养类别、粗饲料的储存方式等确定。用于储存切碎粗饲料的草库要建得高些，以 5 ～ 6m 为宜。草库窗户设在离地面较高处，至少为 4m 以上。草库应设防火门，距下风向建筑物应大于 50m。

（三）饲料加工场

饲料加工场包括原料库、成品库、饲料加工间等。原料库的大小应能够储存牛场 10 ～ 30d 所需要的各种原料，成品库可略小于原料库，库房内应宽敞干燥、通风良好。室内地面应高出室外 30 ～ 50cm，地面以水泥地面为宜，房顶要具有良好的隔热、防水性能。窗户要高，门窗注意防鼠，整体建筑注意防火等。

（四）青贮窖

青贮窖应建在饲养区，靠近牛舍的地方，位置适中，地势较高，防止粪尿等污水浸入污染。同时，要考虑进出料时运输方便，减小劳动强度。根据地势、土质情况，可建成地下式或半地下式长方形或方形的青贮窖。长方形青贮窖的宽、深比以 1 :（1.5 ～ 2）为宜，长度以需要量确定。

二、设施设备

（一）消毒池和消毒室

在饲养区大门口和人员进入饲养区的通道口，分别修建供车辆和人员进行消毒的消毒池和消毒室。车辆用消毒池的宽度以略大于车轮间距即可，参考尺寸为长 3.8m、宽 3m、深 0.1m，池底低于路面，坚固耐用，不渗水。供人用消毒池，采用踏脚垫放入池内浸湿药液进行消毒，参考尺寸为长 2.8m、宽 1.4m、深 0.1m。消毒室大小可根据外来人员的数量设置，一般为串联的 2 个小间。其中一个为消毒室，内设小型消毒池和紫外线灯，紫外线灯每平方米功率为 2～3W；另一个为更衣室。

（二）沼气池

建造沼气池，把牛粪、牛尿、剩草、废草等投入沼气池封闭发酵，产生的沼气供生活或生产用燃料，经过发酵的残渣和废水是良好的肥料。目前，普遍推广水压式沼气池。这种沼气池具有受力合理、结构简单、施工方便、适应性强、就地取材、成本较低等优点。

（三）地磅

对于规模较大的牛场，应设地磅，以便对各种车辆和牛等进行称重。

（四）装卸台

可以提高装卸车的工作效率，同时减少肉牛的损伤。装卸台可建成宽 3m、长约 8m 的驱赶牛的坡道，坡的最高处与车厢平齐。

（五）排水设施与粪尿池

牛场应设有废弃物储存、处理设施，防止泄漏、溢流、恶臭等对周围环境造成污染。粪尿池设在牛舍外、地势低洼处，且应在运动场相反的一侧，池的容积以能储存 20～30d 的粪尿为宜，粪尿池必须离饮水井 100m 以外。在牛舍粪尿沟至粪尿池之间设地下排水管，向粪尿池方向应有 2°～3° 的坡度。

（六）补饲槽和饮水槽

在运动场的适当位置或凉棚下要设置补饲槽和饮水槽，以供肉牛在运动场时采食粗饲料和随时饮水。根据肉牛数的多少决定建补饲槽和饮水槽的多少及长短。每个饲槽长 3 ～ 4m，高 0.4 ～ 0.7m，槽上宽 0.7m，底宽 0.4m。每 30 头左右牛要有一个饮水槽，用水时加满，至少在早晚各加水 1 次，也可以用自动饮水器。

（七）清粪设备

牛舍的清粪形式有机械清粪、水冲清粪、人工清粪。我国牛场多采用人工清粪。机械清粪中采用的主要设备有连杆刮板式，适于单列牛床；环行链刮板式，适于双列牛床；双翼形推粪板式，适于舍饲散栏饲养牛舍。

（八）保定设备

保定设备包括保定架、鼻环、缰绳与笼头、吸铁器。

1. 保定架

保定架是牛场不可缺少的设备，在打针、灌药、编耳号及治疗时使用。通常用圆钢材制成，架的主体高度 160cm，颈枷支柱高 200cm，立柱部分埋入地下约 40cm，架长 150cm，宽 65 ～ 70cm。

2. 鼻环

鼻环有两种类型：一种用不锈钢材料制成，质量好耐用，但价格较高；另一种用铁或铜材料制成，质地较粗糙，材料直径 4mm 左右，价格较低。农村用铁丝自制的圈，易生锈、不结实，易引起牛感染。

3. 缰绳与笼头

缰绳与笼头为拴系饲养方式所必需，采用围栏散养方式可不用缰绳与笼头。缰绳通常系在鼻环上以便牵牛；笼头套在牛的头上，抓牛方便，而且牢靠。缰绳有麻绳、尼龙绳，每根长 1.6m 左右，直径 0.9 ～ 1.5cm。

4. 吸铁器

由于肉牛采食行为是不经咀嚼直接将饲料吞入口中易造成肉牛的创伤性网胃炎或心包炎。吸铁器有两种：一种用于体外，即在草料传送带上安装磁力吸铁装置；另一种用于体内，称为磁棒吸铁器。使用时，将磁棒吸铁器放入病牛口腔近咽喉部，灌水促使牛吞入瘤胃，随瘤胃的蠕动，经过一定时间，慢慢取出，瘤胃中混有的细小铁器吸附在磁棒上一并带出。

（九）饲料生产与饲养器具

大规模生产饲料时，需要各种作业机械，如拖拉机和耕作机械，制作青贮时，应有青贮料切碎机；一般肉牛育肥场可用手推车给料，大型育肥场可用拖拉机等自动或半自动给料装置给料；切草用的铡刀、大规模饲养用的铡草机；还有称料用的计量器，有时需要压扁机或粉碎机等。

第五节　粪污处理和利用

肉牛粪尿中含有大量的有机质、氮、磷等营养物质，是一些动物和植物所需的养分。如经无害化处理后，不仅能化害为利，变废为宝，同时也能起到保护环境，防止环境污染的作用。目前，我国对牛场粪尿无害化处理与利用的有效方法如下所示。

一、生产沼气

沼气工程是处理牛场粪污实用而有效的方式，是牛场粪污综合治理的纽带工程。

二、用作肥料

牛粪是一种非常好的有机肥，但必须经过腐熟后方可使用。如牛粪数量少，可通过堆肥发酵后直接使用；如数量较大，则适宜在腐熟基础上进行有机肥深加工，便于更大范围销售和使用。

1. 牛粪堆肥发酵技术

传统的堆肥为自然堆肥法，无须设备，但占地大、腐熟慢质差、效率低，而且劳动强度大、周围环境恶劣。

现代规模化牛场多采用原料好氧堆肥工艺，即利用堆肥设备使牛粪等在有氧条件下利用好氧微生物作用达到稳定化、无害化，进而转变为优质肥，主要有条垛式堆肥工艺和太阳能发酵槽式堆肥工艺两种方法，根据牛粪原料水分情况，可以选择上述一种堆肥工艺，也可以将两种堆肥工艺结合起来堆肥。如先将牛粪通过槽式堆肥方式完成高温堆肥，无害化后从发酵槽中移出物料至条垛堆肥场区，进行二次发酵并进一步降低水分，促使有机养分进一步腐殖质化和矿质化，最终彻底腐熟。两种工艺结合设备投资略增，但堆肥效率和品质有所提高。

发酵过程中添加菌剂，可以快速提高堆肥温度，促进牛粪发酵腐熟，缩短堆制时间，提高堆料纤维素和半纤维素的降解率。

现代规模化牛粪发酵过程中，都配有专门的生产设备和机械，且有专业的技术要求。在具体实际操作时，还需要进行专业的学习。

2. 牛粪生产有机肥技术

由于牛粪堆肥产品总体养分偏低，且其中氮磷等营养元素与现有的农艺种植习惯和作物需肥特性存在差异，所以，在利用牛粪生产商品肥过程中，往往加入一部分氮、磷、钾化肥制成商品有机、无机复混肥。有机肥厂的规划设计通常将有机无机复混肥作为主导产品，兼顾生产有机肥产品。有机肥产品可以制成颗粒状，也可以制成粉状；包装规格也有不同。这都取决于市场需求。现在，市场上有专用花卉有机肥、蔬菜有机肥等，肥效更加有针对性，营养素利用率更高。

有机肥生产需要专业的配套设备，生产中可根据生产规模生产效率等进行选择。

三、养殖蚯蚓

蚯蚓消化利用牛粪的能力很强。牛的粪便是蚯蚓喜欢的食料，每平方米养 1kg 蚯蚓，则每天需要牛粪 1kg。蚯蚓体内可分泌出一种能分解蛋白质、脂肪和木质纤维的特殊酶，它能很好地利用牛粪中的营养元素，因此，蚯蚓是良好的"牛粪处理场"，蚯蚓养殖工厂即是一个良好的"环境净化装置"，可在一定程度内消除环境污染。

要成功利用牛粪养殖蚯蚓，主要做好两点：一是牛粪必须经过发酵，保证蚯蚓的"食品安全"；二是按照蚯蚓的生活习性，满足其生活条件需要。

四、种植双孢菇

双孢菇菌肉肥嫩，味道鲜美，营养丰富，享有"保健食品"和"素中之王"美称，深受人们喜爱。牛粪作为培养料生产的双孢菇，与其他培养料生产的双孢菇没有差别，且能充分消化利用牛粪中的氮磷元素，是牛粪变废为宝应用的典型案例。

双孢菇通常采用床式覆土模式种植，即在种植菌种的培养料床上覆盖一层土，待到双孢菇长到适宜大小时采收。培养料料厚一般在 20cm，每平方米可使用培养料 25kg 左右，即每 40m² 的双孢菇种植面积就相当于普通 1 亩农田正常牛粪的施肥量。可见利用牛粪种植双孢菇是处理牛粪的一种高效方式。

由于牛粪自身不能满足双孢菇生长所需培养料的碳氮比要求，故需要添加一些肥料等才能达到其要求。也就是说，利用牛粪进行双孢菇生产，其实，牛粪仅仅是其中培养料中的一个组成部分。配方举例：干牛粪 650kg、麦秸

350kg、豆饼粉 15kg、尿素 3kg、硫酸铵 6kg、碳酸铵 15kg、过磷酸钙 10kg。

五、发展生态循环农业

随着我国环境保护意识的加强和生态农业的发展，运用生物工程技术对家畜粪尿进行综合处理与利用，合理地将养殖业、种植业结合起来，形成物质的良性循环模式。按照这种生态农业模式进行规划、设计和改造养殖场，将是我国现代化养殖业发展的必然走向。种植业 – 养殖业 – 沼气工程三结合物质循环利用模式是最典型的代表。

第六节　卫生防疫

一、常规消毒

1. 消毒流程

要做好牛场的卫生防疫，首先要做好消毒工作。从消毒流程角度来讲，可分为预防消毒、临时消毒和终末消毒 3 个环节。

（1）预防消毒。为防止肉牛发生传染病，配合一系列的兽医防疫措施所进行的消毒，称为预防消毒。预防消毒要根据不同的消毒对象，可定期、反复地进行消毒。

（2）临时消毒。在非安全地区的整个非安全期内，以消灭病牛所散播的病原为目的而进行的消毒，称为临时消毒。临时消毒应尽早进行，消毒剂根据传染病的种类和具体情况选用。

（3）终末消毒。当病牛解除隔离、痊愈或死亡后，或在疫区解除封锁之前，为了消灭疫区内可能残留的病原微生物所进行的全面大消毒，称为终末消毒。消毒时不仅对病牛周围的一切物品和牛舍要消毒，对痊愈牛的体表和牛舍也要同时进行消毒。消毒剂的选用与临时消毒相同。

2. 消毒常识

消毒是利用物理、化学和生物方法对外界环境中的病原微生物及其他有害微生物等进行清除或杀灭，从而达到预防和阻止疫病发生、传播和蔓延的目的。消毒方法主要包括物理消毒、化学消毒和生物消毒法。

（1）物理消毒法。

①日晒法。一般病毒和非芽孢的菌体，在阳光直射下，只需几分钟或几小时就能被杀死。抵抗力很强的芽孢，在强烈的阳光下连续反复暴晒，也可使

其活性变弱或致死。这种方法用于养殖场的饲草、垫料、用具和运动场的消毒效果比较好。

②机械除菌法。使用清扫、洗刷、通风和过滤等手段机械清除带有病原体废弃物的方法，可大大减少人、肉牛体表、物体表面及空气中的有害微生物，是最普通、最常用的消毒方法。但它不能杀死病原体，所以还必须配合其他消毒方法同时使用，才能取得良好的消毒效果。

a. 前期准备。

器械：扫帚、铁锹、清扫机、污物桶、喷雾器、水枪等。防护用品：雨靴、工作服、口罩、防护手套、毛巾、肥皂等。

b. 操作方法。

清扫：用清扫器具清除牛舍的粪便、垫料、尘土、废弃物等污物。清扫要全面彻底，不遗漏任何地方。

洗刷：对水泥地面、地板、食槽、水槽、用具或牛体等用清水或消毒液进行洗刷，或用喷水枪冲洗。冲洗要全面彻底。

通风：一般采取开启门窗和用换气扇排风等方法进行通风。通风不能杀死病原体，但能使牛舍内空气清洁、新鲜，减少空气病原体对肉牛的侵袭。

空气过滤：在牛舍的门窗、通风口等处安装过滤网，阻止粉尘、病原微生物等进入牛舍。

③火烧法。该方法简单、彻底，可用于处理病牛粪便、垫料、残余饲料及病牛尸体等带菌的废弃物。一方面对于病死牛、垫料、污染物品等养殖废弃物可直接采用焚烧消毒。另一方面对于金属物品（铁质工具、隔栏、笼架）、土、砖、石和混凝土墙壁及非木质饲槽等可用喷灯的火焰消毒。

a. 前期准备。

器械：火焰喷灯或火焰消毒机、汽油、煤油或酒精等。

防护用品：手套、防护眼镜、工作服等。

b. 操作方法。

消毒对象：选择消毒的对象是牛舍墙壁、地面、用具、设备等耐烧物品。

点燃：将装有燃料的火焰喷灯或火焰消毒机用电子打火或人工打火点燃。

灼烧：用喷出的火焰对被消毒物进行烧灼，消毒时一定要按顺序进行，以免遗漏，但不要烧灼过久，防止消毒物品的损坏和引起火灾。

④高温煮沸法利用煮沸消毒一般温度不超过100℃，几分钟即可杀灭繁殖体类微生物，但要达到灭菌则往往需要较长的时间，一般应煮沸 20～30min。高温煮沸法能使大部分非芽孢病原菌死亡。芽孢耐热，但煮沸 1～2h 也可使

其死亡。凡煮沸后不会被损坏的物品和用具均可采用此法，消毒金属用具时，可在水中加 1% ～ 2% 的碳酸钠，能提高煮沸消毒的效果和防锈。

（2）化学消毒法。

使用化学消毒剂进行消毒，是应用最广的一种方法。化学消毒剂的种类很多，在进行消毒时应根据消毒目的和对象的特点，选用合适的消毒剂。所选用的消毒剂性质应稳定，无异臭、易溶于水、广谱杀菌和杀菌力强，对物品无腐蚀性，对人、牛无害。在牛肉中无残毒，毒性低，不易燃烧爆炸，使用无危险性，价格低，便于运输。

①常用化学消毒剂。消毒剂应选择对人、畜和环境比较安全，没有残留毒性，对设备没有破坏和在牛体内不产生有害积累的消毒剂。常用的消毒剂有氢氧化钠（烧碱）、草木灰、石灰乳（氢氧化钙）、漂白粉、克辽林、石炭酸、40% 甲醛、高锰酸钾过氧乙酸、苯扎溴铵、氨水、碘酊等。

②化学消毒法步骤。

a. 前期准备。

器具：消毒器械 喷雾器、抹布、刷子、天平、量筒、容器、消毒池、加热容器、温（湿）度计等。

消毒药品：根据消毒目的选择消毒剂。选择的消毒剂必须具备广谱抗菌，对病原体杀灭力强，性质稳定，维持消毒效果时间长，对人、牛毒性小，价廉易得，运输、保存和使用方便，对环境污染小等特点。使用化学消毒剂时要考虑病原体对不同消毒剂的抵抗力、消毒剂的杀菌谱、有效使用浓度、作用时间、对消毒对象及环境温度的要求等。

防护用品：防护服、防护镜、高筒靴、口罩、橡皮手套、毛巾、肥皂等。

消毒液的配制：根据消毒面积或体积、消毒目的，按说明正确计算溶质和溶剂的用量，按要求配制。

b. 常用消毒方法。根据消毒对象和目的采取不同的方法。

洗刷：用刷子蘸消毒液刷洗食槽、水槽、用具等设备，洗刷后用清水清洗干净。

浸泡：将需要消毒的物品浸泡在装有配制好的消毒液的消毒池中，按规定浸泡一定时间后取出。如将各种器具浸泡在 0.5% ～ 1% 苯扎溴铵中消毒。浸泡后用清水清洗。

喷洒：喷洒消毒是用喷雾器或喷壶对需要消毒的对象（畜舍地面、墙壁和道路等）进行喷洒消毒。畜舍喷洒消毒一般以"先里后外、先上后下"的顺序为宜，即先对畜舍的最里头、最上面（顶棚或天花板）喷洒，然后再对墙壁、门窗、设备和地面仔细喷洒，从里到外逐渐到门口。水泥地面、棚顶、墙壁等每平方米用药量控制在 800mL 左右，地面、墙壁等每平方米用药量控制在 1000～1200mL，设备每平方米用药量控制在 200～400mL。

熏蒸：先将需要熏蒸消毒的场所等彻底清扫、冲洗干净；关闭所有门窗、排气孔；将盛装消毒剂的容器均匀摆放在要消毒的场所内，如场所长度超过 50m，应每隔 20m 放一个容器；根据消毒空间大小，计算消毒药的用量，进行熏蒸。熏蒸常用 3 种化学试剂。一是高锰酸钾和福尔马林混合。用高锰酸钾和福尔马林混合熏蒸进行畜舍消毒时，一般每立方米用高锰酸钾 7～25g、福尔马林 14～50mL、水 7～25mL，熏蒸 12～24h。如果反应完全，剩下的是褐色干燥残渣；如果残渣潮湿说明高锰酸钾用量不足；如果残渣呈紫色说明高锰酸钾加得太多。二是过氧乙酸。过氧乙酸熏蒸消毒使用浓度是 3%～5%，每立方平方米 0.5mL、在相对湿度 60%～80% 条件下，熏蒸 1～2h。三是固体甲醛。固体甲醛熏蒸消毒按每立方米 305g 用量，置于耐烧容器中，放在热源上加热，当温度达到 20℃ 以上时即可散发出甲醛气体。

③化学消毒注意事项。现场消毒时要保证实效，除选择杀菌力强、效力较高的消毒药外，还必须注意消毒现场的环境，以便进行彻底消毒。消毒对象要求表面洁净、干燥，若存在有机物会造成消毒力的减低。因此，在进行现场消毒时，首先要注意人、畜的安全，然后清除对所要消毒的物品表面残留的污物。

（3）生物学消毒法。

生物学消毒的原理就是利用微生物分解有机物质而释放出的生物热进行消毒。生物热的温度可达 60～70℃，各种病原微生物及寄生虫卵等在这个温度环境下，经过 10～20min 以至数日即可相继死亡。生物学消毒这是一种最经济、简便、有效，没有环境污染、无残留的消毒方法。

3. 活体牛消毒

活体牛消毒是指在正常生产状态下进行的一种常规消毒，主要是对牛体及舍内环境的病原微生物进行杀灭或控制生长，所选取的消毒药物应该是广谱杀菌，毒性刺激性小的药物，按照药物使用说明进行配比，采用喷雾式消毒。药物使用剂量一般在每立方米室内空间 5～25mL 药物剂量，可根据生产情况采取每 3～5d 或每日 2 次进行喷雾消毒，喷雾消毒时应向上喷雾，让药物的雾滴自由下落，以期达到净化空气的作用，切忌直接对牛体进行喷雾。

4. 饮水消毒

饮水消毒的作用是杀灭饮水中的病原微生物，防止因水源中病原微生物引起的消化道疾病，切忌将饮水变成药水。药物一定要选择适合饮水消毒的无毒无刺激物残留的消毒药物，严格按照产品说明书配制饮水，避免使用浓度过高或长时间饮用引起中毒。

一批牛全部卖出后，或在新牛没进之前要对牛舍进行彻底消毒，并保持空舍至少 21d，这期间不能将任何污染物品带入牛舍内，同时对牛舍环境也要进行消毒灭菌。

5. 消毒制度

（1）环境消毒。牛舍周围环境包括运动场，每周用 2% 火碱消毒或撒生石灰 1 次；场周围及场内污水池、排粪坑和下水道出口，每月用漂白粉消毒 1 次。在大门口和牛舍入口设消毒池，使用 2% 的火碱溶液。

（2）人员消毒。工作人员进入生产区应更衣和紫外线消毒 3 ～ 5min，工作服不应穿出场外。

（3）牛舍消毒。牛舍在每批次牛群下槽后应彻底清扫干净，用高压水枪冲洗，并进行喷雾消毒和熏蒸消毒。

（4）用具消毒。定期对饲喂用具、食槽、水槽和饲料车等进行消毒，可用 0.1% 新洁尔灭或 0.2% ～ 0.5% 的过氧乙酸消毒，日常用具如兽医用具、助产用具、配种用具等在使用前应进行彻底消毒和清洗。

（5）带牛环境消毒。定期进行带牛环境消毒，有利于减少环境中的病原微生物，以减少传染病和蹄病的发生。可用于带牛环境消毒的药物有：0.1% 的新洁尔灭、0.3% 的过氧乙酸、0.1% 次氯酸钠。带牛环境消毒应避免消毒剂接触到饲料。

（6）牛体消毒。助产、配种、注射治疗及任何对肉牛进行接触操作前，应先将牛有关部位如乳房、阴道口和后躯等进行消毒擦拭，以保证牛体健康。

二、免疫和检疫

肉牛养殖场应根据《中华人民共和国动物防疫法》及配套法规的要求，结合当地实际情况，有选择地进行疫病的预防接种工作，并注意选择适宜的疫苗、免疫程序和免疫方法。每年至少需接种炭疽疫苗 2 次，口蹄疫疫苗 2 次。

三、动物疫病控制和扑灭

当肉牛养殖场发生疫病或怀疑发生疫病时，应根据《中华人民共和国动物防疫法》及时采取如下措施：驻牛场兽医应及时进行诊断，并尽快向当地畜牧兽医管理部门报告情况。确诊发生口蹄疫、牛瘟、牛传染性胸膜肺炎时，肉牛养殖场应配合当地畜牧兽医管理部门，对本场牛群实施严格的隔离、扑杀措施；发生蓝耳病、牛出血病、结核病、布鲁氏菌病等疫病时，应对本场牛群实施清群和净化措施，扑杀阳性牛。全场进行彻底的清洗消毒，病死或淘汰牛的尸体按《畜禽病害肉尸及其产品无害化处理规程》（GB 16548）进行无害化处理，消毒按《畜禽产品消毒规范》（GB/T 16569）进行。

四、病死牛及产品处理

科学及时地处理病死肉牛尸体，对防止肉牛传染病的发生、避免环境污染和维护公共卫生等具有重大意义。病死肉牛尸体可采用深埋法和高温处理法进行处理。

1. 深埋法

一种简单的处理方法，费用低且不易产生气味。但埋尸坑易成为病原的储藏地，并有可能污染地下水。因此，必须深埋，而且要有良好的排水系统。深埋应选择高岗地带，坑深在2m以上。尸体入坑后，撒上石灰或消毒药水，覆盖厚土。

2. 高温处理法

确认是炭疽、鼻疽、牛瘟、牛肺疫、恶性水肿、气肿疽、狂犬病等传染病和恶性肿瘤或两个器官发现肿瘤的病肉牛整个尸体，从其他患病肉牛各部分割除下来的病变部分和内脏，弓形虫病、梨形虫病、锥虫病等病畜的肉尸和内脏等进行高温处理。高温处理法如下。

①湿法化制，是利用湿化机，将整个尸体投入化制（熬制工业用油）。

②焚毁，是将整个尸体或割除下来的病变部分和内脏投入焚化炉中烧毁炭化。

③高压蒸煮，是把肉尸切成重不超过2kg、厚不超过8cm的肉块，放在密闭的高压锅内，在112kPa压力下蒸煮1.5～2h。

④一般煮沸法，是将肉尸切成规定大小的肉块，放在普通锅内煮沸2～2.5h。

五、病畜产品的无害化处理

1. 血液

漂白粉消毒法，用于确认是肉牛病毒性出血症、野肉牛热、肉牛产气膜梭菌病等传染病的血液以及血液寄生虫病病畜禽血液的处理。将1份漂白粉加入4份血液中充分搅拌，放置24h后于专设掩埋废弃物的地点掩埋。高温处理：将已凝固的血液切成豆腐方块，放入沸水中烧煮，至血块深部呈黑红色并呈蜂窝状时为止。

2. 蹄、骨和角

肉尸做高温处理时剔出的病畜骨、蹄、角放入高压锅内蒸煮至脱脂。

3. 皮毛

（1）盐酸食盐溶液消毒。用于被炭疽、鼻疽、牛瘟、牛肺疫恶性水肿、气肿疽、狂犬病等疫病污染的和一般病畜的皮毛消毒。将 2.5% 盐酸溶液和 15% 食盐水溶液等量混合，将皮张浸泡在此溶液中，并使液温保持在 30℃ 左右，浸泡 40h，皮张与消毒液之比为 1:10（m/V）。浸泡后捞出沥干，放入 2% 氢氧化钠溶液中，以中和皮张上的酸，再用水冲洗后晾干。也可按 100mL 25% 食盐水溶液中加入盐酸 1mL 配制消毒液，在室温 15℃ 条件下浸泡 18h，皮张与消毒液之比为 1:4，浸泡后捞出沥干。再放入 1% 氢氧化钠溶液中浸泡，以中和皮张上的酸，再用水冲洗后晾干。

（2）过氧乙酸消毒。用于任何病畜的皮毛消毒。将皮毛放入新鲜配制的 2% 过氧乙酸溶液，浸泡 30min 捞出，用水冲洗后晾干。

（3）碱盐液浸泡消毒。用于炭疽、鼻疽、牛瘟、牛肺疫、恶性水肿、气肿疽、狂犬病等疫病的皮毛消毒。将病皮浸入 5% 碱盐液（饱和盐水内加 5% 烧碱）中，室温（17～20℃）浸泡 24h，并随时加以搅拌，然后取出挂起。待碱盐液流净，放入 5% 盐酸液内浸泡，使皮上的酸碱中和，捞出，用水冲洗后晾干。

（4）石灰乳浸泡消毒。用于口蹄疫和螨病病皮的消毒。制法：将 1 份生石灰加 1 份水制成熟石灰，再用水配成 10% 或 5% 混悬液（石灰乳）。将口蹄疫病皮浸入 10% 石灰乳中浸泡 2h；对于螨病病皮，则将皮浸入 5% 石灰乳中浸泡 12h，然后取出晾干。

（5）盐腌消毒。用于布鲁氏菌病病皮的消毒。将 15% 皮重的食盐，均匀撒于皮的表面。一般毛皮腌制 2 个月，胎儿毛皮腌制 3 个月。

第七章 肉牛高效饲养管理技术

第一节 犊牛的饲养管理

一、犊牛的生物学特性

犊牛是指从出生至 6 月龄的小牛,在牧场实际生产中,将从出生到断奶的犊牛称为哺乳期犊牛,从断奶到 6 月龄的犊牛称为断奶期犊牛。犊牛出生后,生理机能经历巨大转变,由胎儿时期被动接受来自母体的营养物质,向主动采食牛乳和固体饲料的独立个体过渡。

(一)犊牛瘤胃发育与消化特点

初生犊牛消化器官尚未发育完全,只有皱胃是唯一发育且实际具有消化能力的胃。犊牛采食的牛乳受食管沟反射作用影响,不经过前胃而直接进入皱胃,并在皱胃和小肠中被消化吸收。随着日龄的增长和日粮结构、类型的改变,瘤胃形态与功能逐渐发育完全。瘤胃的健康、成熟发育,对提高后备牛饲草料利用率以及充分发挥生产潜力具有重要意义。

根据瘤胃发育情况,可将犊牛生长发育大致划分为 3 个阶段:非反刍期(0~3 周)、反刍过渡期(3~8 周)和反刍期(8 周后)。犊牛瘤胃微生物结构的建立大约需要 2 周时间,此后瘤胃发酵功能逐渐完善。随着日龄的增加,犊牛开始采食开食料和粗饲料,其中的粗纤维可刺激胃肠道,特别是瘤胃的发育,通过促进微生物在瘤胃中的定植,逐渐增强瘤胃对营养物质的消化吸收能力。瘤胃发酵产生的挥发性脂肪酸被瘤胃上皮组织消化利用,进一步促进瘤胃乳头的生长和发育,使得瘤胃代谢功能逐渐完善。

(二)犊牛肠道消化特点

新生犊牛的肠道容积占整个消化道的比例很大,随着日龄的增长和日粮结构、类型的改变，小肠所占比例逐渐下降，大肠比例基本不变，胃的比例大大上升，尤其是瘤胃。

新生犊牛消化酶系统发育不健全，胃蛋白酶的分泌数量少且分泌速度慢，对非乳蛋白的利用率低。2周龄后蛋白酶的活性逐渐提高，4~6周龄时，可以有效利用大多数的植物蛋白。这一时期犊牛生长发育所需的能量主要来源于脂肪和碳水化合物，犊牛可以有效消化乳脂等饱和脂肪，而对不饱和脂肪的消化效率较低。犊牛肠道内存在的乳糖酶，难以利用除乳糖外的其他碳水化合物。2周龄后，随着麦芽糖酶和淀粉酶活性的快速增强，此时犊牛可利用淀粉中的能量。

（三）犊牛免疫系统发育特点

一方面，与成年牛相比，犊牛体内免疫T细胞和免疫B细胞比例较低。嗜中性粒细胞功能较弱，且产生抗体、细胞因子和补体的功能较弱。另一方面，由于母牛绒毛膜胎盘的特殊结构阻碍了免疫球蛋白从母体循环系统传递到胎儿循环系统，导致初生的犊牛无法被动获得免疫球蛋白以抵抗感染，因此初乳的摄入对初生犊牛至关重要。初乳中含有大量的免疫球蛋白以及多种免疫因子。同时初乳中也含有多种抗菌物质，从而为犊牛提供非特异性保护。

二、犊牛护理

（一）接产与助产

1. 产前准备

当母牛出现乳房膨大、来回走动、频繁起卧、"塌胯""回头顾腹"等征兆时，表明母牛即将临盆。应提前做好接产准备，为母牛提供洁净舒适的产房，并保证接产工具和消毒试剂齐备。产房应保持光线充足、通风、干燥。母牛在分娩前10~15d可转入产房，母牛转入产房前需预先将房舍打扫干净，用4%氢氧化钠溶液或1:2000的百毒杀喷洒舍内、干草垫等进行适当消毒。接产工具需提前经过灭菌处理，防止感染和炎症的发生。对母牛外阴、尾根、后躯及四肢进行清洗消毒，可使用0.5%新洁尔灭或0.1%高锰酸钾轻柔擦拭。

2. 接产

母牛分娩过程可分为3个时期，即开口期、胎儿排出期和胎衣排出期。开口期时，母牛右侧卧，羊膜囊露出15min后，犊牛胎儿前蹄顶破胎膜，羊膜破裂时应用洁净水桶接收羊水，以便产后给母牛灌服，可预防胎衣不下。接产人员用两手牵拉胎儿前肢，稍用力并与母牛努责节奏一致，以便胎儿顺利产出。

犊牛产出后，正常情况下母牛会自行舔舐犊牛体表黏液，母牛的舔舐行为可增进母子感情，帮助犊牛初步建立肠道菌群。如发现犊牛呼吸受阻，应立即用清洁纱布清理口鼻部黏液，确保呼吸顺畅。可抓住犊牛后肢使其倒立，轻拍胸背部，促使黏液尽快流出。如脐带自行断裂，应使用5%碘酊涂抹断端消毒；如不能自行断裂，可在距犊牛腹部6～8cm处，用灭菌手术剪剪断，断脐无须特意结扎，通常可自行脱落。

3. 助产

当母牛发生阵缩、努责微弱，应进行助产。胎儿产出正位时，通常为两前肢和头部先产出或两后肢先产出。其余情况均为难产，包括一肢在前、一肢在后、两肢均在后、横卧位、坐位等。发生难产时，兽医或助产员应将胎儿推回子宫内，矫正胎位后再拉出，不可在胎位不正时进行助产，防止损伤母牛产道。助产时，可用消毒绳缚住胎儿两前肢系部，一人向母牛臀部后下方用力拉出，一人双手护住母牛阴唇及会阴避免撑破。胎头拉出后，应降低牵拉力度，减缓动作节奏，防止子宫内翻或脱出。胎儿腹部产出后，轻压胎儿脐孔部，防止脐带断裂，并适当延长断脐时间，使胎儿获得充足血液。

母牛分娩结束，一般经6h后，子宫重新努责，排出胎衣，如胎衣不能正常排出，为胎衣不下，此时应及时进行人工剥离。

（二）初乳与常乳饲喂

1. 初乳管理与饲喂

母牛胎盘的特殊结构使得犊牛被动免疫活动完全依赖初乳的摄入，尽快饮用初乳对降低犊牛疾病与死亡风险至关重要。研究表明犊牛在出生后最初几小时对免疫球蛋白的血液吸收率最高可达到25%～30%。保证初乳质量同等重要，正确的初乳管理对犊牛健康非常重要。按照储存方式的不同，可将初乳分为冷冻乳、冷藏乳和新鲜初乳。通常初乳在4℃冰箱中存放时间不得超过24h，在-20℃冰箱中可长期保存，但应注意不得存放时间过久，使初乳中细菌过量繁殖，犊牛摄入后易发生腹泻。饲喂冷藏、冷鲜乳前需进行加热或解冻，饲喂前初乳温度应保证在37～39℃，冬季适当提高1～2℃。饲喂新鲜初乳应将母牛乳房中前3把奶弃掉。

犊牛直接吮吸母牛乳头容易造成感染风险，母体携带的病原菌极易传递给犊牛导致犊牛染病。因此推荐使用初乳灌服器直接将初乳灌入犊牛真胃。初乳灌服器使用前后均应履行严格洗消制度。犊牛出生后 1h 内灌喂 4L 初乳，6h、12h、18h 后分别灌喂 4L 初乳。犊牛出生后 2 ～ 5d 每日饲喂初乳 3 次，每次 4L。采用正确的初乳管理与饲喂方法帮助犊牛建立被动免疫系统。

2. 常乳管理与饲喂

为降低犊牛应激，常乳管理应与初乳一致，做到"五定"原则：定时、定量、定温、定人、定质，严格控制常乳卫生、安全、质量及温度。对于新鲜常乳，可经过巴氏灭菌后再行饲喂，或直接饲喂高蛋白代乳粉。避免常乳中细菌含量过高，引起犊牛腹泻。同时尽量做到专人饲喂，不频繁更换饲养员。

犊牛出生 4d 后可饲喂常乳，牧场可结合自身生产实际，采用奶瓶饲喂法、奶桶饲喂法、自动饲喂法和群体饲喂法等饲喂方法。犊牛饲喂常乳可至 90d，每天饲喂 2 ～ 3 次。若牛场施行早期断奶，可将常乳饲喂时间缩短至 40 ～ 50d。15 日龄内犊牛每天饲喂 3 次常乳，之后每天饲喂 2 次，1 月龄以上每天饲喂 1 次，常乳每次饲喂量为 4L。

三、早期断奶

传统饲养中，犊牛的哺乳期一般为 3 ～ 6 个月。为了使犊牛更早适应固态饲料，促进消化器官的发育，降低饲养成本，现代集约化养殖通常实行早期断奶。若早期断奶施行不当，容易造成犊牛采食量下降、生长发育受阻、体况消瘦，导致腹泻甚至死亡，严重危害犊牛健康。

（一）断奶应激

断奶应激同时影响幼畜的先天性免疫和获得性免疫。由于无法继续从母乳中获得免疫球蛋白和谷胱甘肽过氧化物酶、溶菌酶等酶类，导致自身获得性免疫功能降低，抗病能力下降，患病风险升高。断奶后犊牛血液中的淋巴细胞数、中性粒细胞数、红细胞数和血小板数显著降低。犊牛断奶后饲料结构发生巨大改变。断奶后，结构性碳水化合物代替乳糖和乳脂，成为主要的能量来源。幼畜体内淀粉酶和脂肪酶含量不足，对植物来源饲料消化不良。这种消化方式的转变也会影响肠道微生物的组成和功能的发挥，从而引起肠道菌群紊乱。为降低犊牛死亡率，减少牧场收益损失，实施正确的断奶策略是缓解断奶应激的关键。

（二）早期断奶策略

早期断奶技术对于肉用犊牛消化系统的健康发育非常重要，肉用母牛泌乳能力较弱，及早为犊牛补饲开食料可以弥补乳汁饮食不足，减少对鲜奶的消耗，降低犊牛养殖成本。在美国，70% 的牧场在犊牛 7 周龄前后施行断奶，仅 25% 的牧场在犊牛 9 周龄以上才施行断奶。

断奶时间不当会引起犊牛应激反应，严重影响犊牛的生长发育。因此，犊牛断奶时间的选择应根据犊牛的实际发育状况、综合采食量、体重以及犊牛的健康状况而定，尽量减少断奶应激造成犊牛生长迟缓和抵抗力下降。犊牛应采取阶段式断奶方法，不宜"一刀切"，推荐的断奶参考标准包括采食量标准和体重标准。当犊牛开食料采食量达到 750g/d，或开食料采食量连续 3d 达到 1 ~ 1.5kg，干物质采食量达到 500g/d 时施行断奶。另外，体重达到初生重 2 倍可作为另一断奶衡量标准。在生产过程中，也可综合考量日龄、体重和精料采食量来确定犊牛的断奶时间。犊牛达到 60 日龄，体重为出生体重的 2 倍，且日均精料摄入量超过 1.2kg 时，则认为犊牛达到断奶标准。

一般犊牛采食训练可在出生后 1 周通过人工诱导进行，即犊牛吸吮乳汁后，可在奶桶上或犊牛嘴角涂抹少量饲料，初始采食量约为 15g/d。第一次饲喂后，观察犊牛粪便情况，如无异常，逐渐增加日饲喂量。犊牛 30 日龄日采食量可提高至 200 ~ 300g/d，60 日龄可提高至 500g/d。一般犊牛日采食量达到 500g/d 时即可断奶。

四、犊牛的日粮饲喂

（一）饲喂方法

1. 饲喂精料

犊牛出生 1 周后可开始提供开食料，可将开食料适当加热煮熟后饲喂犊牛。

2. 饲喂干草

补饲牧草可促进犊牛反刍。饲养员可在犊牛出生一周后在饲料槽中放入少量优质干草，让犊牛自由采食。

3. 饲喂青贮料

由于青贮饲料的原料多为玉米秸秆或全株玉米，与绿色多汁饲料或优质干草相比，3 月龄内犊牛的瘤胃消化功能并不完善。过早饲喂青贮饲料容易增加瘤胃负担，引起瘤胃胀气或瘤胃酸中毒。犊牛一般在出生后 70d 饲喂青贮饲料。开始时，每日饲喂量为 0.1 ~ 0.15kg，3 月龄时逐渐增加到 1 ~ 1.5kg/d，6 月龄时逐渐增加到 4 ~ 5kg/d。

（二）饮水

犊牛出生 1 周内应确保充足饮水，保持饮水来源安全、清洁卫生。夏季饮水温度控制在 37 ～ 39℃，冬季饮水温度可提高至 40℃左右。犊牛饮水量为干物质摄入量的 5 ～ 6 倍，犊牛断奶后，应提高饮水量 6 ～ 7 倍供应。犊牛不饮水可采用人工诱导方式，在水中加入少量乳汁以诱导采食。

五、犊牛饲养环境管理

犊牛免疫功能尚未发育健全，极易受到冷、热应激影响，环境耐力较弱，容易受到外界病原菌侵蚀。因此，控制犊牛舍内温湿环境和卫生状况对犊牛的健康成长和未来生产潜力的发挥具有重要意义。牛舍应做到每天杀菌消毒。同时保证舍内空气质量良好，光线充足。由于我国南北方气候存在明显差异，建筑结构与材质保暖保湿效果不一致，犊牛舍的环境管理应结合牧场自身环境特点因地制宜。研究表明，畜棚温度不低于 10℃，夏季控制在 27℃以内，相对湿度设定在 55% ～ 80% 的舍内环境最适合犊牛生长。寒冷季节可增加衬垫厚度保暖。及时清理地面粪污，防止污染物积聚，造成有害气体增加，污染舍内空气。

第二节　育成期饲养管理

一、育成牛的生物学特性

育成牛是指断奶后到配种前这一阶段的牛群，0.5 ～ 1 岁前称小育成牛，1 ～ 1.5 岁称大育成牛，1.5 ～ 2 岁称青年牛。育成牛性器官和第二性征逐渐发育成熟，1 岁时已基本达到性成熟。同时消化系统也逐渐发育完全，瘤胃、网胃、瓣胃和皱胃体积基本与成年牛一致。育成牛的适时管理能让其顺利发情，为降低母牛难产率并提高后代成活率，在育成牛饲养过程中应注意控制体重和体形，过高的体脂含量将危害育成牛自身及后代健康。

育成牛对蛋白质的利用率和转化成优质蛋白的能力较成年肉牛低。育成期肉牛的主要研究目标之一应是增加肌肉中蛋白质含量和日粮氨基酸的利用效率，同时提高能量利用效率。

二、断奶后育成牛饲喂

新鲜牧草可以为育成牛的健康生长提供各种必需营养素，在牧草生长阶段内，基本可以保障牧草的供应，但晚季牧草成熟期晚，由于水分损失和可能受积雪覆盖等原因导致品质降低。在新鲜牧草生长期以外或供应不足时，需要通过补饲干草来保障育成牛的营养需要。优质的紫花苜蓿可以一定程度上弥补缺乏的蛋白质和维生素，也可以将干草和紫花苜蓿混合后再行饲喂。

（一）干草和谷物类饲料的饲喂

6～12月龄是育成牛生长发育最快的时期，由于瘤胃已基本发育完全，反刍功能也基本发育完全。此时应增加青粗饲料的供给，进一步刺激瘤胃的发育。对于育成牛来说，日粮中70%的干物质来源于青粗饲料的摄入，一头适龄育成牛每天的牧草需要量为体重的2.2%～2.4%，如一头体重为318kg的育成牛可摄入7kg左右的牧草，保证充足的牧草供应已基本可满足其营养需求。新鲜牧草、干草和紫花苜蓿混合饲喂可以提供充足的蛋白质，为了获得理想的饲料利用率可在早晚都饲喂。育成牛总日粮中适宜的蛋白质量应为12%～13%，如不能保障供应充足的紫花苜蓿，应保证每头牛每天0.34～0.57kg的蛋白质摄入量。

虽然育成期犊牛生长发育迅速，适当增加饲料的供应是有必要的，但应注意控制能量供应不宜过高，过量的能量供应会使其成年后体形过肥，过量的脂肪堆积在母牛骨盆区域可能引发母牛难产，脂肪沉积在乳房部位可能导致母牛产奶量下降，不利于后代犊牛的健康发育。应注意控制日增重不能超过0.9kg，发育正常时12月龄育成牛体重可达280～300kg。

在牧草正常供应的情况下，无须额外补饲谷物类饲料，当牧草供应不足或牧草价格较高时，可以选用谷物类饲料代替一部分牧草，通过饲喂干草、谷物类饲料和蛋白质补充剂，保障育成牛生长发育对蛋白质的需要。具体饲喂量可以参照对应生长阶段的肉牛营养需要量计算得之，并注意防止营养过剩。

（二）饮水

由于冬季寒冷，应提供水温18℃左右的温水供牛群饮用。水温过低会降低牛群饮欲，导致饮水量不足，还会造成冷应激，长时间不反刍，消耗原有的体能来维持体温平衡，降低牛自身抗病力。

三、育成后期育成牛饲喂

（一）饲喂

12～18月龄育成牛发育迅速，8～10月龄时已开始出现发情情况。牛群育成期间的生长发育速度可影响首次发情时间和发情期体重，从而影响未来繁殖性能的发挥。平均日增重高的小牛在首次发情时体重更重，发情年龄更小。

对育成期牛进行适当的饲养管理可以保障其健康发育且不会发胖。以一头断奶体重为 227 ～ 238kg 的犊牛为例，为使遗传潜力得以发挥，在繁殖年龄（约 14 月龄）时应达到 340 ～ 363kg 体重，每日摄入的牧草量应至少为 0.54 ～ 0.82kg。育成结束后，母犊牛体重达到 321 ～ 347kg，公犊牛体重达到 378 ～ 385kg。犊牛断奶后公母分群饲养，并依照现行《中国肉牛饲养标准》进行补饲，12 ～ 14 月龄转入成年牛群，不再补饲。在牧草供应量充足的前提下，大部分的牛只在育成后期都可以达到理想体重，若牧草有限或质量不佳导致牛群生长发育缓慢时，可以向日粮中补充一定的谷物类饲料。在育成后期应注意观察牛体形发育是否健康，如腹部是否圆润，看不见肋骨还是腹部干瘪，可清晰看到最后一根肋骨。这一阶段的育成牛不应观察到明显消瘦，随着牛月龄的增加，应逐渐增加饲草料供应。在冬季寒冷季节可能需要翻倍增加饲草供应量。

育成牛初次配种时间很关键，过早配种会降低母牛的受孕率并增加胚胎在孕间死亡的概率；而延迟发情又不利于生产性能的发挥，额外增加养殖费用。因此母牛最适宜的配种年龄和体重为：在其 15 月龄时当母牛体重达到 340kg 时，可以进行配种。

（二）饮水

牧场在任何时候都要保证充足的水源供应。天气凉爽时，一头 227kg 的犊牛每天需要 8 ～ 23L 水，一头 340kg 的公牛需要 38 ～ 57L 水，一头 454kg 的公牛需要超过 76L 水。天气炎热时，牛通过蒸发和呼吸导致体内水分流失，必须喝更多的水来弥补损耗。

第三节　育肥期饲养管理

一、育肥牛的生物学特性

肉牛在生长期间，其身体各部位、各组织的生长速度是不同的。每个时期有每个时期的生长重点。早期的重点是头、四肢和骨骼；中期则转为体长和肌肉；后期重点是脂肪。肉牛在幼龄时四肢骨生长较快，以后则躯干骨骼生长较快。随着年龄的增长，肉牛的肌肉生长速度从快到慢，脂肪组织的生长速度由慢到快，骨骼的生长速度则较平稳。内脏器官大致与体重同比例发育。在肉牛生产中，与经济效益关系最为密切的是肌肉组织、脂肪组织和骨骼组织。

肌肉与骨骼相对重之比，在初生时正常犊牛为 2:1，当肉牛达到 500kg 屠宰时，其比例就变为 5:1，即肌肉与骨骼的比例随着生长而增加。由此可见，肌肉的相对生长速度比骨骼要快得多。肌肉与活重的比例很少受活重或脂肪的影响。对肉牛来说，肌肉重占活重的百分比，是产肉重的重要指标。

脂肪早期生长速率相对缓慢，进入育肥期后脂肪增长很快。肉牛的性别影响脂肪的增长速度。以脂肪与活重的相对比例来看，青年母牛较阉牛肥育得早一些、快一些；阉牛较公牛早一些、快一些。另一影响因素就是肉牛的品种，英国的安格斯肉牛、海福特肉牛、短角肉牛，成熟早、肥育也早；如欧洲大陆的夏洛来牛、西门塔尔牛、利木赞牛成熟得晚，肥育也晚。

根据上述规律，应在不同生长期给予不同的营养物质，特别是对于肉牛的合理肥育具有指导意义。即在生长早期应供给青年牛丰富的钙、磷、维生素 A 和维生素 D，以促进骨骼的增长；在生长中期应供给丰富而优质的蛋白质饲料和维生素 A，以促进肌肉的形成；在生长后期应供给丰富的碳水化合物饲料，以促进体脂肪沉积，加快肉牛的肥育。同时还要根据不同的品种和个体合理确定出栏时间。

二、过渡期的饲养管理

肉牛在进入正式育肥前都要进入过渡期，让牛在过渡期完成去势、免疫、驱虫以及由于分群等原因引起的应激反应得以很好的恢复。肉牛在过渡期的饲养目的还包括让其胃肠功能得以调整，因肉牛进入育肥期后，日粮变为育肥牛饲料，并且饲喂方式由精料限制饲喂过渡到自由采食，为了使其尽快适应新的饲料、新的环境以及饲养管理方式，过渡期的饲养非常重要。在这一时期肉牛仍以饲喂青干草为主，饲喂方式为自由采食，同时可限制饲喂一定量的酒糟。依据肉牛的体重和日增重来计算日粮饲喂量，做好精料的补充工作，精料采食量达到体重的 1% ～ 1.2%。

三、育肥期的饲养

（一）育肥前期的饲养

育肥前期为肉牛的生长发育阶段，又可称为生长育肥期，这一阶段是肉牛生长发育最快的阶段。所以此阶段的饲养重点是促进骨骼、肌肉以及内脏的生长，因此日粮中应该含有丰富的蛋白质、矿物质以及维生素。此阶段仍以饲喂粗饲料为主，但是要加大精料的饲喂量，让其尽快适应粗料型日粮。粗料的种类主要为青干草、青贮料和酒糟，其中青干草让其自由采食，酒糟及青贮料则要限制饲喂。精料作为补充料饲喂时，其中的粗蛋白质含量为 14% ~ 16%，饲喂时采取自由采食的方式，饲喂量为占体重的 1.5% ~ 2%，为日粮的50% ~ 55%。

（二）育肥中期的饲养

肉牛在育肥中期骨骼、肌肉以及身体各项内脏器官的发育已经基本完全，内脏和腹腔内开始沉积脂肪。此时的粗饲料主要以饲喂麦草为主，饲喂量为每天每头 1 ~ 1.5kg，停喂青贮料和酒糟，同时控制粗饲料的采食量。精料作为补充料，粗蛋白质的含量为 12% ~ 14%，让肉牛自由采食，使采食量为体重的 2% ~ 2.2%，为日粮的 60% ~ 75%。

（三）育肥后期的饲养

育肥后期为肉牛的育肥成熟期，此时肉牛主要以脂肪沉积为主，日增重明显降低，这一阶段的饲养目的是通过增加肌间的脂肪含量和脂肪密度，改善牛肉品质，提高优质高档肉的比例。粗饲料以麦草为主，每天的采食量控制在每头 1 ~ 3kg，精饲料中粗蛋白质的量为 10%，让其自由采食，精料的比例为日粮干物质的 70%，每天的饲喂量为体重的 1.8% ~ 2%，为日粮的80% ~ 85%。要注意精料中的能量饲料要以小麦为主，控制玉米的比例，同时还要注意禁止饲喂青绿饲草和维生素 A，并在出栏前的 2 ~ 3 个月增加维生素 E 和维生素 D 的添加量，以改善肉的色泽，从而提高牛肉的品质。

用高精料育肥肉牛时，精料容易在瘤胃内发酵产酸引起酸中毒，可在精料中添加碳酸氢钠 1% ~ 2%，添加油脂 5% ~ 6%，以抑制瘤胃异常发酵。若青贮饲料酸度过大，会引起酸中毒，可使用 5% ~ 10% 的石灰水浸泡，以中和酸度。

（四）饮水

牛每采食 1kg 饲料干物质，需要饮水 5.5kg，若是在气温较高的季节，饮水量还要增加。因此，要保证育肥期牛能随时喝上清洁的饮水，没有设置自动供水设备的养殖场，每天应供水 3 ~ 4 次。冬季要使用温水，不能使用冰水。

四、育肥期的管理

1. 对肉牛进行育肥前要对牛群进行合理的分群

分群要根据肉牛个体的生长发育情况，按照不同的品种、年龄、体重、体质等进行分群，每群以 10～15 头为宜。在育肥过渡期结束后，或者肉牛生长到 12 月龄左右时就要完成大群向小群的过渡，在以后的育肥过程中尽量不再分群、调群，以免产生应激反应，影响生长发育和育肥效果。

2. 在育肥的过程中要定期进行称重

一般每两个月称重一次，同时测量体尺，做好记录，以充分了解肉牛的育肥情况，便于及时调整饲料和饲喂方法，加强成本核算，提高管理水平，以达到最佳育肥效果。因不同生长育肥阶段对日粮的营养需求不同，因此需要根据需求更换饲料，但是要注意在换料时要有 7～15d 的换料过渡期，让肉牛的胃肠有一个调整的过程，以免发生换料应激影响肉牛健康。

3. 做好肉牛疾病的预防工作

除了要在隔离期以及过渡期对牛群进行驱虫外，在育肥过程中也要定期对肉牛进行预防性驱虫，包括体内及体外寄生虫的驱除工作。在驱虫后要将粪便堆积发酵，杀灭虫源。保持牛体清洁卫生，做好牛舍环境卫生的清扫工作，保持牛舍清洁干燥，定期使用消毒剂对牛舍、用具等进行消毒，根据本场的免疫计划做好免疫接种工作。

第四节 繁殖母牛的饲养管理

一、繁殖母牛的生物学特性

繁殖母牛一般指 2.5 周岁以上的母牛，根据其不同营养需要特点，可分为 5 周岁以上已体成熟的牛和 5 周岁以下还在生长发育的牛。饲养肉用能繁母牛的目标：一是以合理的成本保障产后犊牛断奶时有 90% 的成活率，二是使母牛产后 2 个月有足够的活力备孕，使每头牛每年持续稳定生产一头犊牛。对处于非哺乳期的成熟繁殖母牛来说，满足必需的能量需要较之犊牛相对容易，包括主要的营养需求：能量、蛋白质、维生素 A、钙、磷、钠和氯。个别情况下，可能会出现微量矿物质的缺乏，包括镁、铜、钴和硒，具体可参考能量需要规范。满足母牛的营养需要对维持母牛繁殖力至关重要。

哺乳期的日粮需求与非哺乳期的日粮需求不同，需要较高的能量水平，蛋白质、钙和磷的水平几乎翻倍，但维生素 A 没有变化。

二、繁殖母牛的饲喂

（一）妊娠前中期的饲喂

肉用繁殖期母牛的主要营养需求可分为四大类，即能量、蛋白质、矿物质、维生素。通过母牛的体型和产奶量这两个主要因素，区别空怀母牛或泌乳母牛的营养需求。例如，一头 550kg 的成熟怀孕牛（非哺乳期）在怀孕中期应至少消耗 9.5kg 的饲料，其中含有 5.4kg 的总消化养分（TDN）、657g 粗蛋白质、18g 钙和磷以及 29000IU 的维生素 A。通过饲喂优质干草并补饲维生素已可以满足基本营养需要。

1. 能量

Houghton 等（1990）就能量水平对成熟肉牛繁殖性能的影响进行了深入研究。利用夏洛来 – 安格斯轮回杂交的成熟肉牛为研究对象，评估了包括产前和产后的能量摄入、身体状况、难产（产犊困难）、母牛的哺乳状况以及再配种的时间长度。日粮配方符合 NRC 要求且蛋白质、矿物质和维生素水平一致，只研究能量水平。能量水平设定如下。

①妊娠期维持（100% NRC）。

②妊娠期减重（70%NRC）。

③泌乳期增重（130%NRC）。

④泌乳期减重（70%NRC）。

母牛产前或产后的日粮能量摄入对犊牛的表现有明显的影响，与喂养 100% 维持能量的母牛相比，妊娠低能量日粮（70%NRC）导致出生时和 105d 的犊牛较轻。产后能量摄入对增重的影响效果相同，导致 105d 的犊牛体重增加 15kg。分娩时母牛的身体状况还有助于减少产后发情间隔的长度，提高受孕率。

2. 蛋白质

在母牛怀孕 180d 至妊娠结束期间，需要 7% ~ 8% 的蛋白质，牛在妊娠的最后 3 个月内蛋白质摄入不足易引发弱犊牛综合征。550kg 的母牛消耗 10.2kg 干物质，需要 790g 蛋白质，约占日粮干物质的 7.75%。对于初产母牛需要更多的蛋白质，最高可达 9.5%。此外，在哺乳期内，小母牛和成熟母牛都需要更多的蛋白质；产奶能力强的母牛（每天产奶 10kg）需要 11% ~ 14% 的日粮蛋白质，而挤奶能力一般的母牛（每天产奶 5kg）仅需要 9% ~ 11% 的蛋白质。2 岁的小母牛在日粮中需要 10% ～ 12% 的蛋白质。同时，不过度饲喂蛋白质和饲喂足够的蛋白质一样关键。

3. 矿物质与维生素

在大多数饲养条件下，满足母牛对矿物质的日常需要并不难，特别是补充矿物质预混料时。在某些情况下，可能需要额外提供一种或多种矿物质，例如当地土壤特别缺乏某种矿物元素、牧场钾元素含量过高或母牛患"草食症"（或相对缺镁）时需每天额外补充 28g 的氧化镁。

对无法获得青饲料越冬的母牛，应补充维生素 A。叮在 10 月或 11 月，通过皮下或肌内注射维生素 A 来实现。目前尚未发现母牛群有补充其他维生素的必要。

（二）妊娠后期的饲喂

肉牛在妊娠期的营养方案关乎胎儿的生长、器官发育和胎盘功能，从而影响犊牛健康、生产力和未来繁殖性能的发挥。Cu、Mn 和 Co 是牛胎儿神经、生殖和免疫系统充分发育的必需微量元素，如果母体供应不足，胎儿的发育和出生后的表现可能会受到影响。研究表明，在妊娠后期给安格斯 × 赫里福德肉牛补充有机或无机来源的 Co、Cu、Zn 和 Mn，有效地提高了犊牛肝脏中 Co、Cu 和 Zn 的含量，断奶后至屠宰前增重较对照组增加 20kg，且有效减少了牛患呼吸系统疾病的概率。在妊娠后期，用基于等量的 ω–3 和 ω–6 的瘤胃保护型挥发性脂肪酸混合物来补充饲喂的肉牛，虽不会直接改善母牛的性能表现，但对后代的表现、健康和免疫参数具有积极影响，并增加了后代胴体大理石纹，具有改善后代肉质的效果。

三、配种

小母牛是肉牛养殖成功的关键。高产的母牛群为牛肉的稳定持续供应提供了重要保障，随着成熟母牛的衰老和生产力的降低，必须要有稳定的替代牛群填补被淘汰母牛的位置。为使母牛健康发育，使其达到最佳怀孕率，生产者可应用同期发情和人工授精技术，这些措施可以在不影响繁殖性能的情况下帮助生产者减少资金和劳动投入。

（一）发情期管理

同期发情的优势意味着更均匀的产犊，缩短产季和更紧密的产季分布。更多的犊牛在产季早期出生，有利于非发情期动物的恢复或进入下一轮发情循环。与人工授精相结合，发情同步使生产者能够将所需的劳动和时间整合到短短的几天内。

1. 激素变化

与任何复杂的生理系统一样，理解母牛发情周期的最好方法是首先研究与周期有关的单个机制，即激素，然后结合单个激素来理解整个系统。对大部分发情期母牛来说，排卵发生在第 1 天。牛的发情周期可划分为两个阶段，黄体期和卵泡期。黄体期持续 14 ~ 18d，以黄体的形成为特征，分为发情期和绝育期。卵泡期持续 4 ~ 6d，标志为黄体回缩后的时间，将这一阶段又分为发情期和动情期，一头牛的发情周期大约为 21d，但也可能在 18 ~ 24d。

"发情"被定义为从破裂的卵泡中形成黄体（CL），随着发情期的增长，小型和大型黄体细胞产生孕酮，为怀孕或新的发情周期做准备，因此孕酮的浓度增加。排卵前 2d 和排卵后 3d，孕酮浓度较低，从第 4 天开始逐渐增加，到第 10 天达到高峰。

雌激素浓度从第 19 天开始增加，在卵泡期内第 20 天达到最大值，雌激素由卵巢中卵泡的颗粒细胞分泌；随着卵泡的生长，产生的雌激素数量增多，当雌激素浓度升高与黄体溶解后孕酮浓度下降相吻合时，则触发促性腺激素释放激素（GnRH）的激增。

促黄体激素（LH）的基础浓度从排卵到第 5 天都存在，第 6 ~ 10 天浓度增加，第 11 ~ 13 天低于基础水平，此后再次增加，导致 LH 在第 20 天出现排卵前的激增，并且排卵前的 LH 峰值发生在观察到发情的几个小时后，平均持续时间为（7.4±2.6）h。

总而言之，成熟母牛的下丘脑 – 垂体 – 性腺（HPG）轴以线性方式运作，由下丘脑产生的 GnRH 作用于垂体前叶，刺激 LH 和 FSH 的产生，从而作用于卵巢。卵巢上的卵泡发育和生长，产生越来越多的雌激素；雌激素正反馈给下丘脑，产生更多的 GnRH。卵泡排卵后，CL 形成并分泌孕酮，孕酮对下丘脑有负反馈作用，抑制其对促性腺激素的刺激。

2. 提前发情

初情期的建立是母牛一生生产力的基石。在 24 月龄前受孕并产下第一头犊牛的母牛往往更具有繁殖力优势，因此，小母牛必须在 15 月龄时怀孕，只有达到发情条件的母牛才能受孕。鉴于达到发情期的重要性，研究者们已开发了一系列方法加速初情期的到来，包括遗传选择、营养调节和孕激素调节。

利用早期断奶和高精饲料可以成功诱导小母牛的性早熟。研究表明，母牛群在第 26 天时供应开食料，第（73±3）天时提前断奶，并在断奶后饲喂 60% 的全株玉米，NEm 含量为 2.02Mcal/kg（1Mcal≈4.184MJ）的高浓缩日粮，成功诱导了 9 头母牛中 8 头出现性早熟。

孕激素可以加速青春期前小母牛的青春期开始。夏洛来和海福特的后代杂交母牛在 12.5 月龄时，注入以孕激素为基础的去甲孕酮可诱导初情。

3. 同期发情

当母牛接近发情期，有 3 种主要的方法可以控制发情周期：①使用前列腺素（PG）使现有的 CL 回退；②使用 GnRH 使新一轮的卵泡同步和 / 或启动排卵；③使用孕激素调节 CL 的释放时间。

（1）PG。在牛发情周期的第 5 天后给药，PG 能有效地抑制发情。CL 可导致孕酮浓度在 24h 内下降到基础浓度。在发情周期的早期，没有 CL 出现时，使用 PG 是无效的。PG 的效果取决于注射时黄体期的阶段，黄体期中期（第 10 ～ 14 天）和晚期（第 15 ～ 19 天）发情同步性增加。这是由于随着 CL 的成熟，CL 对 PG 的敏感性增加。此外，在黄体期的后期，来自子宫的内源性 PG 增加，在第 15 天开始产生 PG，额外增加 PG 的外源剂量对母体不利。

（2）GnRH。GnRH 刺激垂体前叶内源性 FSH 和 LH 的释放。由于牛卵巢上没有 GnRH 受体，GnRH 通过 FSH 和 LH 分别刺激卵泡生长和排卵。GnRH 的作用是诱导黄体期雌性个体的排卵，如果卵泡已经处于闭锁状态，GnRH 无法发挥作用。因此，GnRH 可用于启动新一轮的卵泡，这增加了在给予前列腺素裂解 CL 时存在优势卵泡的可能性。在 PG 注射引起 CL 溶解后，第二次 GnRH 注射使所有同步化卵泡排卵。这种利用 GnRH 的同期发情方案优于以前利用两次注射 PG 的方案，可以更精确地确定排卵时间。

（3）醋酸甲烯雌醇（MGA）。MGA 最早作为孕激素饲料添加剂用于饲喂母牛，以抑制发情和排卵，从而提高母牛的饲养效率和繁殖性能。抑制排卵的 MGA 最小剂量为 0.42mg/d。如今开始被用于同期发情，MGA+PG 同期发情方案使母牛在 AI（ Artificial insemination，AI ）之前统一发生排卵，是一种成本低、效益高的母牛同期发情方法。

（二）固定时间人工授精

使用控制卵泡发育和排卵的方案，通常被称为固定时间人工授精方案（FTAI），其优点是能够应用辅助生殖技术，而不需要检测发情。这些治疗方法已被证明可行，易于农场工作人员执行，更重要的是，它们不依赖于发情检测的准确性。

基于 GnRH 的方案是已被广泛用于奶牛和肉牛的 FTAI。该疗法包括施用 GnRH 以诱导 LH 释放和优势卵泡排卵，1.5 ～ 2d 后出现新的卵泡波。在第 6 天或第 7 天给予前列腺素 F2。以诱导黄体衰退，并给予第二次 GnRH 以诱导同步排卵。GnRH 第 2 次注射之后间隔 16h 或 24h 进行 AI。

在人工授精过程中，需要实施彻底的卫生消毒制度，避免细菌和微生物感染精液，影响精液质量，引起生殖系统疾病。授精前选择 2% 来苏儿溶液或 0.1% 高锰酸钾溶液彻底清洁外阴，并用干毛巾擦拭。授精人员要剪指甲涂润滑剂，手臂彻底消毒，并提前清理直肠内的粪便。使用授精枪进行人工授精时，授精枪 45° 角向上倾斜进入阴道，避开尿道口，再水平插入宫颈口。在左右双手配合到达输精部位后，在不同位置注射精液，然后收回授精枪。

第五节　肉用种牛的饲养管理

一、种公牛的生殖发育

（一）公牛初情期的调节

公牛发情期内一次射精的精子数约 5.0×10^7 个精子，活力大于 0.1。公牛发情期由下丘脑 - 垂体 - 睾丸轴调节，来自下丘脑的 GnRH 的脉冲式释放诱导 LH 和 FSH 释放，LH 导致睾酮释放，随后在 Sertoli 细胞中转化为双氢睾酮和雌二醇。生精小管中高浓度的睾酮对正常的精子生成至关重要。

睾丸激素和雌二醇可下调 GnRH 的释放，特别是在发情期前的公牛。随着发情期临近，分泌 GnRH 的神经元对睾酮和雌激素的敏感性下降，同时 GnRH、LH、FSH 和睾酮的浓度增加，最终诱导发情。产生 GnRH 的神经元通过营养物质和瘦素、胰岛素样生长因子 - I（IGF-I）、胰岛素和生长激素的浓度变化介导神经元反应。

（二）公牛生殖期内分泌和睾丸变化

公牛生殖系统的发育可划分为三个时期：婴儿期、青春期前和青春期。婴儿期（0 ～ 8 周）的特点是促性腺激素和睾丸激素的分泌量低。然而，在青春期前（8 ～ 20 周），促性腺激素的分泌会有短暂的增加（早期促性腺激素上升），同时睾酮也会上升。LH 和 FSH 的浓度从 4 ～ 5 周开始增加，在

12～16周达到峰值，然后下降，在25周达到最低点。LH增加影响性发育，与发情年龄成反比。促性腺激素在25周时的下降是由于睾酮的上升。青春期后的公牛，每个GnRH脉冲后都有促性腺激素和睾酮的脉冲式分泌。早期促性腺激素的上升对生殖发育至关重要。睾丸在25周前由前精原细胞、精原细胞、成年的Leydig细胞和未分化的Sertoli细胞组成。此后，睾丸的快速发育一直持续到发情期，生精小管的直径和长度明显增加，促使生殖细胞的增殖和分化，并推动成年Leydig细胞（30周）、Sertoli细胞（30～40周）和成熟精子（32～40周）的发育。

二、种公牛的饲养

（一）营养对种公牛繁殖的影响

公牛早期营养对其生殖潜力的发挥具有深刻影响。与喂养100%能量和蛋白质的公牛犊相比，在10～30周内喂养能量和蛋白质维持需求量的130%的公牛犊在74周时睾丸重量和精子产量都有所增加。早期营养对初情期后公牛的有利影响归因于早期上升期LH分泌的增加。此外，由于早期限制性喂养的不利影响不能被青春期的营养补充所克服，所以早期营养预先决定了青春期的年龄、性成熟时的睾丸大小和精子生产潜力。因为促性腺激素的早期上升与IGF-I的同时增加有关，该激素可能参与早期促性腺激素上升的调节。此外，早期高营养的公牛睾丸体积较大。事实证明，睾丸的形态改善（即睾丸体积增大）加速了性成熟，并提高了日精子产量。因此，生命早期的补充营养大大改善了公牛未来的繁殖潜力。越来越多的人倾向于根据剩余采食量，即实际和预期饲料消耗量之间的差异（基于体重和增重率）来选择肉牛以提高营养效率。由于繁殖是低优先级的，因此具有负的剩余采食量（高饲料效率）遗传背景的公牛很可能会影响到生殖发育。

（二）种公牛的饲喂

1.青春期前的饲喂

生命早期营养状况的改善会促进公牛性成熟，但此后对精液生产的潜在影响似乎有限。在31周龄前加强营养可以使公牛在青春期后的可采精子数量增加约30%。对于其他影响生育力的特征，如解冻后的活力、体外受精（IVF）能力、活死比都不受早期营养的影响。早期有研究表明：高营养水平，特别是高谷类饮食会对胚胎发育产生负面影响。这可能是由于公牛阴囊温度的增高造成的。因此饲喂青春期前公牛应注意控制饲料能量，既能保持公牛体质健壮，又要防止过肥，以免对繁殖力造成损害。

2. 青春期后的饲喂

在青春期前和青春期后的早期发育阶段，长期提供高能量、以谷物为基础的饮食不会对荷斯坦－弗里斯兰公牛的精液质量产生负面影响，但会导致阴囊脂肪度和表面温度的升高，饮食能量摄入的增加会导致阴囊脂肪和温度的增高。与低营养水平相比，为公牛提供高营养水平会降低性欲，且体重过重对运动能力有负面影响，易引起关节和肢蹄疾病的发生。日粮中过量的钙、磷含量也会诱发种公牛的脊椎骨关节强硬和变性关节炎。日粮中蛋白质的含量也可能影响公牛的繁殖力，公牛长期饲喂高蛋白质饲草，会导致公牛不育；研究表明，公牛最佳日粮蛋白水平为 10.9% ～ 11.50%，蛋白质过低会降低精液品质。

三、种公牛的管理

1. 拴系

为防止种公牛的坏习气，小牛就要及时戴龙头牵引，10 个月大即可穿鼻环牵引，要经常牵引训练，养成其温顺的性格，防止伤人。

2. 经常运动

种公牛要经常运动，适当的运动可加强肌肉、韧带及骨骼的健康，防止肢蹄变形，保证公牛举动活泼、性欲旺盛、精液品质优良，防止种公牛过肥。

3. 称重

成年种公牛要每个季度称重 1 次，根据体重变化合理饲养，防止过肥或太瘦，影响精液品质。

4. 修蹄

种公牛的四肢和四蹄很重要，它影响公牛的运动和配种，饲养员要经常检查四蹄，发现病症及时治疗，种公牛一般每年修蹄 1 ～ 2 次。

5. 皮肤护理

种公牛每天要多次刷拭皮肤，清除公牛身上的尘土污垢，要经常进行药浴，防止虫蚁。

6. 睾丸及阴囊的检查和护理

睾丸的发育直接影响精子的品质，为促进睾丸发育，在加强营养的情况下，要经常进行按摩护理，注意睾丸卫生，定期冷敷，这不仅可以改善精液品质，还可以培育公牛的温顺性情。

7. 严格采精

在实际生产中，种公牛采精频率按牛冷冻精液国家标准执行，每周采精 2 次，成年种公牛一般情况下应进行重复采精 1 次，从而保证公牛的射精量和精子活力。采精时注意安全，不要伤害公牛前蹄。采精室要采用混凝土地面，防止公牛在爬跨过程中跌倒。

第八章　肉牛肥育技术

第一节　育肥技术原理

肉牛出生后生长发育不均衡，前期的生长发育快，后期则相对缓慢，不同的年龄阶段，各种体组织的生长速度也不一样，前期以肌肉生长为主，后期则以脂肪沉积为主。肉牛饲养应该掌握其生长规律和育肥原理，采取有效的饲养管理措施来增加肉牛的产肉量。

一、肉牛的体重增长

在营养条件充足的条件下，肉牛 1 周岁前的增重速度最快，达到性成熟时加速生长，之后增长变慢，到 4 周岁左右即为成年牛，体重基本维持不变。肉牛快速增长阶段的特点是饲料转化率高，消耗率低，此时提供较丰富的饲料可以促进肉牛快速生长。肉牛一般在达到体成熟 1/3 ～ 1/2 时即可出栏，而对于其他用途的牛，如繁殖、役用目的牛，则在成年后进行屠宰，对此类牛的育肥目的是改善肉的品质，而不是为了提高产量。

二、肉牛的补偿生长

当肉牛生长发育到一定时期时，由于饲料供给不足，会导致肉牛的生长速度下降而达不到其他同龄牛的体重，这称为生长受阻。在这之后如果提供营养较为丰富的饲料，经过一段时间的饲养即可赶上其他同龄牛的体重，则称为补偿生长。当发生轻度生长受阻时可以完全补偿，当发生严重的生长受阻或长期的生长受阻，特别是发生在肉牛的生长发育阶段，则很难补偿，会使肉牛终生的生长力下降，严重者会形成僵牛。

三、不同类型的肉牛体重增长的特点不同

一般中、小型肉牛品种早熟，较容易育肥，在年龄较小时就可以产生较

多的脂肪沉积；而大型肉牛品种的生长速度快，但是成熟较晚。而肉牛增重的实质是各种体组织数量的增长。一般同样的增重，不同的增重内容直接影响了肉的品质。肌肉、脂肪、骨骼是牛体内 3 个主要的组织，犊牛在出生后不同生长阶段体组织生长发育速度不同，通常骨骼的生长比较平稳，生长速度较慢。

在肉牛生长前期，主要是肌肉的生长，这是肉牛增重的主要内容，在肉牛达到 1 周岁后，肌肉增长速度开始减慢，脂肪增长速度逐渐加快，到成年时，体重增长几乎完全是脂肪组织的增长。肌肉的变化表现为肌纤维变粗，因此随着年龄的增加，牛肉的肌肉纹理变粗，肉质变老。在脂肪的增长中，最先沉积的是网油和板油，然后是皮下脂肪，最后才是肌纤维间的脂肪沉积，这使牛肉嫩度、风味都有所改善，因此成年牛育肥的目的就是增加这一部分的脂肪，以改善肉的品质。

第二节　肉牛的选择

育肥牛的选择主要侧重于品种、年龄、体型外貌三个方面。应结合实际情况着重考虑以下几点。

一、品种

可选用夏洛来、短角、海福特等国外引进的优良品种肉牛。在西北，农户以西门塔尔、短角、秦川牛杂交改良本地牛的后代肥育效果较好，荷斯坦牛的公牛和杂种后代肥育效果也比较好，或选用地方良种进行育肥，如秦川牛、南阳牛等。

二、年龄

应选健康无病，1 ～ 2.5 岁，最多不超过 3 岁的牛。另外，确定育肥牛年龄要遵循以下原则。

1. 根据育肥方法选择

肉牛的育肥方法有两种，一是生长与育肥同时进行，即持续育肥法；二是生长与育肥分期进行，即后期集中育肥法。采用持续育肥法，增重速度也会随年龄的增加而渐减，第二年的增重量只有第一年的 70% 左右；采用后期集中育肥法，前期以青绿饲料为主进行"吊架子"，故增重速度较慢，进入育肥阶段后，在高营养水平的影响下，生长速度较快。

2. 根据增重速度选择

一般情况下，年龄小的牛增重 1kg 活重需要的饲料量比年龄大的牛要少，故年龄小的牛增重经济效益好于年龄大的牛。主要原因是：第一，年龄小的牛维持需要较少；第二，年龄小的牛体重增加主要是肌肉、骨骼和内脏器官，年龄大的牛体重增加大部分是脂肪，从饲料转化为脂肪的效率大大低于肌肉和内脏等，年龄小的牛机体含水量高于年龄大的牛。

3. 根据饲料总消耗量选择

在饲养期充分饲喂谷物及高品质粗饲料时，年龄小的牛每天消耗饲料少，但饲养期长；而年龄大的牛，采食量大，饲养期短。

4. 根据放牧效果选择

放牧时年龄较小的牛，其增重速度低于年龄较大的牛，因此大牛放牧育肥的效果较好，而小牛则不理想。原因是小牛的胃容量及消耗能力小于大牛。

5. 根据饲养成本选择

饲养一两岁的牛比犊牛效果好，尽管购牛费用较犊牛高，但一两岁的牛具有育肥期较短、育肥期间消耗的精料占饲料消耗总量的比例较小以及资金周转快等优点。

三、体型外貌

肥育牛一般要求身架大，被毛光泽，皮厚而稍松弛，眼明有神，头宽，嘴方，颈稍短而厚实，肩宽，胸深，背腰长，腹圆，后躯平广，侧视似矩形，尾根粗，其尾洼窝大而浅，四肢粗壮，特别是后大腿粗长。

四、健康状况要求

选择时要向原饲养者了解牛的来源，饲养役用历史及生长发育情况等，并通过牵牛走路，观察眼睛身材和鼻镜是否潮湿以及粪便是否正常等特征，对牛的健康状况进行初步判断，必要时应请兽医诊断，重病牛不宜选择，小病牛也要待治疗好后再育肥。

五、膘情要求

一般来说，架子牛由于营养状况不同，膘情也不同。可通过肉眼观察和实际触摸来判断，主要应该注意肋骨、脊骨、十字部、腰角和臀端肌肉丰满情况，如果骨骼明显外露，则膘情为中下等；若骨骼外露不明显，但手感较明显为中等；若手感较不明显，表明肌肉较丰满，则为中上等，购买时，可据此确定牛的价格高低和育肥时间长短。

第三节　肉牛育肥方法

近年来，肉牛养殖业发展较快，肉牛育肥是肉牛养殖的一项重要内容。关于肉牛如何育肥，以下是各地较常用的方法。

一、秸秆和氨化秸秆舍饲育肥

农作物秸秆是丰富且廉价的饲料资源。秸秆经过氨化处理，可以提高营养价值，并改善适口性和消化率。让牛自由采食秸秆或氨化秸秆并补喂适量能量饲料，可以满足肉牛的增重需要。

有试验证明，平均体重 297.4kg 的杂种公牛，每 100kg 活重日均采食氨化小麦秸 2.48kg 或氨化玉米秸 2.83kg；另外，每日每头平均喂 1.5kg 棉籽饼。在 80d 的育肥试验期中平均日增重分别为 644g 和 744g，分别比饲喂未氨化小麦秸或玉米秸组的牛提高 45% 和 85%。

诸多试验结果表明以氨化秸秆为主要饲料，每日每头补饲 1.5～2kg 精料，可使育肥肉牛达到一定的增重水平。

二、青贮料舍饲育肥

青贮是保存饲料养分的有效方法之一。近年来，随着农业和畜牧业的快速发展，全株玉米青贮逐渐从奶牛应用到肉牛、肉羊等养殖生产实践中。青贮玉米是育肥肉牛的优质饲料，如同时补喂一些混合精料，可以达到较高的日增重。据试验，体重 375kg 的荷斯坦杂种公牛，每日每头饲喂青贮玉米 12.5kg，混合精料 6kg（棉籽饼 25.7%、玉米面 43.9%、麸皮 29.2%、磷酸氢钙 1.2%），另喂食盐 30g，在 104d 的育肥期内，平均日增重 1654g。

在自由采食青贮饲料时，加喂青贮干物质 2% 的尿素对增重有利，尤其对体重 300kg 以上的育肥牛效果更好。这是因为秸秆的纤维含量比较高而蛋白质含量低，因而养分消化率较低，补充尿素可增加氮源。同时还应注意补充能量饲料、矿物质和维生素。如果每口每头添加 10～15g 小苏打，还可减少有机酸的危害。

三、微贮秸秆舍饲育肥

秸秆微贮是在适宜的温度、湿度和厌氧条件下，利用微生物活菌发酵秸秆，从而改善秸秆的适口性和饲喂价值。据报道，牛采食微贮秸秆的速度比采食一般秸秆高 30% ～ 45%，采食量增加 20% ～ 30%；若每天再补饲精料 2.5kg，肉牛的平均日增重可达 1.32kg。秸秆微贮工艺简便，易学易做，可制作的季节长，还可错开农忙季节和雨季，易于储存，饲喂方便，并且微贮秸秆无毒无害。其制作成本约相当于氨化秸秆的 1/5，饲喂效果与氨化秸秆相似，可见其成本低，效益高，值得在肉牛育肥中推广应用。

四、糟渣类农副产品育肥

近年来，随着饲料价格的上涨，饲养肉牛的成本在不断升高，开发非常规饲料资源已经成为降低肉牛饲养成本的重要途径。酒糟、啤酒糟、甜菜渣、豆腐渣等农副产品都是肉牛育肥的好饲料。用白酒糟加精料育肥肉牛，可取得较高日增重。采用荷斯坦小公牛及西门塔尔杂交牛进行试验，每日每头饲喂 3.5kg 混合精料和 12.5kg 酒糟，在 60d 的育肥期内平均日增重达 1.42kg。用豆腐渣喂牛也能取得良好效果。有试验表明，每日每头牛饲喂豆腐渣 20kg、玉米面 0.5kg、食盐 30g、谷草 5kg，平均日增重可达 1kg 左右。在甜菜产区，可用甜菜渣育肥肉牛。育肥牛每日每头饲喂甜菜渣 20 ～ 25kg、干草 2kg、秸秆 3kg、混合精料 0.5 ～ 1.5kg、食盐 50g、尿素 50g，日增重可达到 1kg 以上。另外有试验研究表明，饲喂干粉碎葡萄酒糟对肉牛的生长性能和瘤胃发酵参数无负面影响，有利于改善机体健康，提高养殖效益。

五、高能日粮强度育肥

对 2.5 ～ 3 岁、体重 300kg 的架子牛，可采用高能量混合料或精料型（70%）日粮进行强度育肥，以达到快速增重、提早出栏的目的。在由粗料型日粮向精料型日粮转变时，要有 15 ～ 20d 的过渡期，可采用如下方案。

1 ～ 20d，日粮粗料比例为 45%，粗蛋白质 12% 左右，每头日采食干物质 7.6kg；21 ～ 60d，日粮中粗料比例为 25%，粗蛋白质 10%，每头日采食干物质 8.5kg；61 ～ 150d，日粮中粗料比例为 20% ～ 15%，粗蛋白质 10%，每头日采食干物质 10.2kg。

应注意的是，过渡期要实行一日多餐，防止育肥牛臌胀病及腹泻的发生，还要经常观察反刍情况，发现异常应及时治疗，保证饮水充足。

第四节　雪花牛肉生产

雪花牛肉即指脂肪沉积到肌肉纤维之间，形成明显的红、白相间，状似大理石花纹的类似于"雪花"的一种特殊牛肉，含有极其丰富的蛋白质以及大量人体所需的脂肪酸，其氨基酸组成比猪肉更接近人体的营养需要，可以提高机体的抗病能力，尤其是对于生长发育以及手术之后，病后调养的人在补充失血、修复体组织等方面特别适宜，因而雪花牛肉的营养价值比起普通牛肉来说要高不少。从 2010 年开始，这种依据外形被称为雪花牛肉的品种，瞬间在武汉被推广开来，成为一道"舌尖上的奢侈品"。餐厅都是按照每盘十片的规格来销售。四两肉的价格从一两百元到上千元不等，最贵的是牛背上的肉。最近一两年内，雪花牛肉销量呈一路看涨的局面。随着人们对食物的品质重视程度越来越高以及对食物营养价值的追求越来越狂热，雪花牛肉一时间成为大家关注的焦点。这种肉不仅看起来令人赏心悦目，食用起来口感也与普通牛肉大不相同。生产出高档的雪花牛肉具有十分可观的经济效益以及极其广阔的市场前景。雪花牛肉一般作为高档餐厅菜系的重要原料，这也是它受人们狂热追捧的原因之一。雪花牛肉在牛的身上很多部位均有，但根据其密度、形状和肉质有着等级之分。普通牛肉和雪花牛肉在脂肪中的成分具有很大出入。在国外，以日本的神户和牛产出的雪花牛肉最有名，在我国，也有培育出的可以产出雪花牛肉的品种。然而在这样的一个大背景下，用于生产高档雪花牛肉的育肥场也在不断增加，但大多数具有较大的盲目性。生产真正的高档雪花牛肉的牛的育肥和普通牛的育肥有一定区别，在饲养管理方面有着较为严格的标准和要求。

生产优质高档雪花牛肉需要具备优良的品种、确定育肥年龄以及进行科学喂养这 3 个条件。

一、选用优良品种

雪花牛肉源于日本和牛，近些年来国内已经涌现出一大批"雪花牛肉"自主品牌，如大连的雪龙黑牛、陕西的秦宝、延边的犇福、北京的御香苑、山东的亿利源、鸿安、琴豪等众多品牌。品种选择上以早熟品种易于达到，我国的地方良种黄牛如晋南牛、秦川牛、鲁西牛、南阳牛、郏县红牛、延边牛等，引进品种中的安格斯、海福特、日本和牛、肉用短角和西门塔尔等，均可作为生产"雪花"牛肉的原料牛。脂肪沉积条件好是雪花牛肉品种判断的一大要求。

对于不同品种的牛，其肉质特点以及最佳屠宰时间也大不相同，对应各个品种的牛，其饲养管理方法也不同，我们应该根据其品种来对应实施不同的饲养管理办法。

同一品种的牛也会有个体差异，确定了牛的品种之后还应同样重视个体牛的选择。主要从牛只来源以及性别和年龄这两个方面来挑选。若是有条件的育肥场应尽量自繁自养，从种源开始有计划地培育商品用育肥牛。若是异地育肥，原则上应从有关联交易的规范牛场和养牛大户这里选购牛只，最好是断奶后即购进；选购牛只必须进行严格检疫，牛只档案须清楚，不要从牛交易市场购入育肥牛只。生产高档雪花牛肉以阉牛育肥为最佳（母牛也可以），最好从断奶（6月龄）过渡期（约15d）后即进入育肥期。

二、确定育肥年龄

肉牛的生长发育规律为脂肪沉积与年龄呈正相关，所以生产"雪花"牛肉应选择2～3周岁的牛，中小型品种应该选择2周岁左右的牛，大型品种可以选择2.5～3岁的牛。就目前看来，生产高档雪花牛肉的成熟技术将育肥分为4个阶段：7～13月龄作为育肥的第一阶段，此为牛身体各器官组织需要完善生长的阶段；14～18月龄作为育肥的第二阶段，此为牛自身肌肉快速增长阶段；19～24月龄为育肥的第三阶段，这是脂肪沉积阶段；25月龄至屠宰（为保证肉的嫩度，屠宰时间不能超过30月龄）为育肥的第四阶段，此为高档雪花牛肉生产的修饰阶段。生产高档雪花牛肉的肉牛育肥，首先要充分掌握其各阶段的生长发育规律，并且有目的地利用其各阶段主要生长发育方向，采用不同的饲养方法，以达到生产高档雪花牛肉的目的。

三、进行科学喂养

生产高档雪花牛肉的关键技术主要集中在育肥牛的饲养方面，要根据不同的饲养阶段采取对应的营养调控措施以及不同种类的粗料和精料饲喂方法。根据性别采取不同饲养管理措施：母牛沉积脂肪的速度最快，其次是阉牛，公牛沉积脂肪的速度最慢。饲料转化率以公牛最好，母牛最差。不同的性别其膘情与"雪花"肉形成不同，公牛须达到满膘以上，即背脊两侧隆起非常明显方可。

如果是自繁自养或育肥牛只来源可控（原则上不使用来源不明牛只作为育肥牛源），那么从犊牛开始就要加强饲养。犊牛出生后的2h以内，要让其吃到初乳，并且保证在断奶前能随母亲吃到充足的常乳。为了促使犊牛瘤胃尽早发育和得到锻炼，要尽早补饲植物性饲料：7～10日龄，开始训练犊牛采食优质青干草；15～20日龄，开始训练犊牛采食精饲料；2～3月龄提前断奶，要补给代乳料。同时，应注意牛奶中的含水量并不能满足犊牛正常代谢的需要，必须训练犊牛尽早饮水。犊牛培育期要提供舒适、卫生的生活环境，以保证其健康，使其得到充分的生长发育，坚决避免生长受阻。

另外，要获得"雪花"状优良而又嫩的牛肉，则必须在育肥的最后50～100d使牛外干高营养水平以获得较大的日增重。在不影响育肥牛正常消化的基础上尽量提高日粮能量水平。同时，蛋白质、矿物质、微量元素和维生素的供给量也要满足。在育肥生产高档雪花牛肉的育肥牛的过程中，因为育肥牛中后期主要饲喂高精料和干草，所以水的供应尤为重要，必须给生产高档雪花牛肉的育肥牛提供清洁、卫生、符合标准的饮用水。还应注意草料的选择，如少喂或不喂含花青素、叶黄素、胡萝卜素多的饲料。

第九章　肉牛智慧养殖技术

第一节　智慧养殖在肉牛生产上的应用

随着科技的不断进步和创新，肉牛养殖业也正迎来一场革命性的变革，那就是肉牛智慧养殖。这一概念不仅是养殖方式的革新，更是在肉牛繁殖、管理、监控等方方面面引入了科技的智能化应用，为肉牛产业的发展开辟了崭新的道路。

一、繁殖管理：精准记录与谱系追溯

肉牛智慧养殖从繁殖开始，通过智能设备记录每头肉牛的繁殖信息。从配种、孕期到分娩，一切都有迹可循。这种精准记录不仅方便了繁殖管理，也为肉牛的谱系追溯提供了有力的支持，保障了肉牛的优质繁殖。

二、圈舍环境管理：智能温控与氨气监测

肉牛的生长环境对其健康和生产效益至关重要。肉牛智慧养殖通过智能温控和光源控制，保持圈舍内稳定的温度和光照，创造最适宜的生长环境。此外，通过氨气监测，可以及时发现和解决环境中的污染问题，保障肉牛的健康成长。

三、监控管理：行为监控与疫情预警

智能监控系统为肉牛提供了 24h 不间断的监控。行为监控可以分析肉牛的日常行为，及时发现异常情况。更为重要的是，通过智能监控系统，可以进行疾病预警，及早发现潜在的疫情，采取有效措施，保障肉牛群的健康。

四、AI 应用与生物识别：品质预测与疾病诊断

人工智能在肉牛智慧养殖中发挥着重要作用。通过对大量数据的分析，AI

可以预测肉牛的生长速度、品质等指标，为养殖户提供科学的决策依据。此外，生物识别技术还可以识别肉牛的个体信息，进行疾病的早期诊断和预警，减少疾病带来的损失。

五、智能设备管理：环境传感与摄像监控

智能设备是肉牛智慧养殖的关键。通过环境传感器，监测养殖环境的温度、湿度等参数，实时调整圈舍内的环境，提供最适宜的生长条件。同时，摄像监控系统则为养殖户提供了对肉牛的实时观察和管理，保障了肉牛的安全和健康。

六、肉牛智慧养殖正引领养殖业的未来

肉牛智慧养殖系统的应用不仅提高了养殖效益，更为重要的是，它带来了更科学的育肥、管理方式，减少了饲料浪费和疾病风险。通过科技的力量，肉牛养殖业将迈入一个更加智能、高效、可持续发展的时代。

随着肉牛智慧养殖的不断发展，越来越多的养殖户开始重视科技的应用，将其引入到肉牛养殖的各个环节中。这种智慧养殖模式正在引领肉牛业的未来，让肉牛养殖迈入一个更加智能、高效、可持续发展的时代。在未来，肉牛智慧养殖将会继续推进，为养殖业注入更多的科技元素，为养殖户提供更加智能化、精准化、科学化的养殖服务，为肉牛业的发展开辟崭新的道路。

第二节　肉牛产业链智能感知技术研究与应用系统设计

目前，我国肉牛产业链链条还不够健全，产业化水平较低。农村从事体力劳动者减少、人力成本上升的现状促使肉牛养殖向集约化方向转型发展。杨国胜等指出，我国家庭农场和个体户肉牛养殖仍具有一定规模，养殖方式、养殖观念较为落后，这在一定程度上阻碍了我国的肉牛产业发展；禄琳等指出，产业链数字化管理是提升产品竞争力的有效技术手段；李晓琳指出，物联网是农产品产业链中不可忽视的一环；彭华等指出，养殖企业对信息化及产业标准的认知不够，应加大科技投入，促进产业智能化；郑海英等指出，产业链关键技术研究及其应用可以加快现代农业产业发展，提高肉牛产业国内外市场竞争力；安德海等指出，产业链关键技术研究可以不断扩展产业链条，加快产业化进程。上述分析表明，我国肉牛产业链仍然存在养殖模式落后和信息技术应用不足等问题。本节通过分析肉牛产业链构成及其各环节的生产状况，利用智能

感知技术促进肉牛养殖规范化，对进一步推动现代化肉牛产业发展具有一定意义。

一、关键环节

肉牛产业链关键环节包括品种选择、人工授精繁育、饲养管理、屠宰加工、物流、仓储、市场交易等。肉牛品种选择是指根据品种遗传特性、环境适应能力、市场反应以及其他防疫检测信息选择合适品种进行当地养殖的过程。人工授精繁育包括精液解冻、人工输精和妊娠诊断等技术环节。饲养管理是指肉牛饲养过程的综合管理，包括牛舍选择与建设、饲料配比设置、育肥管理、出栏管理和日常管理。屠宰加工包括活牛称重、胴体称重、胴体管理、分割定级等环节。物流仓储包括牛肉装箱入库、存储以及冷链物流等环节。市场交易是指消费者、养殖户、供应商之间的交易。

二、智能感知关键技术

人工授精繁育智能感知是指对人工授精繁育场所的环境参数进行智能监测，环境参数指标包括氧气浓度、二氧化碳浓度、氨气浓度、硫化氢浓度、湿度、呼吸声音等。此外，通过对人工授精繁育场所进行视频监测，并对监测数据进行处理、识别和分析，自动判别母牛是否处于发情旺期、是否适宜配种，从而实现实时监测母牛生理指标，并准确判定母牛是否处于发情期的目的。

饲养数字化管理包括肉牛饲料的精细化管理和肉牛生长过程感知。肉牛生长过程感知可实现肉牛母本、父本、繁育时间、牛舍图像、饲养环境、饲料用量、防疫、免疫、用药等相关信息的实时采集，它利用射频干扰检测（RFID）技术，为每一头肉牛分配一个全球唯一的标识码，从肉牛出生开始详细记录每一头牛的生长情况。

牛舍环境智能感知，即在牛舍安装智能传感器并实时采集空气温湿度、光照强度、二氧化碳浓度、氨气浓度、硫化氢浓度等参数指标，以及牛舍视频图像信息。养殖人员通过采集的牛舍环境相关信息进行数据分析，对相应设备进行控制，完成开窗换气、调整光照、喷淋等操作，实现牛舍设施的自动管理。具体环境采集参数及指标如表9-1所示。

加工屠宰和仓储物流智能感知将对每一头牛、每一块牛肉进行全程跟踪处理，实现操作的精准化、规范化和透明化。感知设备自动识别牛身上的标签并进行算法称重，提取视频图片，自动传输数据到后台网关进行数据分析。

表 9-1　牛舍环境智能化监测指标参数

名称	型号	描述
空气温湿度传感器	HBN-KWS	湿度测量范围 0% ~ 100%；精度 ±3%；分辨率 0.1% 温度测量范围 –30 ~ 70℃；精度 ±0.2℃；分辨率 0.1℃
光照强度传感器	HBN-GZ	测量范围 0 ~ 200000lx；精度 ±5%；分辨率 100lx
视频摄像头	HIKVISION	存储编码为 H.265；语音对讲为 4G 传输
CO_2 传感器	FM-CO_2	量程 0‰ ~ 2‰；精度 ±0.00002‰（10 ~ 50℃环境中）
CO 传感器	FM-CO	量程 0‰ ~ 1‰；分辨率 0.001‰
氨气传感器	FM-NH_3	测量范围 0‰ ~ 0.1‰；分辨率 0.0005‰
硫化氢传感器	FM-H_2S	测量范围 0‰ ~ 0.1‰；分辨率 0.0001‰
甲烷传感器	FM-CH_4	检测浓度 0‰ ~ 100‰；分辨率 1%

三、数字化模型构建

肉牛的繁育及养殖过程与饲养环境、饲料、疾病等外部因素息息相关。就整个肉牛产业链而言，肉牛的品质、价格与自身生理指标、养殖过程管理、外部环境因素等 3 个方面存在紧密联系。本节调研并设计肉牛生理指标模型参数，建立反映肉牛生长形态变化的肉牛生理指标模型参数库，结合过程参数和环境参数，构造肉牛产业链数字化模型，并根据模型建立肉牛产业链数据库。

四、智能感知应用平台

根据肉牛产业链数字化模型开发肉牛产业链智能感知应用平台。平台将实现牛舍环境感知、受精繁育、饲养管理、疫病防治、屠宰管理、仓储管理、市场销售、质量追溯等各个环节的数字化管理，平台通过物联网和智能化设备进行数据采集、处理以及融合，实现肉牛养殖的精细化管理。管理员可通过终端实现养殖户信息、养殖信息、受孕数据、出生数据、死亡数据、病害数据、免疫数据、治疗数据、电子档案、系谱、耳标号等信息的管理和查看。

牛舍环境信息管理模块实现了牛舍温湿度、光照、通风等环境参数的实时远程监测以及自动调控。

平台屠宰管理模块实现了活体、胴体、肉块的数字化管理与数据的自动分析。利用 RFID 以及二维码等技术实现牛肉出场身份信息的数字化管理，标签码信息包含肉牛进场时生理信息、检疫信息、肉牛进场批号等，在后续屠宰分割、检验、宰后检疫、无害化处理和出场入市等环节都将作为牛肉信息追溯的基础数据使用。

通过分析肉牛品种培育、繁殖、饲养、屠宰、分割、销售等肉牛产业链各个环节的特点，集成智能感知设备并研发肉牛产业链智能感知平台。平台实现肉牛产业链关键环节智能感知和全过程数字化管理。平台将为牛肉产品质量安全追溯提供数据支撑，对规范肉牛养殖产业有很好的作用。同时，平台的使用对建立优质肉牛产业模式、先进养殖技术推广以及肉牛整体养殖水平的提高具有积极推动作用。下一步将探索肉牛生长环境与肉牛生长的关系，利用大数据分析技术研究影响高档牛肉品质的关键因素模型，研究各种影响因子对牛肉品质的影响，并根据肉牛生长曲线构建肉牛生长与环境关系模型。

第三节　智能信息系统在高档肉牛生产中的应用

我国以品种改良、规模化育肥、运用先进的屠宰加工工艺生产优质高档牛肉为主要标志的肉牛生产体系基本建立，以市场、企业、基地、农户为一体的产业化模式初步形成。然而，高档肉牛生产是一个体系性的工作，它需要建立完整的管理体系和技术体系，任何优良品种及个体，只有在其繁育、饲养、屠宰、分割的各个阶段都施以科学的管理，在管理的各阶段充分的运用智能信息系统，数据化管理，才能真正挖掘出该品种的遗传潜力，不断提升生产效能水平。

智能信息系统管理，是借助智能化的硬件设备和信息管理系统，去实现对企业运营的各种相关信息进行有目标的采集、整理、分析、加工和反馈的过程。

本节分别就高档肉牛生产的繁育管理、育肥管理、屠宰分割三个环节中智能信息系统的运用进行了阐述和分析。

一、繁育阶段

目前高档肉牛生产繁育一般采取合同农户饲养母牛和自建标准化繁育场两种形式。其中农户合同饲养模式的占主导，在这个过程中，实现对农户合作的管控成为关键。

1. 农户管理

企业联合农户，采取公司带农户的形式，实行肉牛生产的产、供、销一体化经营。这种繁育基地建设模式，就是以公司为轴心，周围的农户与公司挂钩合作养牛，公司为农户的母牛打上电子耳标，为每个农户及每头母牛建立电子档案，农户负责牛的日常饲养管理，公司为农户提供高品质冻精、饲料、药物、技术及犊牛回购等一条龙服务。在整个合作过程中坚持"风险共担、利益共享"的原则。农户主要承担养殖风险，公司主要承担市场风险，公司对农户的肉牛按一定回收价格回收的措施。管理关键点包括：①母牛档案及预警管理；②配种确保；③犊牛档案及监督；④断奶达标回收管控；⑤合同、结算、资金管理。智能化信息系统让这个复杂的环节变得简单且避免许多人为错误。

举例来讲：当农户的母牛发情时，是农户通知配种员来配种，配种员需携带冻精为农户的母牛进行配种。有了信息系统后，系统会按照上次的产犊时间提醒本次配种时间，当本次确认妊娠后，系统又会自动将犊牛出生时间计算出来，提醒定期的监督检查，提醒回收犊牛时间及回收结算价格等。

2. 自建繁育场

自建繁育场管理关键点包括：科学的繁育流程，使用电子耳标建立基础母牛档案管理制度，为母牛繁殖育种、疾病提供信息资料，从而提高母牛的繁殖率。

母牛的繁殖管理过程较复杂，管理要点较多。传统的管理方式不能随时了解母牛当前的繁育状况，当出现突发事件时，不能及时的进行处理。使用智能信息系统对繁育场进行管理，可以帮助管理者实时了解牛场当前运营情况。

（1）监测母牛发情。

牛发情的持续时间短只有约18h，而下午到翌日清晨前发情的要比白天多。约80%的母牛排卵在发情终止后7～14h，20%的母牛属早排或迟排卵。实际管理中，漏情母牛可达20%左右，其主要原因是辨认发情征候不正确或发现不及时。因此做好母牛的发情监测工作至关重要。

智能化信息系统提供了母牛发情的监测方法，可以给母牛佩戴电子计步器，记录每天的活动量，系统会根据发情周期和母牛活动量曲线对母牛发情进行监测，当活动量曲线异常升高时，通常可判定母牛发情。配种员通过该监测模块，能够更加快速地找到发情母牛并减少漏情母牛数量。系统根据发情周期和活动量曲线监测到母牛发情后，通过发送短信的形式及时通知配种员进行配种工作。

（2）提高母牛受胎率。

牛一般在发情结束后排卵，卵子的寿命为6～10h，故牛在发情期内最好的配种时间应在排卵前的6～7h。除了适时配种外，尚可在配种的同时净化子宫，以提高受胎率。

母牛配种工作的成败，是由每天的临场观察效果所决定的，观察的内容包括上文所提到的发情观察，牛只发情的异常行为、子宫（阴道）分泌物状况，同时也要收集配种、妊娠检查、流产等各种信息，在收集的同时使用智能手机及时进行记录。这是一种十分简便和良好的习惯，也是智能化管理下配种员的工作规范内容之一。系统为每头母牛建立繁殖档案卡，内容包括场区、组别、耳标号、性别、品种、毛色、日龄、照片、系谱、活动量、生长测定、发情、配种、妊娠检查、产犊等。管理者通过系统母牛繁殖档案卡，能够及时查看每头母牛当前的繁育情况。系统根据繁育管理模块中记录的数据进行统计、计算，最终呈现出配种报表、妊娠检查报表、受胎率、分娩率、流产率等报表及技术指标。这些数据的不断积累及管理方式的转变，能够有效地提高母牛受胎率。

二、育肥阶段

有了优秀的犊牛，高档肉牛生产的关键还在于饲养阶段，由于高档肉牛的饲养周期一般较长，并且划分为了几个阶段，因此精细化管理，数据化管理尤为重要。

1. 分群管理

高档肉牛饲养的一个显著特征是同一时间达到同一标准，大小体况一致，提高最终分割产品市场供应的稳定性。达到这一标准就需要根据牛的生理特征，合理分群，保持适宜的饲养密度，充分利用圈栏设备，安排好牛生长发育的良好环境有利于育肥高档牛肉从而提高经济效益。

分群的原则包括来源、体重、体况、性情和采食速度等方面相近的牛合群饲养，智能化信息系统可以连接专业的动物电子秤，定期抽测的个体重量指标，配合体况评分指标，指导分群。饲养员定期记录分群指标，使用专业的动物电子秤对牛进行称重，观察采食速度、生长体况等。系统根据分群指标对牛进行合理的分群，饲养员拿着打印的分群单，即可对牛进行快速分群。

2. 饲养标准化管理

育肥的目的是获得优质的牛肉，并取得最大的经济效益。所谓育肥，就是必须使日粮营养水平高于维持和在正常生长发育所需要的营养，获得较高的日增重，而雪花牛肉生产更希望在使肌肉生长的同时沉积尽可能多的脂肪，达到沉积雪花状脂肪的目的。肉牛的日龄，环境温度等均会影响到牛的生长需要。通常来讲，育肥后期经150d一般饲养阶段后，每头牛在原有配合日粮中增喂1～2kg，采用高能日粮，再强度育肥120d，即可出栏屠宰。

但在育肥模式的探索上，每个企业都应当形成自己的核心竞争力，只有针对于不同的地域、气候、水文、品种，充分地记录历史数据，最终才能总结出一套适合于自己的独有的饲养模式。

智能信息化系统在管理中的应用也很多，如牛舍中安装有温度、湿度传感器，自动探测牛舍温湿度并时刻记录到系统，在环境温度超过设定警报温度时，自动打开降温装置。这一温度变化最终会体现在温度曲线上保存为历史数据，全期育肥结束后，育肥牛的增重信息也被呈现在这一曲线图里，增重效果与环境变化形成对比一目了然找到拐点。

在饲养过程中，现场管理很重要，通过智能手机终端填报信息进行现场管理，解决了信息采集不及时，无法准确了解牧场运行数据的问题。可采集的信息包括：环境、饲料、药品等。实现了对饲养场的信息化管理，帮助管理者改进饲养管理技术。在整个过程中，实现了防疫免疫流程的标准化管理，饲养的规范化管理。

三、屠宰分割阶段

高档牛肉生产有别于一般牛肉生产，屠宰企业无论是屠宰设备、胴体处理设备、胴体分割设备、冷藏设备、运输设备均需达到较高的配置水平。

1. 高档牛肉屠宰注意要点

因牛肉块重与体重呈正相关，体重越大，肉块的绝对重量也越大。其中，牛柳重量占屠宰活重的 0.84% ～ 0.97%，西冷重量占 1.92% ～ 2.12%，去骨眼肉重量占 5.3% ～ 5.4%，这三块肉产值可达一头牛总产值的 50% 左右；臀肉、大米龙、小米龙、膝圆、腰肉的重量占屠宰活重的 8.0% ～ 10.9%，这五块肉的产值占一头牛产值的 15% ～ 17%。通过改进分割管理流程和使用信息系统监测肉块重量，通过信息系统对肉块重量进行统计，监测肉块重量占宰前活重的比例是否达到标准，从而达到指导生产的目的。

对高档牛肉胴体进行排酸，胴体要求在温度 0 ～ 4℃条件下吊挂一定时间后才能剔骨，这样对提高牛肉嫩度极为有效。排酸后需要按照用户的订单要求进行胴体分割，信息系统提供了快速汇总订单，并设置分割方案的方法。这样的分割方案直接发送到车间显示屏，工人即可按照分割方案进行生产排班。

2. 车间生产的标准化管理

车间的标准化管理对于高档牛肉的生产也是至关重要的，标准化管理的核心是规范、可追溯，只有通过标准化的管理，才能生产出标准化的高档牛肉产品。通过信息系统，加强对屠宰车间标准化管理，计划与责任明确，分工到人，并有精确的统计记录，对于优化工位配置，形成良好的生产秩序，提高劳动生产率，调动员工生产积极性，确保生产顺利进行都有积极作用。通过信息系统对基础数据的分析，用报表的方式展示屠宰情况和关键指标的监控，从整体上对屠宰管理进行把控。管理者通过信息系统随时了解冷冻、冷鲜产品产量、副产品产量、骨产品产量、屠宰率、出肉率、库存统计、销售统计等情况，依据信息系统设置的多项查询条件，管理者可根据自己的需求进行相应的设定，从而快速、准确、系统、全面的得出数据报告。

综上所述，高档肉牛企业必须按照市场要求及标准化繁育、饲养、屠宰加工的生产模式组织生产经营，必须准确、及时、全面地获得市场信息和企业经营信息，经过智能信息系统的处理和分析作为企业决策的参考。另外，在智能信息系统的辅助下，对公司各项资源优化配置，高档肉牛企业可加强内部管理，提高劳动生产率，适应市场竞争，获得更大经济效益。

第四节　基于物联网的肉牛智能养殖系统设计与研究

物联网技术是新一代信息技术的重要组成部分，意指万物互联。1999年美国 Auto-ID 首先提出"物联网"的概念，在电子标签（RFID）、物品编码等基础上，把所有物品通过射频识别、GPS、红外感应、激光扫描等信息传感设备与互联网连接起来，实现对万物的智能化定位、监控、跟踪、识别和管理。中国移动王建宙提出：通过装置在各类物体上的 RFID、传感器、二维码等经过接口与无线网络相连，从而给物体赋予智能，可以实现人与物体的沟通和对话，也可以实现物体与物体互相间的沟通和对话。2005年国际电信联盟（ITU）发布了《ITU 互联网报告 2005：物联网》，报告指出：无所不在的"物联网"通信时代即将来临，射频识别技术、传感器技术、纳米技术、智能嵌入技术将得到更加广泛的应用。物联网技术的发展使其成为诸多前沿应用的主要组成部分，与智能技术结合可以应用在智能农业、智能医疗智能制造等方面，与大数据或区块链结合可以应用于供应链和金融管理等方面。

目前，以物联网技术为核心的现代智能管理技术在农业和畜牧业中已经得到比较广泛的应用。在肉牛养殖先进国家，物联网技术已广泛应用于实际生产，利用物联网技术根据不同养殖阶段进行肉牛基础数据监测与预警、饲养环境监测与调控、饲料配置，极大地提高了生产效率。美国硅谷农业软件公司针对追踪牛只繁育、产量和健康状况相关信息的算法机制研究，设计开发了包含牛只繁育管理在内的"DairyComp 305"牧场管理软件包，目前已经成为世界范围牛场管理领域内应用最广的软件之一。在国内肉牛养殖智能管理方面，浣成等以繁殖周期、配种为核心，构建肉牛实时信息管理系统，实现了肉牛繁殖信息的预警。崔雨晨等建立检测纽布病毒（Nebovirus，NeV）的 iiRT-PCR方法，为 NeV 的快速诊断提供了有力的工具。王虹等构建了基础母牛信息化管理系统，实现了母牛生长测定、检疫、繁殖等管理。在国外肉牛智能管理方面，Martin 等以草原为基础构建了基于 SEDIVER 的模型，该模型可以确保农场饲料自给自足。Barriuso 等联合使用异构传感器和人工智能技术开发出了一套农民远程监控的应用程序。Dineva 等提出了用于监测动物的环境、健康、繁殖、生长等的网络物理系统（CPS）。

随着信息技术的高速发展，以物联网技术为依托，完善养殖规模化、生产标准化的肉牛养殖发展方式，是当前畜牧养殖智能化和装备化的迫切需求。基于物联网技术，研究了该技术在肉牛养殖领域的应用，设计了一套完整的智慧肉牛养殖系统，依托系统实现肉牛养殖的智慧化生产，赋能畜牧业高质量发展，助力乡村振兴。

一、系统方案设计

针对物联网肉牛养殖到肉制品出售的整个产业链，对各部分环节进行分析。考虑到整个养殖系统结构复杂，参与人数多，为保证养殖过程的可靠性和结构性以及能够进行准确查询，将整个系统分为感知层、传输层、处理层、控制层、服务层。

①感知层。包括感知肉牛的个体信息以及肉牛生长的环境信息，通过各种传感器来完成，为整个系统提供最关键的基本信息。

②传输层。负责将所有传感器所感知的信息、数据通过 ZigBee 传感网络传输到系统，为数据提供传输途径，以便系统进行分析与运用。

③处理层。针对不同的数据，按照需求，通过算法对特定数据进行计算分析，为控制层实施提供有效依据。

④控制层。根据数据处理结果，对肉牛的当前状况实行相应的处理措施，最终达到帮助肉牛健康生长的目的。

⑤服务层。面向管理人员的一层，针对整个产业链提供信息管理和查询服务，帮助实时监测肉牛养殖信息。整体框架见图 9-1。

系统的整个工作流程从肉牛出生入栏开始，给犊牛戴上智能耳标帮助识别肉牛身份以及感知个体信息，并且通过 ZigBee 网络上传环境信息，帮助计算机分析处理数据，以给出相应科学的控制措施，直至肉牛长大出栏，流程见图 9-2。

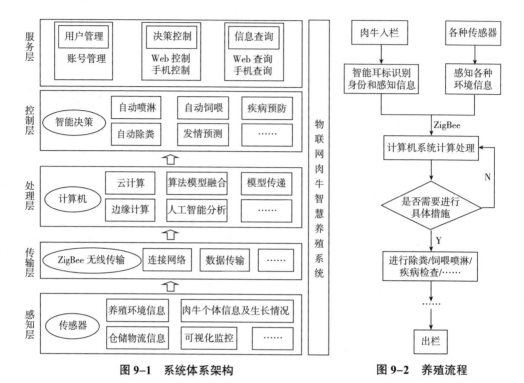

图 9-1 系统体系架构   图 9-2 养殖流程

二、数据信息采集和清洗

传感器采集各种活动数据,将接触到的信息转换成已知形式输出。信息采集场景和流程见图 9-3 和图 9-4。

图 9-3 肉牛养殖信息采集场景

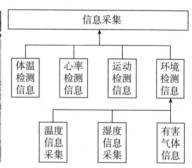

图 9-4 信息采集流程

1. 体温检测

在肉牛养殖过程中，需要对牛的健康标准进行实时评估与监测。如不能及时发现牛的染病状态并予以治疗，会对牛的健康产生损害，情况严重时还会引发传染病，导致养殖户重大损失，而体温则是评价牛健康与否的重要手段之一。牛的正常体温：犊牛 $38.5 \sim 39.5$℃，青年牛 $38 \sim 39.5$℃，成年牛 $38 \sim 39$℃，总体为 $38 \sim 39.5$℃。

现已知一种类似胶囊的电子设备用于测量动物体温，但该测量方法需要对测量对象进行微型手术将其置入体内，人力投入较大且不便于实时掌控测量对象的体温情况，成本也比较高，因此本研究中采用的是 MAX30205 传感器，规格参数见表 9-2。

表 9-2　MAX30205 规格参数

参数	数值
输出电流 /mA	4
耗散功率 /W	1.9512
最大工作温度 /℃	50
最小工作温度 /℃	0
最大电源电压 /V	3.3
最小电源电压 /V	2.2

MAX30205 为高精度温度测量传感器，测量精度可以达到 0.1℃，正常工作温度范围在 $0 \sim 50$℃，能够测量多位分辨率。工作状态下可以在温度超过阈值时发出报警信号，并且能够在使用过程中自动调节电量达到降低功耗的目的。

2. 心率血氧检测

心率是肉牛体征的重要参数之一，见表 9-3。通常情况下，牛的心率在 $50 \sim 80$ 次 /min。血氧饱和度（S_pO_2）即血液中血氧的浓度，是氧合血红蛋白（H_bO_2）和全部血红蛋白（Hb）之间的比值。血氧饱和度越高血液运输能力就越强。

表 9-3　牛的正常心率范围

时期	心率范围（次 /min）
犊牛	$70 \sim 80$
两岁半牛	$40 \sim 60$
成年肉牛	$50 \sim 80$

据资料显示，目前测量动物的心率范围的技术并不成熟。常用的方法只有 2 种：第 1 种用于试验，是将无菌的导管插入动脉直接测量动物心率，但此方法只能使用 1 次，动物测量之后往往死亡；第 2 种是在动物表皮下植入设备，由该设备对外发送心率，供养殖人员记录。2 种方法都会对动物造成一定的伤害，不利于在肉牛生产中应用。

本研究采用光电容积脉搏波测量法（PPG）来测量肉牛的血氧和心率。在心缩期，大量的血液从心脏泵出，血液容积增大，此时光信号强度变小；在心张期，血液流回心脏，血液容积减小，此时光信号强度变大。由于动脉对光信号的吸收随心脏的搏动发生变化，而其他组织不变，当光信号转换电信号时，能够得到直流 DC 信号和交流 AC 信号。

对于测得的一系列 PPG 信号，根据时域分析法，经过降低直流 DC 分量，滑动平均滤波，寻找特征点之后，得到心率的公式：

心率 $=(N \times F_s \times 60)/d$

式中：F_s 为 LED 采样频率，单位是 Hz；d 为第一个特征点到最后一个特征点之间的所有点数；N 为第一个峰值到最后一个峰值的周期数。

此外，由于动脉血液的流动和其他组织分别代表着这一段信号中的交流和直流分量，所以这段频谱中范围内幅度最大的频点就代表血液流动引起的最大交流分量，则心率为 $60 \times F_s$（次/min）。

根据朗伯比尔定律，得到：

$$I=I_0 \times E \times e^{-(\varepsilon_1 c_1 d + \varepsilon_2 c_2 d)} = I \times e^{-(\varepsilon_1 c_1 + \varepsilon_2 c_2)d}$$

式中：I，I_0 分别为反射与入射光的强度，单位是 cd；I 为衰减过后的入射光强度，单位是 cd；E 为衰减系数；ε_1，ε_2 为消光系数；c_1，c_2 为浓度；d 为光经过的路程。

记 $I_{AC}=I_{MAX}-I_{MIN}$，$I_{DC}=I_{MIN}$，则 $I_{MAX}=I_{AC}+I_{DC}=I_{DC}e^{-(\varepsilon_1 c_1 + \varepsilon_2 c_2)}\Delta d$ 取自然对数，即 $Ln(I_{MAX}/I_{DC})=-(\varepsilon_1 c_1 + \varepsilon_2 c_2)\Delta d$，由于 $Ln(I_{MAX}/I_{DC}) \approx I_{AC}/I_{DC}$，则 $I_{AC}/I_{DC}=-(\varepsilon_1 c_1 + \varepsilon_2 c_2)\Delta d$。记入射光的波长分别为 λ_1，λ_2，则得到：

$$(\varepsilon_1^{\lambda_1} c_1 + \varepsilon_2^{\lambda_1} c_2)/(\varepsilon_1^{\lambda_2} c_1 + \varepsilon_2^{\lambda_2} c_2) = (I_{AC}^{\lambda_1}/I_{DC}^{\lambda_1})/(I_{AC}^{\lambda_2}/I_{DC}^{\lambda_2})$$

由于血氧公式为 $S_pO_2 = C[HbO_2]/(C[HbO_2]+C[Hb]) \times 100\%$，得到：

$S_pO_2 = (\varepsilon_2^{\lambda_2}/(\varepsilon_2^{\lambda_1}-\varepsilon_2^{\lambda_2})) \times ((I_{AC}^{\lambda_1}/I_{DC}^{\lambda_1})/(I_{AC}^{\lambda_2}/I_{DC}^{\lambda_2})) - \varepsilon_2^{\lambda_1}/(\varepsilon_1^{\lambda_2}-\varepsilon_2^{\lambda_2}) \times 100\%$，其中，$\varepsilon_1^{\lambda_1}$，$\varepsilon_2^{\lambda_1}$，$\varepsilon_2^{\lambda_2}$，$\varepsilon_1^{\lambda_2}$ 均为常数。令 $A=\varepsilon_2^{\lambda_1}/(\varepsilon_1^{\lambda_1}-\varepsilon_2^{\lambda_1})$，$R=I_{AC}^{\lambda_1}/I_{DC}^{\lambda_1})/(I_{AC}^{\lambda_2}/I_{DC}^{\lambda_2})$，$B=\varepsilon_2^{\lambda_1}/(\varepsilon_1^{\lambda_2}-\varepsilon_2^{\lambda_2})$，可以得到血氧饱和度 S_pO_2 与吸光度的比值 R 具有线性关系。即

$S_pO_2 = (A \times R - B) \times 100\%$。

当得到一段 PPG 序列之后，找到 2 个相邻的波谷，分别记作 A 点和 B 点，在 2 个波谷中间有一个波峰，记作 C 点，连接 A 点和 B 点，过 C 点作一条平行心率轴的直线交线段 AB 于点 D，那么线段 CD 的长度即为交流的大小，点 D 的纵坐标即为直流的大小（图 9-5）。根据此方法便计算出 PPG 序列中同一个周期的 RED 和 IR 的直流交流数值大小，由此可以得出，吸光度的比值 R 的大小，根据上述推导的血氧饱和度公式，可以得出血氧（S_pO_2）的具体数值。

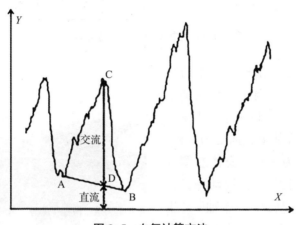

图 9-5　血氧计算方法

3. 运动检测

在肉牛生长过程中，牛的运动行为也可以作为判断其是否健康的重要标准之一。养殖人员如果只靠观察肉牛的运动行为来判断健康状况，而没有从运动量的角度研究牛的异常，既耗时间又费力气，而且容易漏掉或是记录错误。使用小型化设备采集肉牛运动行为信息可以最大限度地提高劳动效率，减少错误发生。

测量运动的传感器采用 LIS2DH 传感器，结构功能见图 9-6。可以测量三轴的加速度，低功耗模式下电流仅为 2μA，输出速率为 1 ～ 5.3kHz，正负 2g/4g/8g/16g 量程。传感器有 2 个可编程终端，能在低功耗模式下检测运动加速度以分析运动状态，实现中断唤醒，可被利用在穿戴式智能耳标设计中。

目前，对肉牛运动检测主要有两种方式：一是在肉牛颈部安装运动传感器来检测牛的运动行为。此方法采集到的图像存在运动误差，需要采用去除伪迹算法对图像进行处理，得出最终所需牛的各种行为，如采食、走动、侧卧等。二是利用视频系统监控肉牛在一天中的所有活动，利用算法对每一幅图像进行对比，得出肉牛运动的位移，从而计算加速度等运动数据，此方法需要大量的计算，对于数据的实时统计并不友好。

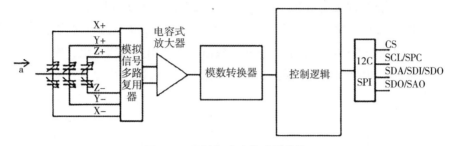

图9-6 三轴加速度传感器结构

本研究从运动量的角度来研究肉牛的运动行为。肉牛运动的加速度坐标系见图9-7，以肉牛躯干重心为坐标原点，背部垂直向上为Z轴，身体正前方向为X轴，身体左侧方向为Y轴。由于肉牛在运动中，三轴的朝向随时在改变，三个轴所产生的加速度大小也不一样，且任何一个轴的加速度值并不能反映符合肉牛的运动量。所以在肉牛佩戴耳标设备之后，采用传感器XYZ三轴的合加速度来分析肉牛运动行为。具体公式：

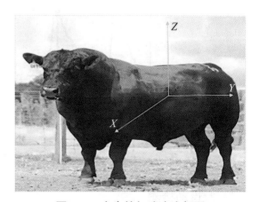

图9-7 肉牛的加速度坐标系

$$a_{运动} = \sqrt{a2x + a2y + a2z}。$$

将计算出的三轴合加速度值，通过网关传至服务器，减少无线传输的数据量，避免无效数据的重复与占用。系统通过对加速度值的综合分析得出运动量大小，用于判断肉牛的基本健康状况。

4. 环境信息采集

养殖肉牛所需要采集的环境信息多且杂，出于成本考虑，本试验采用独立的环境信息采集系统对肉牛生长的环境进行检测监控与调整。采集端实时采集养殖场的温度、湿度、有毒有害气体浓度等信息。

温度：肉牛场温度测点位于棚下，温度变化缓慢，主要由当天气温决定，日光对棚户下的气温影响不大。测量采集间隔设为每30min 1次。

湿度：肉牛场相对湿度变化较缓，测量采集间隔设为每 30min 1 次。

有害气体含量：研究表明，肉牛场有害气体含量与当天风速关系最为密切。风速变化大时，有害气体含量变化剧烈；风速变化小时，变化缓慢。因此，根据风速的不同，将测量采集间隔设每 30min 1 ～ 3 次。由于有害气体浓度在牛舍内并不是均匀分布的，因此采集信息时，选用五点采样法。

温湿度传感器 SHT11 以及氨气含量传感器 AP–M–NH$_3$，以不低于 2m 的高度将其安装于牛舍内的立柱上，既可有效监测到环境温湿度信息与有害气体含量，又可有效避免牛只对传感器节点的损伤。

5. 数据清洗

数据清洗是数据管理和使用的首要工作，由于代码缺陷、业务定义变更、环境影响、传感器状态等因素会产生一些脏数据，在利用数据进行分析和控制相关设备之前，需要先进行数据清洗，将脏数据先行过滤。

系统采用分角色处理的方式对数据进行清洗。在系统中定义传感器角色，并将传感器设置为属于一个或多个角色。制定各角色传感器清洗规则。在传感器采集到数据并传输到系统中时，记录数据信息及传感器角色信息。执行数据清洗时依据清洗规则、传感器角色和所记录的数据信息执行清洗任务。

三、数据信息处理和控制

1. 自动温湿度调节

在肉牛养殖过程中，牛舍中的环境对肉牛的健康成长起到了十分关键的作用，尤其是温湿度极大地影响了肉牛的育肥速度。一般来说，肉牛比较适合的生长温度在 5 ～ 21℃。而在夏天尤其是 27℃ 以上时，温度过高容易引起肉牛的应激反应，这时肉牛体温升高、呼吸困难，进食量会相应减少，严重时甚至会造成肉牛内分泌酸碱平衡失调乃至死亡，因此实时采集环境温湿度，设置温湿度阈值，实现智能调控，给肉牛降温是系统核心功能之一。

本试验利用自动采集的数据来计算环境的温湿度指数（*THI*），并以此为主要参数判断是否需要进行自动降温，计算方法：

$$THI=0.81Td+（0.99Td-14.3）RH+46.3$$

或 $THI=0.72（Td+Tw）+40.6$

式中：*RH* 为相对湿度，单位是 %，*Td* 为干球温度，单位是 ℃ 或 ℉，*Tw* 为湿球温度，单位是 ℃ 或 ℉。

由图 9–8 可见，共有 4 条零界线，当环境中的温湿度指数达到 72 时，肉牛会进入微小应激状态；当温湿度指数达到 79 时，肉牛会进入中等应激状态；

当温湿度指数达到 89 时，肉牛会进入严重应激状态；当温湿度指数上升到 98 时，肉牛就会死亡。自动降温流程见图 9-9。

自动智能降温装置根据肉牛的不同应激状态作出判断，当环境中的温湿度指数达到 72 时，即肉牛进入微小应激状态时，开启半挡风扇；当温湿度指数达到 80 时，即肉牛进入中等应激状态时，开启全挡风扇；当温湿度指数达到 90 时，即肉牛进入严重应激状态时，启动喷淋系统，最大程度降温。

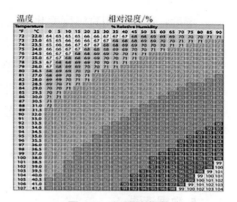

图 9-8　温湿度指数

2. 自动除粪机制

肉牛饲养过程中，大部分肉牛会在牛舍中完成新陈代谢等各项生命活动，肉牛排泄出来的粪便长时间不处理会挥发出氨气、硫化氢等有害气体，按照国家标准牛舍内氨气浓度不得高于 $20mg/m^3$。有害气体浓度过高不仅会对工作人员产生危害，还会影响到肉牛的正常生长，甚至引发死亡。因此，建立智能自动除粪系统势在必行。

本试验利用采集的环境信息包括 NH_3 浓度等来计算 NH_3 的当前排放速度，以此得到 NH_3 增速极大时间点的粪污量为主要参数，最终判断是否需要进行自动除粪，计算方法：

$$V_{NH_3} = \triangle C/T,$$

式中：V_{NH_3} 为当前排放速度，单位是 g/s；$\triangle C$ 为 NH_3 增量，单位是 g；T 为时间间隔，单位是 s。

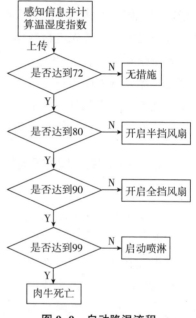

图 9-9　自动降温流程

由图 9-10 可见，当测量到时间点 C 时发现 NH_3 的当前排放速度显著下降，以此判断 B 时间点是 NH_3 的当前排放速度最大的时间点，NH_3 的排污量会在时间点 B 以最大速度达到最大值，因为时间点 BC 之间时间较短，最终判断在时间点 BC 之间进行自动除粪便。自动除粪流程见图 9–11。

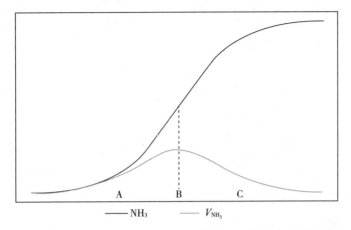

图 9–10 牛舍中 NH$_3$ 总量以及 NH$_3$ 当前排放速度随时间的变化

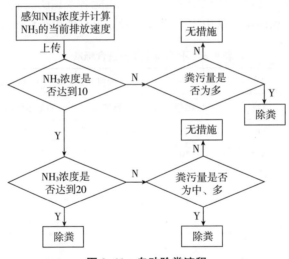

图 9–11 自动除粪流程

自动智能除粪装置会根据环境中 NH$_3$ 浓度以及 NH$_3$ 排放速度作出不同判断。当 NH$_3$ 浓度 <10mg/m^3 时,NH$_3$ 排放速度即使达到最大也不会造成大量的粪污量,因此在速度减缓累计更多的粪污量时再除粪即可;当 NH$_3$ 浓度为 11 ～ 20mg/m^3,此时达到 NH$_3$ 排放速度最大值时便已积累了一定的粪污量,需要及时除粪;当 NH$_3$ 浓度 >20mg/m^3 时,说明此时已经积累了大量的粪污量,无须判断 NH$_3$ 排放速度,需立刻除粪。自动除粪判断标准与措施见表 9–4。

表 9-4 自动除粪判断标准及措施

ρ（NH_3）/（mg/m^3）	NH_3 排放速度	粪污量	系统措施
	慢（起初）	少	
0～10	快（达到最大）	少	
	慢（达到最大后减小）	中	除粪
	慢（起初）	少	
11～20	快（达到最大）	中	除粪
	慢（达到最大后减小）	多	除粪
>20		多	除粪

3. 自动饲喂

自动科学地对规模化养殖的肉牛进行饲喂，不仅可以节约人工成本、合理利用饲料资源，使肉牛能稳定健康成长，还能有效预防疾病，实现肉牛养殖的可持续化。不同肉牛在从出生开始各个时期每日的进食标准见表 9-5。

表 9-5 不同肉牛每日进食标准　　　　　　　　　　　　单位：kg/d

牛	饲料				
	精料	粗料	青贮料	青贮多汁料	食盐
犊牛	0.6	2	1	0.5	0.02
肥育牛	2	10	5	0	0.08
公牛	5	10	10	2	0.08
成年母牛	4.5	15	15	10	0.12
育成公牛	15	10	5	1	0.08

本试验通过肉牛的数量以及生活习惯等信息来计算每日进食时间，计算方法：

$A=s \times a$

$T=A/（V \times 3 \times F \times P）$

式中：a 为每头肉一天进食总量，单位是 kg；s 为一个棚中肉牛数量，单位是头；T 为一个棚中肉牛一天进食的时间间隔，单位是 h；A 为一个棚中肉牛一天进食总量，单位是 kg；V 为饲喂机的加料速度，单位是 kg/h；F 为设置的肉牛每日进食次数，根据牛的大小不同，季节时间不同，通常为 2～4 次，P 为定时器的单位。

根据智能耳标获得各个牛棚的肉牛信息包括成长周期、性别等，分别计算各个牛棚的每日进食总量，然后除饲喂机的加料速度、设置的肉牛每日进食次数以及定时器的单位来获得每次自动饲喂的时间间隔，根据不同肉牛的周期饲喂相应的饲料，即可达到自动饲喂的目的。

4. 发情预测

随着规模化、集约化养殖的推进，对肉牛的饲养和管理方式提出了更高的要求，依靠信息技术来实现肉牛的精准养殖，从而降低人工成本，提高肉牛养殖的科学管理水平和生产效率。在肉牛养殖中，肉牛的繁殖管理是肉牛生产的重要环节，及时有效的发情鉴定是对肉牛进行人工授精及受孕成功的基础。

传统肉牛发情监测主要依靠饲养人员观察肉牛的外部表现和精神状态来判断，需要饲养人员具有丰富的养殖实践经验，费时费力，检出效率低，导致肉牛发情期受胎率只有 40% ～ 50%，不能满足规模化肉牛养殖的需求。

为了实现肉牛发情的自动监测，利用基于肉牛发情时运动量、体温、声音和爬跨行为的特征变化，通过惯性传感器、温度传感器、声音传感器和视频监控技术实现体征参数和发情爬跨行为的自动采集、传输和分析，来判断肉牛是否处于发情阶段。

本试验利用采集的肉牛生理信息包括体温、运动步数等来进行分析判断肉牛是否处于发情期，见图 9-12 和图 9-13。由图 9-12 和图 9-13 可见，肉牛在发情时运动量大幅度上升，总体约是未发情时运动量的 4 倍，而且在发情时体温也明显上升，总体相较于未发情平均上升了约 0.5℃，因此可以通过运动量及体温的变化来判断是否处于发情期。判断流程见图 9-14。

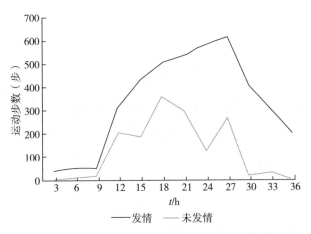

图 9-12 肉牛发情时和未发情时 24h 运动量对比

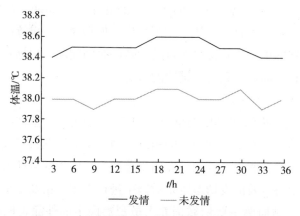

图 9-13　肉牛发情时和未发情时 24h 体温对比

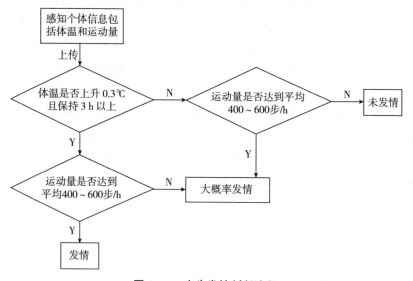

图 9-14　肉牛发情判断流程

　　一般肉牛因为品种、繁殖性能、个体差异等不同，发情的维持时间一般在 6～36h。根据研究成果表明，若肉牛体温上升了 0.3℃且保持了 3h 以上，基本可以判断为发情，也有研究表明，肉牛在发情期间运动量会达到每小时400～600 步，而在未发情期间很少超过每小时 350 步。因此，为了运动量与体温判断保持同步，可以设计 3h 为一个发情判断窗口，以此期间的肉牛运动量和体温信息来进行判断，见表 9-6。

表9-6 发情预测判断标准

体温	运动量	判断结果
正常（37.5～39℃）	正常（0～350步/h）	未发情
较正常提高了0.3℃且保持3h	正常（可能接近350步/h）	大概率发情
正常（可能高0.1～0.2℃）	400～600步/h	大概率发情
较正常提高了0.3℃且保持3h	400～600步/h	发情

5. 常见疾病预防预测

随着养殖规模的逐渐扩大，各种常见疾病的发生率也在提高，而肉牛群一旦感染多种疾病，就伴随着蔓延扩散感染的可能。为了保证肉牛的健康成长，需建立科学健全的疾病预防措施。

本试验利用采集的肉牛生理信息，包括体温、心率、呼吸次数、运动步数等和环境信息（如牛舍中NH_3浓度）等来进行分析诊断肉牛是否有可能感染疾病。

一般来说正常肉牛的体温为37.5～39℃，心跳为60～100次/min，呼吸次数为15～40次/min，每小时运动步数为0～350。通过感知肉牛的各项个体数据及环境信息，可以帮助提早做好预防措施，见表9-7。

表9-7 常见疾病预测标准及缓解措施

异常信息	现状检查	疾病判断	缓解措施
体温在40～41℃	有食欲废绝，反刍停止，鼓胀，腹痛，肛门松弛等现象	胃肠型疾病	服曲麦消食散400g、小苏打粉60g
运动步数急剧减少	有步行蹒跚，易摔倒，臀肌震颤，不愿行走等现象	瘫痪型疾病	静脉注射水杨酸钠200mL
呼吸次数60～90次/min，心率100～120次/min	有喘息，呈腹式呼吸，肺泡音粗厉，喜站不卧等现象	肺炎型疾病	肌内注射青霉素1600万IU、链霉素7g
环境NH_3浓度曲线较往常低很多	有轻度跛行，结膜潮红，不排血便，不拉稀粪等现象	跛行型疾病	静脉注射水杨酸钠200mL

（1）胃肠型疾病。若感知到肉牛的体温上升到40～41℃，并且持续了数小时，则需要对肉牛进行预防检查，若伴随着食欲废绝，反刍停止，出现鼓胀或缺水，或者有腹痛症状，两后肢交换站立或踢腹，也或者是有先便秘后腹泻，排出暗黑色血样粪便，肛门松弛等现象，大概率感染了胃肠型流行病，可服曲麦消食散400g（由西北农林科技大学兽医院研制）、小苏打粉60g。

（2）瘫痪型疾病。若感知到肉牛的运动步数急剧减少而且持续了半天以上，则需要对肉牛进行预防检查，若伴随着四肢运步困难，步行蹒跚，易摔倒，臀肌震颤，不愿行走等现象，有的发病就卧地不起，但多数在发病后第2天卧地，四肢缩于腹下，但有食欲，重症者卧地四肢伸直，呼吸浅表似死样，这种就大概率感染了瘫痪型流行病，大部分为良性经过，病死率较低，可静脉注射水杨酸钠200mL，以减轻疼痛和缓解症状。

（3）肺炎型疾病。若感知到肉牛的呼吸次数为 60 ～ 90 次 /min，心率为 100 ～ 120 次 /min，则需要对肉牛进行预防检查，若伴随着喘息，呈腹式呼吸，肺泡音粗粝，有不同程度的干湿性啰音，喜站不卧等现象，大概率感染了肺炎型流行病，此类疾病严重的可能导致死亡，可肌内注射青霉素、链霉素，根据病情和具体情况来决定用药方案和剂量，以保证治疗的效果和用药的安全性。

（4）跛行型疾病。若感知到牛舍内的 NH_3 浓度曲线较往常低很多且持续了数小时，则需要对肉牛进行预防检查，若伴随着轻度跛行，呼吸无明显异常变化；结膜潮红，流泪，不排血便，不拉稀粪，1 ～ 2d 不吃，然后恢复食欲等现象，大概率感染了跛行型疾病，可静脉注射水杨酸钠200mL，以减轻疼痛和缓解症状。

四、用户查询与监控

为了有效实现对于各个牛棚内的肉牛进行监测和管理，提供了一种系统方案设计，通过手机端或 Web 端实现查询与监控，包括对一头牛从入栏开始到出栏的基本个体信息和生理健康信息的查询以及一些智能措施的控制与实现，以便监管肉牛养殖体系全程信息的情况，可以有效查询找出问题缘由并防止问题扩大，提供有效依据。

系统使用 KeiluVision5 C 语言构建，以 C 语言为核心，在结构、可读性、可维护性等方面具有较高的优越性。Keil 软件支持 C 编译器，通过其强大的模拟调试器，可以发现程序 bug，并且具有很强的移植性，可以很好地调用多年来的模块，从而缩短开发的时间。J–Link 是 JTAG 模拟器，用于模拟 ARM 核心芯片，并且采用 SQL Server 2008 作为后台数据库，实施结构化的发展战略及面向对象的理念，实现肉牛养殖的全流程实时监控、智能化提醒，各个环节的衔接程度高，具有很强的关联性。系统设计流程见图 9–15。

硬件方面包括了各种传感器设备，主要完成感知各类信息，包括肉牛的个体信息如体温、心率、呼吸、步数以及环境信息如温湿度、氨气浓度等，通过无线传输模块进行传输。系统软件设计中包括记录肉牛入栏时的各种基本信息包括品种、雌雄、生长周期等，而且会根据时间等条件进行更新，方便日后查询，通过对下层传输的各项肉牛个体信息以及环境数据进行处理，实现各种智能措施的自动/手动控制，最终达到智能养殖的目的。

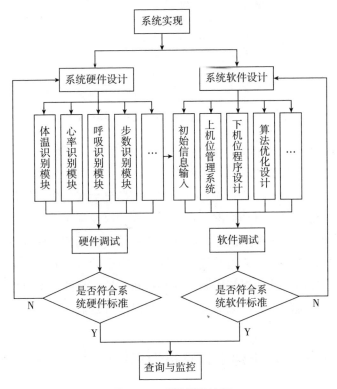

图 9-15 系统设计流程

系统能够实时监控牛棚内的温度、湿度、氨气、二氧化碳、肉牛个体信息等各项指标，在指标超出阈值范围时，系统会自动进行智能控制，保证牛舍的温度、湿度、氨气、二氧化碳等各项指标在正常范围内。系统以用户的观点为出发点，设计简洁、效率高，方便用户的学习和使用。并具有多种无线传输方式，可以实现远程监控，在有网络的条件下，用户可以通过系统查看监控屏幕和数据，并可以远程调节设备的参数。以物联网为基础的智能化肉牛饲养平台，集环境监测、远程遥控、视频监控等多种功能于一体，具有智能化、数字化、网络化的特点。通过对养殖舍进行科学的监控、毒害控制，提高产能和规模，降低资源消耗和人工成本，促进现代畜牧业的发展。Web 端监控界面以及手机端查询界面见图 9-16。

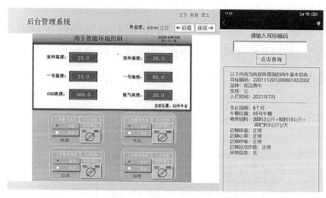

图 9–16　Web 端监控界面以及手机端查询界面

在充分借鉴国内外研究的基础上，设计和开发了一套基于物联网的肉牛养殖体系。重点关注整个养殖系统的搭建及各节点环节的详细步骤信息，实现了肉牛从入栏开始到出栏的智能养殖，根据现场环境或肉牛个体信息实施智能措施，包括自动饲喂、自动喷淋、自动除粪等，以及利用肉牛的体征信息完成各种疾病的预防，直至最后出栏，制作成肉制品，利用智慧信息技术实现对肉牛养殖的提升。通过整个养殖系统，实现了对肉牛的科学养殖，为肉牛养殖提供最佳的生长环境，从而提高肉制品的产量和质量。系统也可以作为肉牛的食品安全可追溯系统的重要组成部分，为追溯提供有效依据。

第五节　基于肉牛异常行为识别的智慧养殖系统

传统基于人工观察的肉牛日常行为监测方法不仅人工成本较高，而且容易产生工作人员主观原因造成的失误，因此急需进行创新与优化。智能技术与信息技术正广泛应用于现代畜牧业，成为引导传统人工养殖转向精准、高效、智慧养殖的重要支撑手段。使用计算机实时检测和管控肉牛的行为与基本信息，能有效减少人力成本，实现科学养殖，促进智慧养殖的发展。

当前，智慧养殖的概念已经逐步应用于实践当中。刘立安等将物联网等技术应用于羊养殖产业中，有效规避了养殖风险，提高了养殖的经济效益；秦凤云等以软硬件相结合的方式实现了蛋鸡的自动化养殖；尹令等基于无线传感网络设计了奶牛行为特征监测系统；冯栋栋等基于物联网技术智能检测奶牛的养殖环境，推动了奶牛养殖信息化的发展。

一、系统功能设计

结合牛场智能管理的实际需求，在牛的异常行为预警的基础上扩展功能，构建智慧牛场管理系统，实现智能化、一体化的管理牛场。

1. 总体结构

本系统简称智慧牛场管理系统，从系统特点和应用角度出发，把系统功能分解为不同的模块，主要包括仪表盘（可视化的工作台及监控预警）、健康专区（肉牛健康管理、经典病例展示、病情识别）、肉牛信息管理（牛只基本信息及饲养管理信息）如图 9-17 所示。

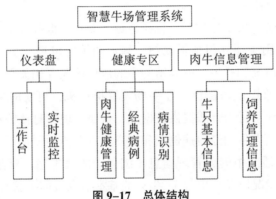

图 9-17　总体结构

2. 主要功能设计

根据系统总体结构，设计系统功能，主要的系统功能包括牛场数据可视化展示、肉牛的监控预警、肉牛健康管理、经典病例、病情识别以及牛场信息管理等。

牛场信息可视化模块通过可视化的图表显示牛场中牛的数量和历月病牛数量的变化情况，直观显示牛在各月份的发病情况，了解牛场病牛的数量，合理购买和分配医疗资源。

监控预警模块通过摄像头等硬件设备实时监控牛场。此外，实时监控数据可作为异常行为识别算法的视频输入数据，利用计算机智能判断牛是否出现异常情况并进行实时警报，有效节省人力资源。

健康信息管理模块用于管理牛的健康信息，包括牛的编号、年龄、当前健康情况、历史病情数据以及接种疫苗情况等，可进行手动添加、修改、删除其中的数据，能够进行信息化的管理。

经典病例科普模块可收集大量牛的经典病情案例，并进行展示。此外，在经典病例科普模块手动查询病情，即可跳转病情页面（包括病情基本信息和治疗情况），既能用于日常科普，增加牛场工作人员自身的知识储备，又能在面临牛的疾病情况时及时查询解决方案。

病情识别模块与"监控预警"模块相互补充，可手动输入图片数据和肉牛健康情况的描述性信息，从而帮助判断肉牛可能出现的异常情况，并给出相应的解决建议。

肉牛信息管理模块用于管理牛场整体数据信息，包括肉牛基本信息、饲养管理信息、疾病治疗记录等，可对肉牛的疾病健康、生产生活等各个方面进行一体化、全方位管理。

3. 数据类型与组织

本系统数据包括可视化数据、视频数据、图片数据和表格数据。

可视化数据用于建立包括折线图、扇形图等的可视化页面，可展示牛场病牛数量的变化情况和各牛栏所养殖的牛的数量情况等相关数据。

视频数据由监控设备提供。在牛场安置摄像头，可实时采集牛场监控视频，为智能识别异常行为算法提供数据源，从而实现实时预警功能。

图片数据包括肉牛的经典病例图和用户自主上传的图片。

表格数据包括肉牛健康管理信息（编号、所属牛栏、年龄、性别、接种疫苗情况、健康状况以及病史等）、牛只的基本信息数据（编号、性别、年龄、所属牛栏、品种、体重以及入场时间）、饲养管理信息（饲料与供饮水信息、日常疾病治疗记录、接种疫苗记录等）。

视频数据通过视频转帧算法生成了大量图片数据。系统将这些图片数据作为输入，智能判断图片是否出现异常情况，进而决定是否提供预警。可视化数据和表格数据通过 MySQL 数据库实现输入、显示、存储以及输出等功能。

二、异常行为识别算法

图像感知哈希算法因具有原理简单、运算效率高等优点广泛应用于图像搜索领域，能对每张图片生产一个"指纹"，通过对比两张乃至多张图片的指纹来判断图片的相似度，达到图片匹配的目的。基于此，文章异常行为识别算法考虑使用感知哈希算法，首先缩小图片数据的尺寸，并将图片转换为灰度图像，以简化计算量；然后进行离散余弦变换（Discrete Cosine Transform，DCT）；最后构造哈希值，对比图片之间的指纹，计算汉明距离，得到相似度值。

离散余弦变换用于提取图像的结构信息，其二维离散余弦变换的表达

式为

$$F(m,n)=(2/\sqrt{MN})\,C(m)\,C(n)\times\sum_{x=0}^{M-1}\sum_{y=0}^{N-1}f(x,y)\cos((2x+1)\,m\pi/2M)\cos((2y+1)\,n\pi/2N)$$

式中：MN 为数字图像矩阵大小；$f(x,y)$ 为输入图像（x,y）处的像素值；$F(m,n)$ 为（m,n）处经离散余弦变换后的像素值；m 和 n 分别表示矩阵的行号和列号。

$C(m)$ 与 $C(n)$ 可以认为是一个补偿系数，可以使离散余弦变换（Discrete Cosine Transform，DCT）变换矩阵为正交矩阵，其数值大小为

$$C(m)=\begin{cases}1/\sqrt{2},\,m=0\\1,\,\text{其他}\end{cases}$$

$$C(n)=\begin{cases}1/\sqrt{2},\,m=0\\1,\,\text{其他}\end{cases}$$

将图像经离散余弦变换后，保留图像中的最低频率，再计算该矩阵的平均值，进而构造哈希值。系统通过计算不同图片之间的汉明距离完成图片的匹配，实现整个相似度计算。

三、系统实现方法

项目基于 VSCode 平台，使用 Vue 框架开发，利用 Python 语言进行异常行为识别的算法实现，并通过 MySQL 数据库信息化管理牛场数据，建立牛场的可视化平台，实现预警功能并对牛场进行信息化管理。

1. 系统主界面

系统主界面，如图 9-18 所示。其中，①系统功能栏包括工作台、监控台、健康管理以及信息管理等功能，可实时进行点击浏览；②主窗口用于展示

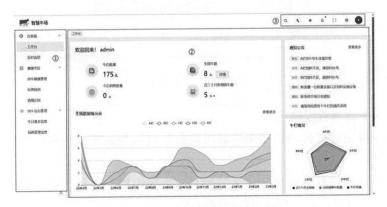

图 9-18　系统主界面

各个功能的界面，如信息可视化展示和相关数据展示；③页面修改栏包括"设置"、背景色调整、中英文切换等辅助功能。

2. 数据可视化展示模块

数据可视化展示模块以图表形式记录了各个牛栏中肉牛的情况，包括病牛数量和牛栏总养殖数，便于分区管理牛场，掌握病牛情况。在整体数据展示模块，点击"详情"按钮可显示病牛的详情数据。此外，该页面设置了通知栏，可显示牛场近日新闻信息。

3. 监控预警模块

监控预警模块实现的具体流程为，先通过摄像头获得牛场的实时监控数据，再利用视频转帧算法将视频数据按一定的时间间隔转换为图片数据。由于在系统实验时需要截取短时区的监控视频，故根据实际情况将时间间隔设置为20s。结合感知哈希算法将转换得到的牛场图片数据与病牛图片数据进行相似度计算，一旦相似度超过所设定的阈值（文章设置为60%），即判定该牛可能存在异常情况，并将异常情况反馈给工作人员，如图9-19所示。阈值可根据实际情况设定，由于本系统高度重视病牛识别反馈的召回率，故而阈值的设定偏低。虽然将阈值设定的偏低会导致出现误判的情况，但"高召回、低精度"更符合肉牛养殖的实际情况。

图 9-19　实时预警

4. 肉牛健康管理模块

肉牛健康管理模块包括肉牛健康信息的展示与入库、经典病例科普和病情识别。

肉牛健康信息页面显示了牛的编号、所属牛栏、年龄、疫苗情况以及病史等数据。管理员可对数据进行增删改查。

经典病例科普展示了牛的经典病例。每个病例模块含有超链接和相关病例的图片，可按需进行选择和查询，跳转至相应界面以获得详细信息和病情解决方案。病情识别模块包含牛的信息描述、症状描述和症状图片，可智能匹配牛可能出现的病症，并及时给出解决方案。

5. 牛场信息管理模块

牛场信息管理模块包含牛场的整体数据信息以及牛的喂养和繁殖管理。其中，牛只基本信息展示了牛的编号、所属牛栏、性别、品种以及体重等。饲养管理信息包括牛只的饲养情况、日常疾病治疗情况、疫苗接种情况等，叮辅助管理人员进行科学的养殖。

针对传统肉牛人工养殖的不足，探讨了开发智慧牛场管理系统的方法，包括系统总体架构、功能模块设计、实现方法，结合前端 Vue 技术与 Python 语言等开发了智慧牛场管理系统，旨在科学地养殖肉牛，节省养殖成本，提升肉牛养殖的效率性和经济性。然而，设计系统在肉牛异常行为识别模块中高度重视牛异常行为的召回率，其准确率相对而言会有所下降。

第十章 肉牛低蛋白日粮技术

第一节 低蛋白日粮的意义

一、低蛋白日粮概念与种类

日粮中的蛋白质是供给动物生长发育或生产所必需的，从营养学的角度来讲，动物对蛋白质的需求本质上是对氨基酸的利用。日粮中氨基酸的含量并非越多越好，过多氨基酸只能通过脱氨基作用作为能源被利用，增加机体能耗和排泄量；而日粮中蛋白质过低则不能满足动物的维持需要，机体就会出现氮的负平衡，不仅降低能量的利用，还会影响生产性能和繁殖性能等。我国是一个蛋白饲料资源严重匮乏的国家，虽然一些植物性日粮蛋白饲料资源丰富，但由于抗营养因子的存在以及营养成分评估的缺乏，限制了其在畜禽日粮配制中的广泛应用。目前，我国蛋白饲料主要依赖于进口。根据国家统计局公布的数据，2022 年我国大豆进口量高达 9108 万 t，国产大豆只有 2028 万 t。因此，在不影响动物生长性能的前提下提高氨基酸利用效率、减少蛋白饲料资源浪费对于畜牧业的持续、稳定发展具有重要意义。

近年来，畜禽低蛋白日粮越来越受到重视。所谓低蛋白日粮是指将饲料中粗蛋白质水平按 NRC 或我国的营养标准推荐量降低 1～4 个百分点，并补充重要氨基酸配制而成的饲料。按照添加氨基酸种类的不同，低蛋白饲料大致可以分为 3 种。

①平衡所有必需氨基酸的低蛋白日粮。

②平衡部分必需氨基酸的低蛋白日粮，其中以平衡赖氨酸、蛋氨酸、苏氨酸和色氨酸为主。

③平衡所有必需氨基酸和非必需氨基酸的低蛋白日粮。根据氨基酸平衡理论，低蛋白日粮中氨基酸的比例和含量应与动物机体一致或者接近，此时氨基酸利用率最高。以猪为例，根据 NRC（1998）的猪营养需要标准，仔猪、

生长猪和育肥猪饲料粗蛋白质需要量分别是 20%、18% 和 16%，低蛋白日粮则是指将日粮蛋白质水平按 NRC 推荐标准降低 2～4 个百分点，即仔猪、生长猪和育肥猪饲料中粗蛋白质水平分别控制在 16%～18%、14%～16% 和 12%～14%，然后通过添加合成氨基酸、降低蛋白饲料原料用量来满足动物对氨基酸需求（即保持氨基酸平衡）的日粮。在 2012 年第 11 次修订的 NRC 标准中，进一步强调了猪饲料配制中氨基酸的需要量（其中包括许多非必需氨基酸），而不再是蛋白质水平。NRC 的改版突出了饲料中氨基酸的重要性，更有利于猪低蛋白日粮的研发以及配制技术的进一步发展与完善。研究证实，只要进行科学配比设计，低蛋白日粮不仅不会降低畜禽的生产性能，而且对于减少氮排放、降低饲料成本、节约蛋白饲料资源都大有益处。目前，配制低蛋白氨基酸平衡日粮在养猪业中的研究已相对成熟，在生产中也得到了应用。

二、低蛋白日粮的意义

低蛋白日粮除降低氮排放外，还具备以下实践意义。

（一）改善幼龄动物肠道健康

幼龄畜禽生长迅速、生理急剧变化，营养需要高，但其消化系统发育不完善，同时还要面临环境应激（离开母畜、转群、转圈）、日粮转换应激（由母乳转向固体饲料）。豆粕为主的大豆蛋白，价格低廉、蛋白质含量丰富、氨基酸组成适宜，是畜禽饲料中主要的蛋白质饲料资源，但是豆粕含有大量的抗营养因子，如胰蛋白酶抑制因子、凝集素、大豆抗原等，会引起幼龄动物肠道过敏。日粮中蛋白质过高会导致幼龄动物腹泻和生长抑制。生猪养殖中，仔猪断奶腹泻一直是困扰行业的问题，尤其是抗生素和氧化锌添加日趋限制的情况下，该问题亟待解决。过去的研究表明，降低 4～6 个百分点的粗蛋白质含量，对于仔猪的生长性能是没有影响的，同时改善仔猪肠道健康、减少腹泻、提高仔猪健康状态（Heo 等，2008）。丹麦养猪研究中心（2014）建议在高腹泻风险阶段（6～15kg），日粮钙和蛋白质水平含量不能超过 0.76% 和 17.7%。当断奶仔猪发生腹泻时，猪场会调整营养配方，丹麦专门制定了仔猪腹泻时的营养标准。以 9～20kg 猪为例，日粮 SID 蛋白质水平由 17.7% 降低至 16.8%，SID 赖氨酸水平由 1.13% 降低至 1.07%，钙水平由 0.76% 降低至 0.7%。同时也会采取一些管理措施，如增加饲喂次数及限制饲喂量。

（二）影响能量代谢

大多数试验显示，降低 2 ～ 3 个百分点的日粮粗蛋白质含量不会影响生长与育肥猪的生长性能（Gallo 等，2014；Hinson 等，2009；Hong 等，2016）。但也有试验指出，饲喂低蛋白日粮会增加猪的背膘厚、降低瘦肉率。在很多研究中，当设计日粮的时候仅仅通过增加玉米比例来降低日粮蛋白质比例，尽管玉米和豆粕的代谢能值相近（玉米为 3.65Mcal/kg，豆粕为 3.66Mcal/kg），但玉米的净能（2.97Mcal/kg）大大高于豆粕的净能（1.93Mcal/kg），这样会导致日粮配方代谢能差异不明显的情况下日粮的净能水平却差异显著，低蛋白日粮的净能含量会大大增加，从而导致胴体过肥。因此，在配制低蛋白日粮时需要应用 SID 氨基酸和净能值。此外，脂肪、淀粉产生的热增耗同蛋白质和日粮纤维相比要低很多（Noblet，1994），因此，减少日粮中的粗蛋白质和纤维水平会降低热量产生，进而导致环境高热气候条件下的应激反应。

（三）缓解蛋白质饲料资源缺乏

随着畜禽养殖业的不断发展，我国对饲料原料特别是蛋白质原料的进口量逐年增加，其中大豆的对外依存度达到 85% 以上，鱼粉的进口依存度也达到 70% 以上。因此，使用低蛋白日粮可降低日粮中蛋白质的含量，减少饲料成本，缓解蛋白质资源缺乏的形势。以生猪养殖为例，猪生产的全程料肉比大约在 2.6∶1，每头猪出栏体重按照 125kg 计算，出栏 1 头猪需要消耗饲料 325kg。假设日粮中的粗蛋白质含量降低 2.5 个百分点，那么出栏 1 头猪可以节约蛋白质 8.13kg，相当于节约豆粕 18.9kg。按我国每年出栏肉猪 7 亿头计算，每年则可节约 1323 万 t 豆粕或 1653 万 t 大豆。

（四）降低成本

在畜禽养殖成本中，饲料成本占 60% ～ 70%，如何降低饲料成本是市场关注焦点。减少豆粕等价格高的饲料原料是降低成本的重要途径。研究表明，25kg 生长猪日粮蛋白质水平降低 2 个百分点，饲料成本可下降 0.3 元 /kg：日粮蛋白质水平下降 3 个百分点，饲料成本可下降 0.5 元 /kg（梁利军和张伟峰，2013）。和玉丹和邹君彪（2012）研究指出，50kg 中猪饲料蛋白质水平下降 3 个百分点饲料成本可减少 0.17 元 /kg。此外，随着环保压力的增大，粪污处理成本在规模养殖成本中的比例逐渐增大，低蛋白日粮由于减少了氮排放，也将显著减少环保处理成本。

第二节　低蛋白日粮的理论与技术基础

一、理想氨基酸模式

我国畜禽日粮以玉米－豆粕型为主，而玉米－豆粕型日粮存在赖氨酸缺乏以及氨基酸配比不合理的缺点，因此，尽管日粮中粗蛋白质水平满足营养标准，但实际上能够被利用的氨基酸数量和种类满足不了动物的需要。在实际生产中往往通过增加日粮粗蛋白质水平来克服这一问题，但会造成饲料资源的浪费和环境污染。此外，随着日粮蛋白质水平的增加，大量未消化吸收的氮进入大肠并在此进行有害发酵，为避免由此带来的仔猪腹泻往往需要在日粮中添加大量的抗生素。理想氨基酸模式的提出为解决这些不利影响带来了希望。理想氨基酸模式最早来源于 Mitchell 等（1946）有关蛋鸡氨基酸需要量的论述，即蛋鸡产蛋的氨基酸需要量与一个"全蛋"所含的氨基酸相等。20 世纪 80 年代早期，英国农业研究委员会（ARC，1981）重新定义了理想氨基酸模式的概念，即日粮蛋白质中的各种氨基酸含量需要与动物用于生长或生产所需的氨基酸一致。理想氨基酸模式实质上是指日粮中氨基酸的比例需要达到最佳，在理想氨基酸模式模型中所有氨基酸都被看作是必需和同等重要的，它们都可能成为第一限制性氨基酸，添加或减少任何一种氨基酸都会影响氨基酸之间的平衡。理想氨基酸模式模型中最重要的是必需氨基酸之间的比例，为便于推广和应用，通常把赖氨酸作为基准氨基酸，将其需要量定为 100，其他必需氨基酸的需要量表示成与赖氨酸的百分比，这就是所谓的必需氨基酸模式。赖氨酸作为基准氨基酸的原因是理想氨基酸模式模型的研究始于猪，而赖氨酸通常是猪的第一限制性氨基酸，与其他必需氨基酸之间不存在相互转化的代谢关系。而且赖氨酸主要用于蛋白沉积，其需要量受维持需要的影响比较小，赖氨酸与其他必需氨基酸之间不存在相互转化的代谢关系。

二、可消化氨基酸

过去很长一段时间人们在考虑和配制畜禽日粮中的氨基酸数量与比例时，基本上仍以所含各种氨基酸总量为基础。从理论上讲这种做法不尽合理，因为饲料中的氨基酸进入动物体要经过消化、吸收、利用一系列过程，在体内也存在生物学利用效率的问题。因此从实际角度出发，提出采用可消化氨基酸评定饲料蛋白质的营养价值及配制畜禽的日粮。氨基酸回肠消化率（氨基酸回肠末端消化率）是指饲料氨基酸已被吸收，从肠道消失的部分。它采用回肠末端瘘管技术收集食糜，根据饲料和食糜中不消化标记物（通常是三氧化二铬）的浓度计算得到的氨基酸回肠消化率，即氨基酸回肠表观消化率。计算公式如下：氨基酸回肠表观消化率 = 食入氨基酸量 - 食糜氨基酸量 / 食入氨基酸量 ×100%。1988 年荷兰已将可消化赖氨酸、可消化蛋氨酸、可消化胱氨酸列入猪、鸡饲养标准与饲成分表。然而"表观回肠消化率"未考虑到内源氨基酸的损失，导致低蛋白质含量饲料比高蛋白质含量饲料的氨基酸表观消化率低，这是因为前者内源氨基酸损失相对较多。"真消化率"对内源氨基酸损失进行了校正。此外，考虑到理想蛋白质模式的确定方式，它实际上反映的是真回肠消化率，而不是表观回肠消化率。所以 NRC（1998）中将不同饲料原料的氨基酸表观消化率和真消化率一起发表。Stein 等（2007）建议以 SID AA 来表述猪对氨基酸的需要量更合理。目前，权威机构发布的营养标准中，以 SID AA 为基础的理想氨基酸模式主要有 4 个：英国猪营养需要（BSAS，2003）、美国科学研究委员会的猪营养标准（NRC，2012）、赢创德固赛公司发布的氨基酸推荐需要量（Rademacher 等，2009）以及美国猪营养指南（NSNG，2010）。

三、净能体系

目前，配制猪饲料普遍采用消化能和代谢能体系，但随着研究深入，人们发现消化能和代谢能体系已不能完全满足动物营养的需求，越来越多的学者推荐使用净能来配制日粮。动物有机体在采食时常有身体增热现象产生，代谢能减去体增热（热增耗）能即为净能。净能又可以分为维持净能和生产净能。动物体维持生命所必需的能量称为维持净能。用于动物产品和劳役的能量称为生产净能。由于蛋白质、纤维素等饲料原料在消化过程中代谢时间长，导致热增耗增加，从而降低了饲料的净能。因此，饲料代谢能并不能完全反映饲料能值，而净能相对更为准确。降低日粮蛋白质水平减少了机体在物质消化代谢过程中的能耗，因而有利于能量的利用与沉积（朱立鑫和谯仕彦，2009）。配制低蛋白日粮时若不采用净能体系，很容易导致生长育肥猪胴体变肥（Fuller 等，2010；梁郁均和叶荣荣，1990；唐燕军等，2009），而采用净能体系能够解决低蛋白日粮致胴体变肥的问题（唐燕军等，2009），这一点得到了尹慧红等（2008）的研究证实。但净能值测定的过程比较繁琐，这是制约其应用的一大因素。在实际中，通常将氨基酸的总能值乘以 0.75 转化为净能值使用（Noblet 等，1994）。此外，不少研究表明，赖氨酸在机体生长发育中具有重要作用，是第一限制性氨基酸，日粮中赖氨酸和能量的绝对数量和比例对机体蛋白质和脂肪的沉积有显著影响，采用赖氨酸/净能比配制低蛋白饲料，能更好地平衡营养，提高胴体性能（徐海军等，2007）。

四、功能性氨基酸

随着氨基酸研究的深入，一些氨基酸功能逐渐被揭示出来，特别是一些支链氨基酸的功能，在不同生长阶段的猪中加入不同种类的支链氨基酸有利于机体机能和生产性能的提升，如在母猪低蛋白日粮中添加缬氨酸和异亮氨酸等支链氨基酸可以有效提高母猪泌乳和生产性能（黄红等，2008）；在仔猪低蛋白日粮中添加亮氨酸、缬氨酸和异亮氨酸等支链氨基酸能刺激蛋白合成和提高免疫力（Zhang 等，2013；Ren 等，2015；Norgaard 等，2009；Che 等，2017），促进仔猪健康生长，减少抗生素使用；在生长肥育猪低蛋白日粮中添加精氨酸，可提高瘦肉率、降低脂肪率、改善猪肉质性状（周招洪等，2013）。因此，在低蛋白日粮配制过程中应充分考虑功能性氨基酸的使用。

五、氨基酸的合成工艺

低蛋白日粮尽管经济和环保效益显著，但是需要添加大量的合成氨基酸，尤其是必需氨基酸和一些关键非必需氨基酸，否则动物的生长或生产会受到明显影响。受氨基酸生产工艺的影响，氨基酸之间的价格差异极大。饲料和养殖企业主要添加一些成本较低的限制性必需氨基酸来配制低蛋白日粮，因赖氨酸、蛋氨酸、氨酸和氨酸工艺相对成熟，价格较低，因此，在低蛋白日粮中应用得较为普遍。一些重要的氨基酸（如亮氨酸、异亮氨酸和缬氨酸等）虽然对猪的生长性能有显著影响（Zhang 等，2013；Ren 等，2015；Norgaard 等，2009；Che 等，2017；Mavromichalis 等，1998），但因价格高昂，很少在生产中添加，仅仅停留在研究层面。因此，未来应加强此类氨基酸生产工艺的研发以降低功能性氨基酸的使用成本。

第三节 低蛋白日粮的应用现状

一、国内外低蛋白日粮的研究与应用现状

最近几年，我国在低蛋白日粮的研究与应用上做了不少尝试和努力。2013—2017 年，南京农业大学朱伟云教授主持了国家 973 项目"猪利用氮营

养素的机制及营养调控"。该项目围绕 3 个科学问题：①胃肠道消化代谢如何改变氮营养素供给模式？②肝脏和肌肉组织高效利用氮营养素的机制是什么？③氮营养素消化代谢网络的关键靶点是什么，如何实现营养调控？围绕这3 个科学问题，设置了 6 个研究内容：①胃肠道化学感应与氮营养素的消化；②小肠黏膜结构、功能与氮营养素吸收利用；③肠道微生物与氮营养素的消化代谢；④肝脏中氮营养素的代谢通路及其调节；⑤氮营养素的感应与肌肉蛋白质沉积；⑥氮营养素消化代谢网络关键靶点解析与营养调控。通过南京农业大学、中国科学院亚热带农业生态研究所、中国农业大学、华中农业大学、西南大学、华南农业大学、吉林农业大学、广东省农业科学院等单位的学术骨干的不懈努力，在以下方面取得突破性成果：①系统阐述了日粮氨基酸在消化道 – 肝脏 – 肝外组织间的代谢转化规律；②发现肠道微生物与肠黏膜在氨基酸代谢过程中的分工协作机制，阐明了肠道微生物影响猪氮利用的机制；③揭示了支链氨基酸（BCAA）调节猪氮营养素利用的机制；④明确了在不影响生长性能、总氮排放降低的前提下，确定日粮蛋白可下降的最低临界点及平衡氨基酸的种类；⑤建立了多种猪营养研究关键技术平台，例如，猪肠道原位结节灌流评价氨基酸净吸收量技术、猪小肠隐窝干细胞的分离培养技术、猪的多重血管插管（门静脉 – 肝静脉 – 肠系膜静脉 – 颈动脉血管插管）技术等。该项目的实施推动了我国氨基酸代谢与低蛋白日粮技术的研究水平，而且某些方面处于世界领先水平：此外还为动物营养与饲料科学学科培养了一大批中青年学术骨干。

低蛋白日粮氮减排效果非常显著，日粮蛋白质每降低 1 个百分点，日粮中豆粕用量降低 2.82 个百分点（Spring 等，2018）、氮排放降低 10%（Galassi 等，2010）、圈舍氨气浓度降低 10% 以上（Nguyen 等，2018）。做到限制性氨基酸的平衡是低蛋白日粮技术的关键，目前主要补充的是 L– 赖氨酸、DL– 蛋氨酸、L– 苏氨酸和 L– 色氨酸。过去的研究表明，降低猪日粮粗蛋白质含量的同时平衡重要必需氨基酸，可以在不影响猪生长性能的情况下减少动物对摄入的多余氨基酸脱氨基代谢的能量消耗、降低氮的排出量（Gallo 等，2014；Hinson 等，2009；Galassi 等，2010；Hong 等，2016）。除平衡赖氨酸、蛋氨酸、色氨酸、苏氨酸 4 种氨基酸外，近年来的科研工作者也尝试添加其他氨基酸如 BCAA 来提高低蛋白日粮的减氮与促生长效果（Zhang 等，2013；Li 等，2017）。总体来看，在补充重要氨基酸的情况下，日粮粗蛋白质水平降低2 ～ 3 个百分点不会影响动物的生长性能（Gallo 等，2014；Hinson 等，2009；

Hong 等，2016）。低蛋白日粮氮减排效果极佳，与发展资源节约型、环境友好型畜牧业相符。但是，低蛋白日粮在降低粗蛋白质含量的同时需要补充重要氨基酸，因为氨基酸价格远高于普通蛋白质饲料原料，造成低蛋白日粮没有明显的价格优势，因此，在低蛋白日粮生产中尤其是集约化生产中很难得到广泛应用。

二、制约低蛋白日粮广泛应用的因素

低蛋白日粮研究与应用已有 100 多年的历史，但推广面仍然不大，主要限制性因素在于：①我国多年形成的以饲料蛋白质含量判定饲料质量的思维习惯短时间内难以纠正，养殖场（户），特别是小的养猪场（户）以饲料中豆粕含量和粗蛋白质水平来判定饲料的质量优劣；②高蛋白质日粮有促进动物生长的作用，在部分饲料企业利益的驱使下，相当数量的养殖场（户）将蛋白质含量高的小猪料一直饲喂到育肥，造成大量蛋白质浪费；③蛋白质含量高的日粮配方容易配制，不用过多考虑能氮和氨基酸平衡等较为复杂的技术问题；④我国预混料产量很大，各饲料企业的推荐配方中豆粕用量很大；⑤我国 2008 年发布的推荐性国家标准《仔猪、生长肥育猪配合饲料》（GB/T 5915—2008）、《产蛋后备鸡、产蛋鸡、肉仔鸡配合饲料》（GB/T 5916—2008）均规定了饲料蛋白质的最低要求，一些饲料执法机构将这 2 个标准中的蛋白质含量作为饲料质量合格的执法依据；⑥降低日粮蛋白质水平需要补充重要氨基酸，降低得越多补充得越多，否则会影响动物生长，尽管氮减排效果显著，但经济效益不明显，这一重大技术缺陷导致日粮蛋白质水平仅能降低 2～3 个百分点，当日粮蛋白质水平降低幅度超过这一范围时，动物的生长性能往往会受到抑制（Figueroa 等，2003；He 等，2016）。

三、低蛋白日粮推广契机

由于以上限制因素，我国低蛋白日粮配制技术的推广进程一直比较缓慢，仅限于一些大型饲料和养殖企业的小规模试用，中小型饲料企业以及散户等由于技术和口粮配制理念缺失，还一直处于观望态势。2018 年对于低蛋白日粮配制技术的推广应用是一个契机，因为豆粕价格在 2018 年 10 月中旬已突破 3900 元/t，创近年来新高，采用低蛋白日粮配制技术平均可降低 2～3 个百分点的日粮蛋白质水平，每吨饲料可减少 50kg 左右的豆粕用量。我国每年生产的配合饲料大约为 2.1 亿 t，因此可减少 1050 万 t 左右的豆粕使用量，折合大豆 1313 万 t（每吨大豆可产出 0.8t 豆粕）。此外，"饲料原料来源多元化"是低蛋白日粮配制技术的另一大优势，如菜籽粕中含有较多的含硫氨基酸，尤其是蛋氨酸，而棉籽粕中精氨酸含量较高，采用这 2 种原料代替部分豆粕可以减少饲料中相应氨基酸的添加量。因此，低蛋白日粮中通过添加适量棉粕、菜粕、花生粕、玉米胚芽粕等非常规蛋白原料，可进一步减少豆粕使用量，从而缓解豆粕价格上涨对我国畜禽养殖生产的负面效应。

第四节　未来低蛋白日粮的发展

基于目前低蛋白日粮应用存在的问题，今后的研究还需注意以下 4 个要点。

（1）低蛋白日粮在猪体内的能量代谢可能与正常蛋白水平日粮有所差异，这也是造成低蛋白日粮在实际生产中应用不稳定的重要影响因素；此外，由于某些氨基酸（如谷氨酸）可用于肠道供能，低蛋白质条件下此类氨基酸不足也会影响到动物胃肠道的正常功能。因此，探究日粮不同蛋白水平下适宜的能氮比对于动物的生长性能极为重要。

（2）低蛋白日粮中麦麸和米糠粕等副产物较多，纤维含量较高。日粮中适量的纤维可促进肠道的发育并维持正常的胃肠道功能，但另一方面也会阻碍营养物质的消化和吸收，造成饲料转化效率降低。因此，如何平衡日粮蛋白质和纤维之间的互作也是低蛋白日粮研究需要继续探索的命题。

（3）猪食入的饲料蛋白质在肠道内消化酶作用下被降解为游离氨基酸或肽段，其中，氨基酸残基小于 10 的称为寡肽，含 2～3 个氨基酸残基的为小肽。已有研究表明，当日粮蛋白质水平极低时，无论如何补充 CAA，猪的生长性能均达不到理想状态（Gloaguen 等，2014）。有学者指出，哺乳动物对小肽有某种特殊的需求，完整的蛋白质是日粮中不可缺少的组成部分；但也有研究表明，日粮中小肽的添加并不会影响动物本身的氨基酸平衡和蛋白质沉积。因此，该结论尚需进一步验证。

（4）由于理想氨基酸模型是低蛋白日粮的研究基础，低蛋白日粮是理想氨基酸模型的初步实践，因此，如何在现有基础上进一步优化低蛋白日粮的氨基酸结构，提高低蛋白日粮的使用效率，最终实现向理想氨基酸模型的最高阶"全氨基酸纯合日粮"的发展成为低蛋白日粮研究的最终目标。

第五节　低蛋白日粮在肉牛上的应用

一、低蛋白日粮是减少肉牛氮排放的重要途径

提高日粮中氮的利用效率可提高动物经济效益，减少畜禽养殖生产对自然生态环境的恶劣影响。鉴于氮污染排放问题已经成为关系到我国畜牧业能否实现可持续发展的一个重要制约因素，因此我国出台了一系列的政策法规、养殖业将逐渐向规模化养殖场方向整合，逐步淘汰无法达到环境保护标准的小型养殖场。在行业整合发展进程中，环境净化技术也在不断发展，但氮排放问题依然得不到有效的解决，国家相关科技部门也正在针对这一情况加大相关领域的科学研究经费投入。就肉牛育肥期的精饲料而言，摄入氮转化为畜产品的氮只有30%左右，仍有约70%的氮排出体外（粪便占30%，尿液占40%）（Vandehaar 和 St-pierre，2006）。粪肥中氮含量与饲料蛋白质摄入量有很强的正相关关系（Yang 等，2010）。饲喂高蛋白质水平日粮，会增加动物的氮排泄，降低动物氮营养素利用效率（Kalscheur 等，2006）。研究发现，肉牛日粮蛋白质浓度从11.5%增加到13%时，肉牛生长性能没有显著变化，但每日排放到体外的氨排放量增加了60%～200%（Cole 等，2005），其中主要是由于尿氮排泄量增加（岳喜新等，2011）。而在保证反刍动物生长性能稳定的前提下，适当减少日粮蛋白质水平，再通过日粮调控来提高蛋白质利用效率，降低反刍动物粪尿中的氮含量，达到减少氨排放的目的。日粮粗蛋白质含量降低3～4个百分点，同时增补第一限制性氨基酸 Met 和第二限制性氨基酸 Lys，可减少20%～30%的氮排放（Cole 和 Todd，2005）。低蛋白日粮是反刍动物减少氮排放的一个重要途径。

二、低蛋白日粮对反刍动物氮排放的影响

近几十年来，学者们对反刍动物日粮调控策略的研究，特别是在低蛋白日粮方面的探索研究不断深入，就如何提高蛋白质利用效率，降低饲料成本，减少氮排泄，减少氨气污染，减少温室气体排放，减少土壤和水污染，提高畜禽生产性能做了大量工作（Abbasi 等，2017；Agle 等，2010）。研究发现，在分阶段饲养与厩肥管理期间，12%的粗蛋白质水平可使氮损失降低21%，可使厩肥降低15%～33%氮挥发损失，对总的氮损失也有显著降低影响（Erickson 和 Klopfenstein，2010）。氮沉积指的是食入氮减去总排出氮的差

值，是反映动物生长与生产的一个重要指标有研究证明反刍动物微生物蛋白质产量与日粮蛋白质水平也密切相关，日粮蛋白质水平的降低会导致微生物蛋白质的产量下降（王文娟等，2007），这也会间接地造成反刍动物氮沉积量的减少，另外日粮蛋白质水平过低会引起总氮摄入不足，造成动物氮沉积的降低。桂红兵等在西门塔尔牛的研究表明添加包被赖氨酸和蛋氨酸低蛋白日粮在降低蛋白质使用量的同时，显著降低了氮的排放量，减少了氮排放对环境的污染。马姜静等在荷斯坦肉牛日粮降低低蛋白质的同时添加赖氨酸、蛋氨酸和苏氨酸，试验第 10 周氮摄入量、20 周氮摄入量、尿氮排泄量和氮沉积量分别显著提高 3.76%、17.86%、14.02% 和 63.95%。

三、血浆抗氧化能力

组织器官在生化反应过程中持续产生自由基（Mates 等，1999）。自由基发挥诸多重要生理功能，如细胞分化、细胞凋亡、胞内信号转导以及抵御细菌微生物侵袭等（Lee 等，1998；Lambeth，2004）。在营养缺乏或其他非生理状态下，机体内自由基产生量增多、抗氧化酶生物合成下降、内源性抗氧化剂水平减少、外源性抗氧化剂供给量不足，使自由基的产生与清除失衡，出现明显的内源性氧化应激，导致重要生物大分子损伤，机体对损伤的修复能力也会随之降低（方允中等，2003）。机体具有平衡氧化还原态势的能力，正常生理状态下组织细胞可自我保护免受氧化损伤，而处于非正常生理状态下组织细胞免受氧化损伤的自我保护能力将下降。在抗氧化防御体系中，各种抗氧化酶起着不同的作用，超氧化物歧化酶是超氧阴离子自由基的天然清除剂，可加速超氧自由基发生歧化作用、清除 O^{2-}，防止 O^{2-} 对机体产生损伤作用；谷胱甘肽过氧化物酶利用谷胱甘肽作为底物，与超氧化物歧化酶和过氧化氢酶一起作用，共同清除机体的活性氧，减少和阻止对机体的氧化损伤（蔡晓波和陆伦根，2009）；过氧化氢酶是个四聚氧化还原酶，能够分解 H_2O_2；丙二醛是脂质过氧化产物的降解物，测定丙二醛的浓度可以反映机体内自由基的积累程度，血浆丙二醛的高低间接反映机体细胞受自由基侵害的严重程度。机体氧自由基的累积会引起机体细胞膜损伤，细胞氧化磷酸化障碍，损害细胞内 DNA、蛋白质分子，引发脂质过氧化作用。在其他模型动物上进行的营养限制试验也证实会降低血浆抗氧化能力（Ziegler 等，1995；Bai 和 Jones，1996）。

四、胃肠上皮抗氧化能力

消化道是养分消化、吸收和代谢的重要器官，过量自由基极易引发消化道功能障碍，使胃肠道黏膜损伤及黏膜通透性升高（陈群等，2006）。活性氧自由基是一种胃黏膜独立损伤因子，可直接攻击胃黏膜细胞，也可间接损伤黏膜，减弱黏膜对其他攻击因子的抵抗力。体外试验研究发现小肠上皮细胞轻度的氧化应激可显著抑制肠细胞的增殖能力（陈群等，2006）。胃肠道是合成谷胱甘肽的主要场所，谷胱甘肽能清除氧自由基，促进胃肠细胞增殖，谷胱甘肽浓度下降会造成空肠黏膜结构和功能出现严重退化（白爱平，2006）。氧自由基的累积会损伤胃肠黏膜组织，使肠黏液层变薄、隐窝变浅、绒毛表面积减少、绒毛变短，以及胃肠黏膜上皮通透性增高，肠黏膜损伤致使大量吸收细胞受到破坏，严重影响胃肠吸收功能（黎君友等，2000）。此外，胃肠道氧化应激将影响腺体分泌，谷胱甘肽过氧化物酶降低导致胰腺功能损伤，引起胰腺萎缩进而发生病变（陈群等，2006）。

五、低蛋白日粮对反刍动物胃肠道发育的影响

胃肠组织占机体重量的 5% ～ 7%，却需消耗个体所需营养物质的 15% ～ 20%（Eldelstone 和 Holzman，1981）。这一时期营养物质缺乏将影响胃肠道组织的发育。Sun 等（2013）报道，28 日龄羔羊进行为期 6 周的 40% 的能量限饲、40% 的蛋白限饲或同时进行 40% 的能量和蛋白限饲会对胃肠道形态发育造成负面影响。其他人的研究也证实生命早期关键营养素的缺乏将抑制胃肠道的发育。妊娠母鼠蛋白质缺乏显著降低其后代成年后的小肠长度、体长和体重（Plagemann 等，2000）。孕期母体蛋白质和能量缺乏显著降低新生大鼠肠道 DNA 含量和重量（Hatch 等，1979）。Schuler 等（2008）报道妊娠期母鼠蛋白质和能量缺乏，出生时以及哺乳期以后其后代的体重、体长显著降低，小肠长度明显变短。妊娠母猪营养不足或营养分配不合理易导致胎儿发生宫内生长受限，宫内生长受限仔猪肠道的长度与重量明显下降（Xu 等，1994），空肠绒毛数量及空肠重量与长度的比值显著低于正常仔猪（Wang 等，2005）。Wang 等（2008）研究发现宫内生长受限仔猪肠道指数（肠道重与仔猪出生体重的比值）下降，肠道中细胞骨架蛋白 β-actin 所占比例增加，负责细胞与细胞外基质连接以及信号交流的主要黏附受体整合素家族中的 β1 亚基表达下调。胃肠道细胞增殖、组织分化、酶的分泌以及其他重要功能的形成受多种营养素、激素和生长因子等共同调节。营养素中蛋白质（氨基酸）显得尤为重要，某些氨基酸还作为信号分子参与调控 mRNA 的翻译。亮氨酸具有提高真核细胞启动子转录效率的功能，在蛋白质合成过程中发挥信号分子的作用（Anthony 等，2000）。谷氨酰胺在维持胃肠上皮结构完整性方面起十分重要的作用（Ferrier

等，2006）。葡萄糖、谷氨酰胺和酮体是胃肠道所需的主要能源物质，胃肠道对能量的需要量约占机体总需要量的20%，远高于胃肠道重量占机体总重量的比值，而胃肠上皮是胃肠道能量消耗的主体。激素（如肾上腺皮质激素、甲状腺素、生长激素等）和生长因子（如 IGF-1、表皮生长因子和血管内皮生长因子）同胃肠道的发育密切相关，它们通过直接作用或者与营养素协同发挥对胃肠道发育的调控功能（Burrin 和 Stoll，2002）。李国栋（2020）在研究中发现，后备牛在低蛋白日粮补饲过瘤胃蛋氨酸、亮氨酸、异亮氨酸，在试验30d时各组间胰岛素含量没有显著差异，但是60d时低蛋白日粮添加过瘤胃蛋氨酸、亮氨酸、异亮氨酸组显著高于其他组。杨魁（2014）在研究中发现，过瘤胃蛋氨酸和过瘤胃赖氨酸的添加对生长育肥牛的胰岛素样生长因子含量影响不显著。而黎凌铄等发现日粮蛋白水平和过瘤胃蛋氨酸添加量对牦牛血清 IGF-1的含量有交互作用，说明过瘤胃蛋氨酸的添加可影响动物机体蛋白质、糖类和脂肪的合成，进而促进动物生长发育。

六、低蛋白日粮对瘤胃参数的影响

pH 值是反映瘤胃发酵水平的一项重要指标，可以综合反映瘤胃微生物、代谢产物有机酸的产生、吸收、排除及中和状况（刘敏雄，1991）。一般情况下瘤胃液的 pH 值在 5.5～7.0 范围内，过酸或过碱都不利于瘤胃的发酵（赵旭昌等，1997）。瘤胃液的 pH 值是能综合反映反刍动物瘤胃发酵水平和瘤胃内环境状况的重要指标，通过检测瘤胃液的 pH 值可以评估瘤胃的发酵能力降低日粮蛋白质水平没有改变瘤胃酸碱性。瘤胃液 pH 值的大小主要与瘤胃液的 NH_3-N 和挥发性脂肪酸浓度有关。瘤胃液中 NH_3-N 主要来源于饲料在瘤胃中降解产生的蛋白氮和非蛋白氮，其也是合成 MCP 的主要原材料。饲料蛋白质的瘤胃降解、瘤胃微生物对 NH_3-N 的利用以及瘤胃壁细胞的吸收能力都直接影响瘤胃液中 NH_3-N 的浓度。一般情况下，饲料中含氮物质供应不足，将阻碍微生物蛋白质的生成，降低反刍动物的生产性能；反之，供应过量，将在瘤胃内降解，引起反刍动物氨中毒，同时造成蛋白质资源的浪费。有研究表明，瘤胃液 NH_3-N 会随含氮物质摄入量的减少而降低（Lee 等，2015；Shi 等，2012）。瘤胃液中氨氮浓度主要取决于日粮蛋白质水平及其降解程度、瘤胃上皮对氨氮的吸收以及日粮能量水平（陈志远等，2016）。涂瑞等对牦牛的研究表明，低蛋白日粮添加过瘤胃赖氨酸显著提高牦牛瘤胃液中 NH_3-N 的浓度。

日粮中的碳水化合物在瘤胃微生物的作用下降解为挥发性脂肪酸，经瘤胃上皮吸收，是反刍动物主要的能源物质；瘤胃液中挥发性脂肪酸的组成、产量及比例是评估瘤胃发酵能力和方式的重要测量指标，其浓度和成分比例主要受日粮成分组成的影响（陈志远等，2016）。瘤胃中微生物发酵产生的 VFA 是反刍动物维持生命和提供产品的能量来源，是饲料中碳水化合物在瘤胃内发酵产生的终产物。而且碳水化合物在瘤胃中发酵产生的有机酸（乙酸、丙酸、丁酸、乳酸和戊酸）、气体（甲烷、CO_2）和能量能够促进合成微生物蛋白（张霞，2014）。VFA 主要包括乙酸、丙酸、丁酸、异丁酸、戊酸和异戊酸，其中乙酸、丙酸和丁酸对反刍动物影响尤为重要；当瘤胃液 pH 值 <7 时，吸收速度为乙酸 < 丙酸 < 丁酸（Lei 等，2014）。

第十一章 肉牛高效养殖疫病防控技术

第一节 肉牛的保健与疫病防控

一、概念

肉牛健康是指肉牛的生理机能正常，没有疾病和遗传缺陷，能够正常发挥生产能力。肉牛健康是牛只正常生产和提高生产效益的前提。肉牛的健康状况直接影响肉牛的生产性能和母牛的使用年限，尤其是繁殖母牛，近年来，由于饲养方式、日常管理、不规范的人工授精和饲料结构的变化等严重影响牛只健康，繁殖母牛的淘汰年龄普遍年轻化，频繁的淘汰繁殖母牛给养殖户增加了经营成本，造成经济损失。因此，加强日常的饲养管理和维持好肉牛卫生保健工作具有重要现实意义。

肉牛保健工作的原则是"预防为主，防治结合"。预防是维持牛只健康和控制疾病的最好方法。做好肉牛保健可以避免和减少疾病发生，如果牛只出现不适，也可以提前发现，提前查明原因，提前治疗和处理，减低经济损失。因此，在肉牛生产中要制订完善的保健计划，做好保健工作，使牛只处于健康的生产状态。

二、肉牛的保健

（一）日常保健

肉牛日常保健是一项要求比较细致的工作，主要包括刷拭、挠痒和防蚊蝇3个方面。皮肤的护理对肉牛健康是很重要的，因为干净的皮肤可以让肉牛不受蚊蝇滋扰，牛只生活得安心舒适也是提高生产效益方法之一。如果牛体不干净、有粪污沾染在皮肤上，冬天不利于保暖，夏天不利于散热，对肉牛健康极为不利。

刷拭挠痒牛体不仅可刷去粪污、尘土、死皮、死毛，还可以促进血液循环和减少蚊蝇滋扰。牛只每日可刷拭 2 次，从头部刷到颈部，再到背腰尻腹、四肢、尾帚。尤其是牛尾巴的刷拭要更为细致认真，因为牛尾接触粪尿及地面，很容易弄脏。牛尾对牛只健康有重要作用，可以驱赶蚊蝇；卧在冰冷坚硬的地上时以尾巴充当铺垫；跑动时牛尾翘得很高，以便保持牛体平衡；保护外阴部防止灰尘、雨水落入，保护阴门肛门不受冷冻等。所以，刷拭牛尾是肉牛健康养殖的一个重要环节。

（二）肢蹄保健

肉牛的四肢和牛蹄是牛体不可或缺的一部分，支撑着牛体全部重量，除了卧下反刍以外，牛只的采食、饮水、交配、哺乳、躲避危险等活动都离不开肢蹄。对肉牛肢蹄的保健往往也是容易被人忽略的问题，肉牛肢蹄的保健要注意几个关键点：第一，改善肉牛饲养环境，保持牛舍干燥、清洁，并定期消毒，注意饲料中钙、磷比例的合理搭配，能够沐浴阳光牛舍设计等；第二，选育健康肢蹄肉牛后代，肉牛配种时，选用肢蹄形好、不易发生病变的公牛进行配种，减少腐蹄病和蹄变形的发生；第三，定期修蹄，基础母牛空怀期进行修蹄，对增生的角质要修平，对腐烂坏死的组织要及时清除，发生病变的要及时治疗，南方在梅雨季要用 3% 的福尔马林（甲醛）溶液或 10% 的硫酸铜定期清洗蹄部，防止蹄部感染。

（三）乳房保健

繁殖母牛的乳房清洁与卫生状况直接影响着犊牛的健康状况。一旦发现母牛有乳房炎，要及时治疗，多多热敷，热敷后人工挤出乳房奶汁。

三、肉牛疫病监测与防控

（一）基本原则

1. "以防为主"原则

在棚圈建设之初、日常饲养管理、春秋防疫等都要考虑防疫工作，要建立严格的防疫制度，尤其是大型肉牛养殖场要常备消毒药物，做好日常消毒工作。

2. "自繁自育"原则

牛只入离场期间是疫病防控重点阶段，尤其是从市场购买牛只补栏时，要特别注意疫病的发生。如果坚持自繁自育，可以大大减轻防疫压力。

3."定期免疫" 原则

认真执行计划免疫，严格落实春秋季免疫和入场免疫，对主要疫病进行疫情监测。

4."早、快、严、小" 原则

如果出现疫情，要做到及早发现，及时处理，采取严格的综合性防控措施，短时间迅速扑灭疫情，尽力缩小疫情面积。

（二）疫病防控措施

牛疫病的监控与防控措施通常分为预防和扑灭两种。预防是经常性的工作，扑灭是烈性传染病的处理办法，以预防为主。牛病种类比较多，按照《中华人民共和国动物防疫法》要求，农业部于 2008 年 12 月 11 日发布第 1125 号公告，修订公布了《一、二、三类动物疫病病种名录》。

1.疫病监测

疫病监测就是利用血清学、病原学等方法，对动物疫病的病原或感染抗体进行监测，便于掌握区域内动物群体疫病情况，及早发现疫情，及早处理。按照国家有关规定和当地农业农村部门的具体要求，对结核病、口蹄疫和布鲁氏菌病等传染性疾病进行定期检疫。

（1）牛结核病。牛结核病是由牛分枝杆菌引起的一种人畜共患的慢性传染病。结核病监测及判定方法按农业部部颁标准执行，用提纯结核菌素皮内注射和点眼试验变态反应（变态反应也叫超敏反应，是指机体对某些抗原初次应答后，再次接受相同抗原刺激时，发生的一种以机体生理功能紊乱或组织细胞损伤为主的特异性免疫应答）方法。检疫出现可疑反应的，应隔离复检，连续 2 次为可疑以及阳性反应的肉牛，应及时扑杀并做无害化处理，患结核病的牛只应及时淘汰处理，不提倡治疗。对结核病检疫有阳性反应牛群，牛只应停止出栏，应在 30 ～ 45d 复检 1 次，直至连续 2 次不出现阳性反应为止，可认为是健康牛群。

（2）布鲁氏菌病。布鲁氏菌病是由布鲁氏菌属细菌引起的牛、羊、猪、鹿、犬等哺乳动物和人类共患的一种传染病。世界动物卫生组织将其列为必须报告的动物疫病，我国将其列为二类动物疫病。布鲁氏菌病的监测及判定方法按农业部颁布标准执行，采用试管凝集试验、琥红平板凝集试验、补体结合反应等方法。特别是种牛和受体牛每年必检 1 次，凡未注射布鲁氏菌病疫苗的牛，在凝集试验中连续 2 次出现可疑反应或阳性反应时，应按照国家有关规定进行扑杀及无害化处理。如果牛群经过多次检疫并将患病牛淘汰后仍有阳性动物不断出现，则可应用疫苗进行预防注射。

（3）口蹄疫。口蹄疫是由口蹄疫病毒感染引起偶蹄动物的一种急性、烈性、接触性传染病。口蹄疫可造成巨大经济损失和社会影响，世界动物卫生组织将口蹄疫列为必须报告的动物传染病，我国规定口蹄疫为一类动物疫病。口蹄疫病毒在分类上属小 RNA 病毒科，口蹄疫病毒属，有 7 个血清型，即 O、A、Asia 1、C、SAT1、SAT2 和 SAT3 型，各血清型间无交叉免疫保护反应，免疫防控时相当于面临 7 种不同的疫病，血清型鉴定是免疫防控首先要解决的问题。适于口蹄疫诊断的样品是未破裂或刚破裂的水泡皮和水泡液，在不能获得水泡皮和水泡液的情况下，可采集血液和（或）用食道探杯采集反刍动物食道 – 咽部分泌物样品，这些样品中也存在病毒未有组织样品的情况下，检测特异性抗体也用于诊断。全年进行 2 次集中监测，上半年和下半年各安排1 次，日常监测由各地根据实际情况安排，发现可疑病例，随时采样，及时检测。病原学监测结果阳性的，样品要及时送国家口蹄疫参考实验室做进一步确认，对病原学监测阳性的家畜及同群畜要进行扑杀并做无害化处理。

2. 免疫接种与监测

免疫接种是给动物接种疫苗、类毒素及免疫血清等免疫制剂，使动物个体和群体产生对传染病特异性免疫力。根据免疫接种时机，免疫接种可分为预防接种和紧急接种。

（1）预防接种。预防接种是平时为了预防某些传染病的发生和流行，有组织、有计划地按免疫程序给健康牛群进行的免疫接种。预防接种前应对本区域内近几年肉牛曾发生过的传染病流行情况进行调查了解，有计划有针对性地开展预防接种计划。接种时要做到"市不漏县，县不漏乡，乡不漏村，村不漏户，户不漏牛，牛不漏针"。

（2）紧急接种。紧急接种是指发生传染病时，为了迅速控制疫情和扑灭疫病流行，对疫区及周边未发病的牛只进行紧急免疫接种。紧急接种时要注意的是只能接种未发病牛只，这些未发病的牛只中难免存在处于潜伏期的牛只，接种疫苗后不仅得不到保护，反而促进其发病，这是一种正常的、不可避免的现象。紧急传染病潜伏期较短，接种疫苗后能很快控制住疫情，多数牛只能够得到很好的保护。

（3）免疫监测。免疫监测就是利用血清学方法，对某些疫苗免疫动物免疫接种前后的抗体跟踪监测，以确定接种时间和免疫效果。在免疫前，监测有无相应抗体及其水平，以便掌握合理的免疫时机，避免重复和失误，在免疫后，监测是为了了解免疫效果，如不理想可查找原因，进行重免；有时还可及时发现疫情，可以尽快采取措施。

3. 寄生虫病预防

肉牛在饲养过程中，非常容易受到环境、季节、饲养及管理方式等各方面因素所影响，导致寄生虫病的发生。牛寄生虫病的种类比较多，最常见的寄生虫病有焦虫病、球虫病、片形吸虫病、线虫病、棘球蚴虫病等，分布也比较广。对于寄生虫病的防治是个非常复杂的问题，牛寄生虫病的防治应根据地理环境、自然条件的不同，实施综合防控方案及策略，以预防及管理为主、防治为辅，当检查出病牛要及时隔离饲养并用药物治疗，以防引起疫病的流行，其他牛可用药物进行预防注射，这样可以有效地防控寄生虫病的发生和流行，确保养牛业健康发展。

4. 消毒

消毒的目的是消灭病原体，切断传播途径，阻止疫病被传染源散布于外界环境中。消毒包括定期消毒、临时消毒和终末消毒。定期消毒是有计划的预防性消毒；临时消毒是传染病发生时进行的消毒；终末消毒是发病地区消灭了某种疾病，在解除封锁前，为了彻底消灭传染病的病原体而进行的最后一次综合消毒。消毒的方法主要有以下几种。

（1）机械消毒法。机械性清除病毒的方法包括清扫、洗刷、通风和过滤等几种，是生产中使用最为普遍、最为常见的消毒法。这种方法使用的目的不是彻底消灭病毒，而是创造一个不利于病原菌生长、繁殖的条件。如果遇到传染病，这种方法是其他高效消毒的基础。

（2）物理消毒法。物理消毒法包括沐浴阳光、紫外线照射、高温、干燥等方法。沐浴阳光主要依靠波长为（$2\times10^{-7}\sim3\times10^{-7}$）m 范围的光线，也就是紫外线，紫外线具有显著的杀菌作用，常用于空气消毒。

①紫外线消毒主要是适当波长的紫外线通过对微生物（细菌、病毒、芽孢等病原体）的辐射损伤和破坏 DNA（脱氧核糖核酸）或 RNA（核糖核酸）的分子结构造成微生物死亡，从而达到消毒的目的，其消毒效果取决于细菌和病毒的耐受性，紫外线的密度和照射时间。

②干燥消毒主要依靠环境水分的控制来灭菌，这种消毒方法往往不彻底，如果遇到葡萄球菌、结核杆菌等顽固性病菌，即便是经过干燥处理，也不容易杀死。

高温消毒对微生物致死作用比较强，在消毒工作中运用比较广泛，主要包括焚烧、煮沸、蒸汽和干烤。

③焚烧消毒是一种比较可靠的消毒方法，尤其对于一些烈性传染源，容易达到消毒目的，牛尸体的焚烧需要先挖好掩埋土坑，焚烧结束后将所剩骨灰等要填埋并对周边进行消毒。

④煮沸消毒是在100℃的开水中杀菌，一般5～10min就能达到消毒作用，在高原地区水的沸点比较低，一般约在85℃水就沸腾了，为了达到消毒效果，可以延长煮沸时间，煮沸30min，煮沸消毒对象主要包括金属器械、玻璃器皿、棉制品工作服等。

⑤蒸汽消毒就是利用蒸汽的湿热进行消毒，蒸汽传递快、穿透力强、温度比开水高，是一种比较理想的消毒方法，常用的高压灭菌锅，在121℃的高温条件下加热30min就可以彻底杀死细菌、芽孢和病毒，这种消毒方法可用于金属器械、玻璃器皿、培养基、工作服等消毒。

⑥干烤消毒是在160～170℃烤箱内利用干热空气消灭病原微生物，干烤时间一般在1～3h，杀菌时间比蒸汽长，也不利于对棉织物、皮革等进行消毒，容易损坏，适用范围没有蒸汽消毒广泛。

（3）化学消毒法。化学消毒法就是利用化学药物杀灭病原微生物的消毒方法、利用化学药物渗透到菌体内，破坏细菌细胞膜结构，改变其通透性，使细菌裂解溶解死亡，或使菌体蛋白凝固，酶蛋白失去活性，而导致微生物代谢障碍，从而杀灭病原微生物。

在实际养殖中较为常见的化学消毒方法包括清洗法、喷洒法、熏蒸法、浸泡法、擦拭法以及撒布法。较为常见的消毒药品主要为漂白粉及氟化钠等卤素类，烧碱及生石灰等强碱类，高锰酸钾及双氧水（过氧化氢）等氧化剂类，酒精等醇类，甲酚及苯酚等酚类，甲醛及戊二醛等醛类，新洁尔灭及消毒净等表面活性剂类，癸甲溴铵等双链季铵酸盐类。需要结合实际养殖动物种类、防控对象以及栏舍结构等选择最为适宜的消毒剂。

（4）生物消毒法。生物消毒法是利用粪便、尿液和生产秸秆等废弃物，通过微生物发酵产生热量进行消毒灭菌的方法，适用于牛场粪便、生产垃圾、杂草等废弃物消毒处理，发酵产生的热量可将病毒、细菌、寄生虫卵、草籽等病原微生物杀灭。经生物发酵后，生产废弃物可直接转化为可利用有机肥等生产原料，较减少环境污染。但是对于炭疽、气肿疽等芽孢病原体引起的疫病肉牛或牛群所产生的粪污应该焚烧后深埋。

（5）综合消毒法。在畜禽养殖场发生疫情或者清栏中常采用综合消毒方法，具体是将上述几种消毒方法中的两种或者两种以上综合起来进行消毒，进而强化消毒效果。实际上在兽医卫生各个领域中的消毒实施中，都有综合消毒法的使用，可以增强消毒效果。

第二节 肉牛的驱虫健胃

肉牛驱虫健胃可以调节机体内分泌和整合肠胃功能，起到防疫与保健的双效作用。驱虫健胃能够提高肉牛饲料转化、利用率，尤其对育肥牛极为重要，能够起到快速增重的目的。因为驱虫健胃可以促进排毒利尿，有效预防瘤胃积食、胃肠炎性疾病、寄生虫性疾病及其继发症等。驱虫健胃也是肉牛健康养殖的重要技术之一。

一、驱虫的方法

（一）基本原则

1. 经济性原则

肉牛驱虫要选择高效、低毒、经济又使用方便的药物。大规模驱虫时，定要进行驱虫试验，对驱虫药物的用法用量、驱虫效果、毒副作用作出鉴定并确定实效、安全后再应用。

2. 时效性原则

驱虫前，应将肉牛隔离饲养，最好禁食数小时，只给饮水，有利于药物吸收，提高药效。驱虫时间最好安排在下午或晚上，使牛在第2天白天排出虫体和虫卵等，便于及时收集处理，驱虫后2周内的粪污要及时进行无害化处理。

3. 季节性原则

驱虫季节主要有春秋两季驱虫，实践证明，秋季驱虫在治疗和预防肉牛寄生虫病上发挥了重要作用。也有研究深冬驱虫，在深冬一次大剂量的用药将肉牛体内的成虫和幼虫全部驱除，从而降低肉牛的荷虫量，把虫体消灭在成熟产卵前，防止虫卵和幼虫对外界环境的污染，阻断宿主病程的发展，有利于保护肉牛健康。

4. 安全性原则

新补栏的育牛由于环境变化，运输、惊吓等原因，不能马上驱虫健胃，易产生应激反应，可在其饮水中加入少量食盐和红糖，连饮1周，并多投喂青草或青干草过渡。2周后，注意观察牛只的采食、排泄及精神状况，待其群体整体状况稳定后再进行驱虫健胃。

（二）体表驱虫

主要是杀灭虱、螨、蜱、蝇蛆等，常用方法有喷剂和药浴。

（1）喷剂用浓度为0.3%的过氧乙酸逐头喷洒牛体，能够杀灭细菌繁殖体、芽孢、霉菌和病毒等多种病原微生物，再用0.25%浓度的螨净乳剂对牛体全面擦拭，使药液浸渍体肤；也可以用2%～5%敌百虫溶液涂擦牛体。首次用约1周后需要再重复用药1次效果比较理想。

（2）药浴在温暖季节可以使用，将杀虫药物按使用说明配成所需浓度的溶液置于药浴池内，将牛只除头部以外的各部位浸于药液中0.5h或1h，即达到杀灭体外寄生虫的目的。这种方法能使牛体表各部位与药液充分接触，杀虫效果理想可靠。

（三）体内驱虫

体内驱虫可以每季度进行1次。体内驱虫常用的驱虫药物有阿维菌素、伊维菌素、丙硫咪唑、盐酸左旋咪唑。

使用方法：空腹时口服，0.1%伊维菌素、阿维菌素按0.2mg/kg体重，丙硫咪唑按10mg/kg体重；盐酸左旋咪唑按7.5～15mg/kg体重。也可以伊维菌素针剂肌内注射与丙硫咪唑口服联合使用，药效更佳。

（四）体内外同时驱虫

牛群体内外同时驱虫，可以用吩苯达唑。

使用方法：每吨饲料按照0.5kg拌料，要求混合均匀，按正常投料方法饲喂。

二、健胃的方法

健胃工作一般选择在驱虫后进行，肉牛健胃方法多种多样，一般在驱虫3d后，为增加肉牛食欲，改善消化机能，应用健胃剂调整胃肠道机能，常用健胃散、人工盐、胃蛋白酶、龙胆酊等，一般健胃后的肉牛精神好、食欲旺盛。

驱虫后每头小肉牛用苏打片10g，早晨拌入饲料中喂服洗胃，2d后，每头小肉牛再喂大黄苏打片5g健胃。育肥牛可以用牛健胃散健胃，按5%添加到精料中，连用5d，对体况特别瘦弱的牛可在灌服健胃散后，再灌服酵母粉，每天1次，每次250g或喂酵母片50～100片。

人工盐的用法是，按 60 ~ 150g 口服，每天 1 次，连用 3 ~ 5d。另外，如果肉牛粪便干燥，每头牛可以喂复合维生素制剂 20 ~ 30g 和少量植物油。如果是耕牛，清明节前后常常可以见到农户用植物油罐耕牛，给耕牛健胃，这种农耕文化由来已久。

驱虫健胃是肉牛健康养殖的关键环节，只有掌握好运用好，每个养殖户都能以最少的饲料消耗获得更高效的肉牛育肥日增重，生产出优质高档牛肉，从而获得更高的经济效益。

第三节　牛场常用药物

一、抗微生物药

（一）作用于革兰氏阳性菌的主要抗生素

作用于革兰氏阳性菌的常用抗生素类药物主要是青霉素类、头孢菌素类、大环内酯类和林可胺类。

1. 青霉素类

包括苄青霉素（青霉素 G）、氨苄青霉素（安比西林）和羧苄青霉素。

2. 头孢菌素类

为白色或黄白色晶粉，易溶于水，注射使用。包括噻孢霉素（头孢菌素）、头孢唑啉（先锋霉素 V）和头孢噻吩（头孢氨噻肟）。

3. 大环内酯类

包括红霉素和泰乐菌素。林可胺类包括林可霉素（洁霉素）和杆菌肽。

（二）作用于革兰氏阴性菌的主要抗生素

作用于革兰氏阴性菌的常用抗生素类药物主要有氨基糖苷类和多黏菌素类。

1. 氨基糖苷类

包括链霉素、庆大霉素、新霉素、卡那霉素、丁胺卡那霉素（阿米卡星）、壮观霉素（大壮观霉素）、妥布霉素和核糖霉素（维他霉素）。

2. 多黏菌素类

包括多黏菌素 B、多黏菌素和多黏菌素 E（抗敌素）。

（三）广谱抗生素

常用广谱抗生素主要包括四环素类、氯霉素类。四环素类包括土霉素（氧四环素）、四环素、金霉素和强力霉素（脱氧土霉素）。

（四）作用于支原体的抗生素

目前作用于支原体的有效药物主要是北里霉素，主要治疗支原体肺炎、痢疾。

（五）作用于真菌的抗生素

有效抵抗真菌感染的抗生素主要是抗真菌抗生素和合成抗真菌药。

1. 合成抗真菌药

包括克霉唑（二苯甲咪唑）和酮康唑。

（1）克霉唑（二苯甲咪唑）。

对内脏致病性真菌病具有良好的疗效；多用于治疗全身性和深部真菌感染。

（2）酮康唑。

用于治疗消化道、呼吸道及全身性真菌感染、皮肤黏膜等浅表真菌感染。

2. 抗真菌抗生素

抗真菌抗生素分为灰黄霉素、制霉菌素和两性霉素 B（芦山霉素）。

（1）灰黄霉素。

主要治疗各类浅表癣病。

（2）制霉菌素。

主要治疗牛真菌性网胃炎、真菌性乳腺炎、子宫炎等，外用治疗体表真菌感染。

（3）两性霉素 B（芦山霉素）。

主要对全身性深部真菌感染具有较强的抑制作用，是治疗深部真菌感染的首选药物。

二、驱虫药

寄生虫病是危害动物生产的一类主要疾病。寄生虫的种类繁多，主要有线虫、吸虫、绦虫、原虫以及体外寄生虫。驱虫药包括驱线虫药、驱吸虫药、驱绦虫药和抗原虫药。

（一）驱线虫药

包括左旋咪唑、酒石酸噻嘧啶、酒石酸莫仑太尔、噻苯达唑、阿苯达唑、芬苯达唑和虫克星。左旋咪唑驱虫对象是血矛属、奥斯特他属、古柏属、毛圆属、仰口属、大肠食道口属、毛首属线虫及牛蛔虫。酒石酸噻嘧啶和酒石酸莫仑太尔驱虫对象是牛捻转血矛线虫、毛圆线虫、细颈线虫、奥斯特他线虫、古柏线虫、食道口线虫、仰口线虫、下伯特线虫。噻苯达唑驱虫对象是绝大多数消化道线虫。阿苯达唑驱虫对象是胃肠道线虫、肺线虫、肝片吸虫、绦虫等。芬苯达唑驱虫对象是血矛属、奥斯特他属、古柏属、毛圆属、仰口属、食道口属矛线虫及莫尼茨绦虫。虫克星驱虫对象是线虫、皮蝇蛆、虱、螨、蚤等。

（二）驱吸虫药

包括六氯对二甲苯（血防846）、吡喹酮、硝氯酚、别丁（硫双二氯酚）、六氯乙烷（吸虫灵）和呋喃丙胺。六氯对二甲苯（血防846）和硝氯酚驱虫对象是肝片吸虫；吡喹酮驱虫对象是曼氏血吸虫、埃及血吸虫、日本血吸虫、多头绦虫、棘球绦虫、中华枝睾吸虫；别丁驱虫对象是肝片吸虫、前后盘吸虫、莫尼茨绦虫、隧状绦虫；六氯乙烷（吸虫灵）驱虫对象是肝片吸虫、前后盘吸虫的成虫及其他线虫；呋喃丙胺驱虫对象是各种吸虫。其中六氯乙烷（吸虫灵）毒性较大，主要表现在肝功能受损，中毒表现反刍减弱、食欲下降、腹泻，注射葡萄糖酸钙可缓解。

（三）驱绦虫药

包括氯硝柳胺和氯硝柳胺呱嗪。氯硝柳胺驱虫对象是莫尼茨绦虫、裸头绦虫；氯硝柳胺呱嗪驱虫对象是各类绦虫。

（四）抗原虫药

包括噻匹拉明、新肿凡钠明、舒拉明、二脒那嗪、喹啉脲、吖啶黄、咪哆卡和青蒿素。噻匹拉明驱虫对象是牛伊氏锥虫、马媾疫锥虫；新肿凡钠明、舒拉明驱虫对象是牛伊氏锥虫；二脒那嗪驱虫对象是双芽焦虫、巴贝斯焦虫、柯契卡巴贝斯焦虫；喹啉脲驱虫对象是双芽焦虫、巴贝斯焦虫、柯契卡巴贝斯焦虫；吖啶黄驱虫对象是巴贝斯焦虫；咪哆卡驱虫对象是双芽焦虫、巴贝斯焦虫；青蒿素驱虫对象是双芽焦虫、泰勒焦虫以及疟原虫等。其中新肿凡钠明毒性大，刺激性强，过量时引起不安、出汗、肌颤，舒拉明毒性大，过量伤肝、肾、脾，导致呼吸困难等，使用时应注意。喹啉脲副作用大，中毒时可用阿托品解毒。

三、作用于消化系统的药物

牛的消化系统比较复杂，与单胃动物不同，因而作用于消化系统的药物较多，主要包括健胃药、瘤胃兴奋药、制酵消沫药、泻药以及止泻药等。但药物应配合使用以发挥最好效果。

（一）药物分类

1. 健胃药

健胃药有苦味健胃药、芳香健胃药和盐类健胃药。苦味健胃药包括龙胆末、龙胆酊、复方龙胆酊类、大黄末、大黄苏打片类和潘木鳖酊。前两类主治食欲减退、消化不良，潘木鳖酊主治消化不良、胃肠迟缓、食欲不振、瘤胃积食。但潘木鳖酊具有蓄积作用，用药不可超过一周。

芳香健胃药包括橙皮酊、大蒜酊、复方大黄酊和姜酊。橙皮酊主治消化不良、臌胀、积食及咳嗽多痰；大蒜酊主治瘤胃臌胀、前胃迟缓、胃扩张、肠臌气、卡他性胃肠炎；复方大黄酊主治消化不良、瘤胃积食；姜酊主治消化不良、胃肠臌气。

盐类健胃药包括氯化钠、碳酸氢钠和人工盐。氯化钠主治消食健胃、促进食欲、消炎；碳酸氢钠主治胃肠卡他、健胃、酸中毒、祛痰等；人工盐主治消化不良、瘤胃迟缓。碳酸氢钠服后产生大量二氧化碳，增加胃内压，因而禁用于胃扩张病。

2. 瘤胃兴奋药

瘤胃兴奋药包括10%氯化钠、胃复安、氯化乙酰胆碱、新斯的明和硝酸毛果芸香碱。10%氯化钠主治前胃迟缓、蠕动力弱；胃复安主治消化不良、结肠臌气、呕吐；氯化乙酰胆碱主治便秘疝、肠迟缓、前胃迟缓；新斯的明主治便秘疝、肠迟缓、前胃迟缓；硝酸毛果芸香碱主治不完全性阻塞、前胃迟缓。氯化乙酰胆碱对孕、弱及心、肺功能差者禁用，禁止静脉注射，新斯的明孕畜禁用，硝酸毛果芸香碱孕、弱及心、肺功能差者禁用，完全阻塞的病畜禁用。

3. 制酵消沫药

制酵消沫药包括甲醛溶液、松节油和二甲基硅油。甲醛溶液主治急性瘤胃臌气；松节油主治瘤胃臌气、胃肠臌胀；二甲基硅油主治瘤胃泡沫性臌气。甲醛溶液对瘤胃微生物有杀灭作用，不宜反复使用。

4. 泻药

泻药包括容积性泻药、刺激性泻药和润滑性泻药。容积性泻药包括硫酸钠（芒硝）和硫酸镁，治疗大肠便秘，排出肠内毒物和瓣胃阻塞。硫酸钠（芒硝）是首选泻药之一，治疗便秘，配合大黄、枳实、厚朴等药物效果更好。硫酸镁禁与氯化钙、碳酸氢钠混用；超剂量或注入过快易中毒，出现呼吸浅表、肌腱反射消失，可静脉注射氯化钙解救。

刺激性泻药主要是大黄，治疗便秘。与硫酸钠配合使用，效果较好。

润滑性泻药主要是液态石蜡（石蜡油），治疗小肠便秘，是比较安全的泻药。

5. 止泻药

止泻药包括活性炭（药用碳）、白陶土、鞣酸与鞣酸蛋白和矽碳银。活性炭（药用碳）用于治疗腹泻、肠炎、毒物中毒等；白陶土用于治疗下痢、肠炎；鞣酸与鞣酸蛋白用于治疗急性肠炎、非细菌性腹泻；矽碳银用于治疗急性胃肠炎、腹泻。

（二）临床合理用药

健胃药和助消化药用于动物食欲不振、消化不良等疾病，不能单选用对此病效果较好的药物，同时还要配合用药。牛不吃草时可选用胃蛋白酶，配合稀盐酸或稀醋酸疗效良好。如采食大量易发酵或腐败变质的饲料导致的胀气、急性胃扩张，一般选用制酵药，并根据病情配合瘤胃兴奋药。中毒引起的瘤胃胀气，除制酵外，还要对因治疗。泡沫性膨胀时，必须选用二甲基硅油等消沫药。选用泻药时多与制酵药、强心药、体液补充药配合使用。大肠便秘的早、中期，一般选用盐类泻药，配合大黄等。小肠便秘的早、中期，一般选用植物油、液体石蜡。排出毒物，一般选用盐类泻药，配合植物性泻药，但不能用植物油。便秘后期，产生炎症的情况下，只能选用润滑性泻药，特别对孕畜有一定的保护作用，以防流产。应用泻药时以防大量的水分排掉，产生脱水现象，应注意补水。

四、作用于呼吸系统的药物

（一）药物分类

作用于呼吸系统的药物主要有祛痰类、镇咳类、平喘类药物。

1. 祛痰类药物

祛痰类药物包括氯化铵、碘化钾和乙酰半胱氨酸。

氯化铵主治呼吸道炎症初期，痰液黏稠而不易咳出的病例；碘化钾主治慢性或亚急性支气管炎；局部病灶注射治疗牛放线菌病等；乙酰半胱氨酸主治急、慢性支气管炎、支气管扩张、喘息、肺炎、肺气肿等。需注意氯化铵禁与磺胺类药物配合使用；禁与碱、重金属盐配合使用；胃脏、肝脏、肾脏机能障碍时要慎用。

2. 镇咳类药物

镇咳类药物主要是咳必清（枸橼酸喷托维宁）、复方甘草合剂和可待因（甲基吗啡）。

咳必清（枸橼酸喷托维宁）治疗伴有剧烈干咳的急性呼吸道炎症，常与祛痰药合用；大剂量会导致腹胀和便秘；心脏功能不全、伴有肺部淤血的患牛忌用。复方甘草合剂具有镇咳、祛痰、平喘作用，用于治疗一般性咳嗽。可待因（甲基吗啡）用于无痰、剧痛性咳嗽及胸膜炎等引起的干咳，对多痰性咳嗽不宜应用，以免造成呼吸道阻塞。

3. 平喘类药物

平喘类药物主要包括氨茶碱和麻黄碱。

氨茶碱主治痉挛性支气管炎，急、慢性支气管哮喘，心力衰竭时的气喘及心脏性水肿的辅助治疗，但具刺激性，应深部肌内注射；静脉注射限量，并用葡萄糖稀释至 2.5% 以下，缓慢滴注；不能与维生素 C、盐酸四环素等酸性药物配伍；麻黄碱用于轻症支气管喘息，配合祛痰药用于急、慢性支气管炎的治疗，对中枢兴奋作用较强，用量过大会导致病牛骚动不安，甚至惊厥等中毒症状，严重时采用巴比妥类等药物解毒。

（二）临床合理用药

呼吸道炎症初期，痰液黏稠而不易咳出时，可选用氯化铵祛痰。而呼吸道感染伴有发热等全身症状的，应以抗菌药物控制感染为主，同时选用刺激性较弱的祛痰药氯化铵。碘化钾刺激性较强，不适用于急性支气管炎。

当痰液黏度高、频繁而无痛的咳嗽亦难以咳出时，可选用碘化钾内服或其他刺激性祛痰药物，如松节油等蒸气吸入。

轻度咳嗽或多痰性咳嗽，不应选用镇咳药止咳，只要选用祛痰药将痰排出后，咳嗽就会减轻或停止。但对长时间频繁而剧烈的疼痛性干咳，应选用镇咳药，如可待因等止咳，或选用镇咳药与祛痰药配伍的合剂，如复方咳必清糖浆、复方甘草合剂等。对急性呼吸道炎症初期引起的干咳，也可选用非成瘾性镇咳药咳必清。

治疗喘息，应注重对因治疗。对于因细支气管积痰而引起的气喘，通常在镇咳、祛痰的同时，也就得到缓解，而对于因支气管痉挛等引起的气喘，则需选用平喘药治疗。在选用平喘药时应慎重。因为平喘药多数都对中枢神经和心血管系统有一定的副作用。一般轻度喘息，可选用氨茶碱或麻黄碱平喘，辅以氯化铵、碘化钾等祛痰药进行治疗，以使痰液迅速排出。但不宜应用可待因或咳必清等镇咳药，因其能阻止痰液的咳出，反而加重喘息。

此外，肾上腺糖皮质激素、异丙肾上腺素等均有平喘作用，可适应于过敏性喘息。

五、作用于泌尿、生殖系统的药物

泌尿生殖系统即泌尿系统和生殖系统。作用于生殖系统的药物主要是激素类和合成类激素，用于平衡体内生殖激素水平，维护正常生殖机能，同时用于调整性周期、增进动物生殖器官功能等的繁殖控制工作。作用于泌尿系统的药物，主要是一些具有利尿功能、脱水作用的药物。

（一）作用于生殖系统的药物

包括黄体酮、绒毛膜促性腺激素、缩宫素（催产素）、前列腺素。

黄体酮主治黄体功能不足引起的早期流产、习惯性流产和卵巢囊肿引起的慕雄狂症，并具有促进子宫内膜体生长、子宫内膜充血、增厚，抑制子宫收缩等功用，可作为保胎药；绒毛膜促性腺激素临床用于同期发情，促进排卵、提高受胎率，也用于母牛诱发发情和习惯性流产；缩宫素（催产素）用于催产和引产，治疗产后子宫出血、胎衣不下、排出死胎、子宫复位不全、催乳等；前列腺素分为诺前列素、前列烯醇。诺前列素治疗持久黄体不孕症，促进发情，前列烯醇用于母牛同期发情等。

（二）作用于泌尿系统的药物

主要是利尿药。包括双氢氯噻嗪、速尿、氨苯蝶啶、甘露醇和山梨醇。

双氢氯噻嗪用于心脏、肾脏、肝脏等疾病继发性水肿；速尿适用于各种利尿药无效时的严重水肿；氨苯蝶啶适用于肝脏性水肿以及其他恶性水肿和腹水；甘露醇是治疗脑水肿首选药，用于术后无尿症等；山梨醇治疗脑水肿，预防急性肾功能衰竭等。但氨苯蝶啶在肝脏、肾脏功能严重减退或高血压症病牛忌用，甘露醇对慢性心脏功能不全病畜禁用，用量不宜过大，滴注不宜过快，药液且无漏出血管。

六、作用于心血管系统的药物

治疗心血管系统的药物包括强心类药物、止血类药物、抗凝血类药物和抗贫血类药物。

（一）强心类药物

包括洋地黄、地高辛、洋地黄毒苷和毒花旋毛子苷 K。

洋地黄和地高辛主治各种原因引起的慢性心功能不全，阵发性室上性心动过速，但洋地黄在体内代谢和排泄缓慢，易蓄积，未用过强心苷的病例方可常规给药；用药期间，禁忌静脉注射钙剂、肾上腺素类药物；安全范围小，毒性反应为厌食、呕吐、腹泻等；心内膜炎、急性心肌炎、创伤性心包炎慎用。地高辛在小肠吸收，体内分布广泛，作用强而迅速，显著减缓心率，具有较强利尿作用，排泄快，而积蓄作用较小，使用较安全。

洋地黄毒苷主治慢性心功能不全；毒花旋毛子苷 K 主治急性心衰，特别是对洋地黄无效的病症，是高效、速效强心苷药物；适用于急性心功能不全或慢性心功能不全的急性发作；排泄迅速、蓄积作用小，维持时间短；不能皮下注射。

（二）止血类药物

包括维生素 K_3、安乐血和凝血酸。

维生素 K_3 主治出血症、低凝血酶原症等；安乐血主治鼻出血、内脏出血、血尿、视网膜出血、手术后出血、产后出血等，禁与脑垂体后叶素、青霉素 G、盐酸氯丙嗪混合；不能与抗组胺药物同时使用；凝血酸创伤止血效果显著，手术前预防用药，但肾功能不全以及术后有血尿的患畜慎用；用药后可能发生恶心、呕吐、食欲减退、嗜睡等，停药后即可消失。

（三）抗凝血类药物

包括枸橼酸钠和肝素钠。

枸橼酸钠抗血栓，多用于体外抗凝血；肝素钠防止血栓栓塞性疾病。

（四）抗贫血类药物

包括硫酸亚铁和维生素 B_{12}。

硫酸亚铁主治贫血症，采食后给药；维生素 B_{12} 主治巨幼红细胞性贫血及神经损害性疾病，也可用于神经炎、神经萎缩等疾病的辅助治疗。

七、镇静与麻醉药物

（一）镇静药

指能加强大脑皮层的抑制过程，从而使被破坏的兴奋过程和抑制过程得以恢复平衡的药物。较大剂量可以促进睡眠，大剂量还可呈现抗惊厥作用和麻醉作用。临床主要应用于消除动物的狂躁、不安和攻击行为等过度兴奋症状。

镇静药包括马来酸乙酰丙嗪、溴化钠、溴化钾和溴化钙。

1. 马来酸乙酰丙嗪

镇静安定、麻醉前给药。

2. 溴化钠、溴化钾和溴化钙

治疗中枢神经过度兴奋的患病牛也可用于便秘、急性胃扩张、臌气等造成的痉挛性腹痛，溴化物对局部组织和胃肠黏膜有刺激性，静脉注射不可漏出血管外，本品排泄缓慢，长期应用可引起蓄积中毒。连续用药不宜超过 1 周。发现中毒应立即停药，可内服或静脉注射氯化钠，并给予利尿药，注意水肿病牛忌用，忌与强心苷类药物合用。

（二）麻醉药

麻醉药包括局部麻醉药和全身麻醉药。

1. 局部麻醉药

包括普鲁卡因（奴佛卡因）、利多卡因（昔罗卡因）、丁卡因和盐酸布比卡因。

普鲁卡因（奴佛卡因）是临床应用最多的局麻药，主要用于牛的浸润麻醉、传导麻醉、椎管内麻醉。在损伤、炎症及溃疡组织周围注入低浓度溶液，作封闭疗法。但本品不可与磺胺类药物配伍用；利多卡因（昔罗卡因）临床主要用于动物的表面麻醉、浸润麻醉、传导麻醉及硬膜外腔麻醉，也可用作窦性心动过速，治疗心律失常；丁卡因临床常用于表面麻醉及硬膜外腔麻醉，由于毒性较大（约为普鲁卡因的 10 倍），注射后吸收又迅速，所以一般不宜作浸润麻醉和传导麻醉。盐酸布比卡因用于浸润麻醉、传导麻醉、硬膜外麻醉和蛛网膜下腔麻醉。本品麻醉性能强，作用时间长，为长效局麻药。

2. 全身麻醉药

包括水合氯醛、氯胺酮（开他敏）、硫喷妥钠和氟烷。

水合氯醛作麻醉药时，为减少其副作用，在麻醉前 15min 给予阿托品。作镇静、解痉和抗惊厥药时，用于过度兴奋、痉挛性疝痛、痉挛性咳嗽，子宫、阴道和直肠脱出的整复，肠阻塞、胃扩张、消化道和膀胱括约肌痉挛以及破伤风、士的宁中毒引起的惊厥发作等。本品刺激性大，静脉注射时先注入 2/3 的剂量，余下 1/3 剂量应缓慢注入，待动物出现后躯摇摆、站立不稳时，即可停止注射，切不可漏出血管，内服或灌注时宜用 10% 的淀粉浆配成 5% ～ 10% 的浓度应用。本品能抑制体温中枢，使体温下降 1 ～ 3℃，故在寒冷季节应注意保温。有严重心、肝、肾脏疾病的病畜禁用。

氯胺酮（开他敏）常用于牛的基础麻醉药和镇静性化学保定药。多以静脉注射方式给药，作用发生快，维持时间短。本品在麻醉期间，动物睁眼凝视或眼球转动，咳嗽与吞咽反射仍然存在，呈木僵状态。

硫喷妥钠可单独用作全身麻醉药，还可作为诱导麻醉药使用，也用作抗惊厥药。本品能使牛大量分泌唾液，故必须在麻醉前先注射阿托品。

氟烷用于全身麻醉或基础麻醉。应用本品麻醉时，不能并用肾上腺素或去甲肾上腺素，也不可并用六甲双铵、三碘季铵酚和萝芙木衍生物；不宜用于剖腹产麻醉；麻醉时，给药速度不宜过快，如呼吸运动减弱或肺通气量减少时，应立即输氧、人工呼吸，并迅速减轻麻醉或停止吸入。

八、解热镇痛抗风湿药

解热镇痛抗风湿药是治疗发热、感冒与风湿疼痛的药物。此类药分苯胺类、吡唑酮类、水杨酸类。

（一）苯胺类

包括扑热息痛和非那西丁，用于各类热、痛病症。

（二）吡唑酮类

包括氨基比林、保泰松和安乃近。氨基比林治疗肌肉痛、神经痛、关节痛；保泰松治疗风湿病、关节炎、腱鞘炎、睾丸炎等；安乃近治疗肠痉挛，肠臌气，关节、肌肉风湿及神经痛，但长期使用会产生颗粒性白细胞缺乏症。

（三）水杨酸类

包括水杨酸钠、阿司匹林（乙酰水杨酸钠）。

水杨酸钠用于急性风湿性关节炎、肿胀消退，本品静脉注射应缓慢，严防漏到血管外，不宜大剂量长期使用；阿司匹林（乙酰水杨酸钠）用于高热、感冒、关节痛、风湿病、神经肌肉痛等。

九、液体补充剂

液体补充剂主要包括血容量补充药和电解质及酸碱平衡药物。

（一）血容量补充药

包括葡萄糖和右旋糖酐40。

1. 葡萄糖

主要功能是供给能量、解毒、补充体液、强心脱水。静脉注射高渗葡萄糖溶液也能消除水肿。其中5%葡萄糖溶液用于高渗性脱水、大失血等；10%葡萄糖溶液用于重病、久病、体质过度虚弱的家畜；10%、25%葡萄糖溶液可用于心脏衰弱、某些肝脏病化学药品和细菌性毒物的中毒、牛醋酮血病、妊娠毒血症等；50%葡萄糖溶液可消除脑水肿和肺水肿。

2. 右旋糖酐40

主要用于扩充和维持血容量，治疗因失血、创伤等引起的休克。能提高血浆胶体渗透压，吸收血管外的水分而扩充血容量，维持血压；使已经聚集的红细胞和血小板解聚，降低血液的黏稠性；抑制凝血因子Ⅱ的激活，防止血栓的形成。

（二）电解质及酸碱平衡药物

包括氯化钾、碳酸氢钠、乳酸钠、三羟甲基氨基甲烷（缓血酸胺）。

1. 氯化钾

主要用于钾摄入不足或排钾过量所致的钾缺乏症或低血钾症，静脉注射钾盐应缓慢，防止血钾浓度突然上升而造成心脏骤停，肾功能障碍、尿闭及机体脱水、循环衰竭等情况禁用或慎用。

2. 碳酸氢钠

用于严重酸中毒（酸血症）、碱化尿液，其作用迅速，疗效确实，为防治代谢性酸中毒的首选药。但对组织有刺激性，注射时不可漏出血管外，避免与酸性药物、复方氯化钠、硫酸镁、盐酸氯丙嗪等混合应用心脏、肾脏功能衰竭病畜，应慎用。

3. 乳酸钠

主要用于代谢性酸中毒，但其作用不及碳酸氢钠迅速和稳定，应用较少。

肝功能不全、休克缺氧、心功能不全患畜慎用。

4. 三羟甲基氨基甲烷（缓血酸胺）

既适用于治疗代谢性酸中毒，也适用于治疗急性呼吸性酸中毒，还适于治疗两者兼有的酸中毒。由于其不含钠，且有利尿作用，故对伴有急性肾功能衰竭、水肿或心衰的酸中毒病畜也适用。本品溶液呈强碱性，静脉注射时勿漏于血管外，大剂量迅速滴入时，可因二氧化碳张力下降过快而抑制呼吸中枢，故忌用于慢性呼吸性酸中毒，应用过量或肾功能不全时，可引起碱血症，忌用于慢性肾性酸血症。

第四节　肉牛常见病防治

一、常见传染病

对肉牛生产危害最严重，会造成大批肉牛死亡和肉产品损失，而且某些人畜共患的传染病，还会给人民健康带来严重威胁。

（一）炭疽

多发生于炎热多雨的季节。由炭疽杆菌引起的一种急性、热性、败血性传染病，主要传染源是病畜，经消化道感染。常因采食被污染的饲料、饮水而感染，其次是带有炭疽杆菌的吸血昆虫叮咬，通过皮肤而感染。

临床上可分为最急性型、急性型、亚急性型。最急性型为牛突然发病，体温升高，出现昏迷、突然卧倒、呼吸极度困难、可视黏膜呈蓝紫色、口吐白沫、全身战栗、心悸等症状，不久出现虚脱，濒死期天然孔出血，出现症状后数分钟至数小时死亡。急性型是最常见的一种类型，病初体温急剧上升到42℃、精神沉郁、脉搏呼吸增数、食欲及反刍下降或停止、可视黏膜呈蓝紫色或有小点出血、日增重迅速降低，孕牛发生流产。严重者兴奋不安，惊慌哞叫，继而则高度沉郁，皮温不均，濒死期体温急剧下降，呼吸高度困难，出现痉挛症状，发抖，通常在 1～2d 死亡。亚急性型症状类似急性型，但病程较长，2～5d，病情也较缓和。死于败血型炭疽的牛，尸僵不全，极易腐败，瘤胃臌气，天然孔有血样带泡沫的液体流出，黏膜发绀，满布出血点。脾脏暗红色急性肿大（有时可达正常的 3～4 倍），血液黑红色，凝固不良。该病潜伏期为 1～5d。病畜死亡后如怀疑为炭疽，禁止剖检。

防治措施如下。

（1）当确诊病牛为炭疽后，应立即封锁发病场所，对全场进行临床检查，可疑病牛隔离饲养并给予治疗。

（2）炭疽预防接种，每年3—4月，所有牛进行无毒炭疽芽孢苗的防疫注射，密度不得低于95%。接种前必须做临床检查，对于体弱多病，不足1月龄的犊牛及怀孕后期的母畜及体温高的牛都不能注射。

（3）对已发病的牛必须在严格隔离的条件下进行治疗。

（二）结核病

由分枝杆菌属的细菌感染而发生的慢性传染病，主要病原菌是牛型结核杆菌。典型的慢性疾患，牛群被污染后不易彻底消灭，经呼吸道和口腔感染。排菌的重症病牛是感染源。自然感染病例的潜伏期为16～45d。病初牛几乎查不出临床症状，随着病情的加重，出现可视黏膜贫血、食欲不振及日增重降低等症状。

当肺结核病灶扩散到较大范围时，可有咳嗽以及可听诊到啰音等异常的肺音，出现体温在1℃以上的弛张热型。解剖初期感染病牛，可经常发现在肺、肠及其附属淋巴结节上有米粒大到豌豆大的，呈局限性白色带有黄灰色的干酪化病灶，这些干酪化病灶呈圆形或椭圆形，也有呈不规则形态的，陈旧性病灶呈白色化或钙化状态。

结核病在临床上常取慢性经过，当饲养管理上找不出明显的原因，病牛逐渐消瘦、顽固性下痢、肺部异常、咳嗽、体表淋巴结慢性肿胀、日增重逐渐降低等，可怀疑为该病。应采用结核菌素皮内注射法和点眼法进行检疫，每年春季或秋季进行检疫，呈阳性反应者，均可判定为结核菌素阳性牛。

结核病是一种直接或间接传染所引起的慢性传染病。因此，应该建立以预防为主的防疫、消毒、卫生、隔离制度，防止疫病传入，净化污染群，培育健康牛群。

（三）布鲁氏菌病

由布鲁氏菌引起的一种人畜共患接触性传染病。传播途径主要有两种，一种是由病牛直接传染，主要是通过生殖道、皮肤或黏膜的直接接触而感染。另一种是通过消化道传染，主要是摄取了被病原体污染的饲料、饲草与饮水而感染。潜伏期为2周至6个月，母牛最显著的症状是流产，流产可发生于妊娠的任何时期，但多发生于妊娠后5～8个月。流产母牛有生殖道发炎的症状，即阴道黏膜发生粟粒大的红色结节，由阴道流出灰白色或灰色黏性分泌液。流产后常继续排出污灰色或棕红色分泌液，有时恶臭，分泌物延迟到 1 ～ 2 周后消失。如流产牛胎衣不停滞，则病牛很快康复，又能受孕，但以后可能还流产。如果胎衣停滞，则可发生慢性子宫炎，引起长期不育。流产母牛在临床上常发生关节炎、滑液囊炎、腱鞘炎、淋巴结炎等。关节炎常见于膝关节、腕关节和髋关节，触诊疼痛，出现跛行。乳房皮温增高、疼痛、乳汁变质，呈絮状，严重时乳房坚硬，乳量减少甚至完全丧失泌乳能力。公牛感染该病后，出现睾丸炎和附睾炎。目前对该病的治疗还没有特效药物，主要应当体现预防为主的原则，从非疫区健康牛群中购牛，定期检疫，隔离饲养，逐步淘汰净化。

（四）口蹄疫

口蹄疫是偶蹄兽的一种急性、发热性高度接触性传染病，其临床特征是在口腔黏膜、蹄部和乳房皮肤发生水疱性疹。

口蹄疫病毒属于微核糖核酸病毒科中的口蹄疫病毒属，在不同的条件下容易发生变异，根据病毒的血清学特性目前已知全世界有 7 个主型，即 A、O、C、南非 1、南非 2、南非 3 型和亚洲 1 型，其中有 6 个亚型。我国目前流行的是 O 型。病毒主要存在于水疱皮及淋巴液中。病牛是主要的传染源，康复期和潜伏期的病牛亦可带毒排毒，该病主要经呼吸和消化道感染，也能经黏膜和皮肤感染。其传播既有蔓延式又有跳跃式的，一年四季均可发生。

潜伏期 2 ～ 4d，最长可达 7d 左右，病牛体温升高到 40 ～ 41℃，精神沉郁、食欲下降、闭口、流涎、开口时有吸吮声。1 ～ 2d 后在唇内面、齿龈、舌面和颊部黏膜发生蚕豆大至核桃大的水疱。此时口角流涎增多，呈白色泡沫状，常挂满嘴边，采食、反刍完全停止。在口腔发生水疱的同时或稍后，趾间及蹄冠的柔软皮肤上也发生水疱，并很快破溃出现糜烂，然后逐渐愈合。若病牛衰弱，管理不当或治疗不及时，糜烂部可能继发感染化脓、坏死甚至蹄匣脱落，乳头皮肤有时也可能出现水疱，而且很快破裂形成烂斑。

该病一般为良性经过，只是口腔发病，约经 1 周即可治愈，如果蹄部出现病变时，则病期可延至 2 ～ 3 周或更久，死亡率一般不超过 1% ～ 3%。但有时当水疱病变逐渐愈合，病牛趋向恢复健康时，病情突然恶化，全身虚弱、肌肉震颤，特别是心跳加快、节律不齐，因心脏麻痹而突然倒地死亡，这种病型称为恶性口蹄疫，病死率高达 20% ～ 50%，主要是由于病毒侵害心肌所致。犊牛患病时特征性水疱症状不明显，主要表现为出血性肠炎和心肌麻痹，死亡率很高。

该病发生心肌病变及心包膜有弥漫性点状出血，心肌切面有灰白色或淡黄色斑点或条纹俗称虎斑心，质地松软呈熟肉样。

（五）疯牛病

疯牛病是最近 20 年来新发生的牛羊严重的恶性传染病，已造成巨大损失，并怀疑与人的克雅氏症（脑组织软化症）有关。病原为异常型普利昂蛋白，通过动物性饲料，如肉骨粉等，及与病牛接触传染。病牛表现严重神经症状，共济失调，兴奋与沉郁交替，最后死亡。潜伏期估计为 2～8 年，病程为 2 周至 6 个月。

该病尚无有效治疗药物。主要立足于预防，目前预防方法是杜绝给牛饲喂动物性饲料，发现病牛时，应立即把同圈牛一起扑杀，连同可能污染物品一起烧净，牛圈舍严格彻底消毒。

二、寄生虫病

常见寄生虫对牛体健康造成威胁，使肉牛的日增重下降，体质下降。

（一）体内寄生虫

1. 肝片吸虫病

它是由肝片吸虫寄生于牛的肝胆管内引起的疾病，多呈慢性。

病牛逐日消瘦，毛粗无光泽，易脱落，食欲不振，消化不良，黏膜苍白，牛体下垂部位水肿。

每年春秋两季都应给牛驱虫。发现病牛，可用中药：贯仲 12g、槟榔 30g、龙胆 12g、泽泻 12g，共研末，用水冲服。西药可口服硫双二氯酚（别丁），按每千克体重 40～60mg；或口服硝氮酚（拜耳 9015），每千克体重 5～8mg；或口服血防 846，每千克体重 125mg；或口服六氯乙烷，每千克体重 200～400mg。

2. 牛皮蝇蛆病

它是由皮蝇的幼虫寄生于牛体背部皮下而引起的疾病。

当夏季成蝇在牛体产卵时，可引起牛的恐惧，精神不安，乱跑，影响牛的休息和采食。当幼虫寄生在牛的背部皮下于春天脱出时，背部出现臌包、脓泡、脓肿，患牛背部臌起顶端有小孔的小疱，用手挤可挤出虫体。寄生的虫体数量多时，可使牛消瘦、贫血。

寄生数量不多时，可用手指用力挤出虫体，或用 2% 敌百虫溶液注入虫体寄生部位。寄生数量多时，可每隔 30d，用 2% 敌百虫溶液擦洗背部 1 次。对该虫严重流行区，可在冬季用敌百虫水溶液为牛肌内注射，用量为每千克体重30～40mg；或肌内注射倍硫磷，按每千克体重4mg使用；或口服皮蝇磷，按每千克体重110mg服用。牛对敌百虫敏感，使用时必须严格投药量。

3. 绦虫病

它是绦虫寄生于牛的小肠中引起的疾病，对犊牛危害较大。

由于绦虫体很长，常结成团块阻塞肠道。虫体生长很快，能大量吸取牛的营养，并产生毒素。所以使牛变瘦、贫血、下痢等，粪便中常见到白色米粒状或面条状的虫体节片。

此病牛羊共患，应防止羊对牛的感染。治疗方法为一次口服1%硫酸铜溶液120～150mg，或服砷酸铅0.5～1.0g，用后给蓖麻油500～800mL，或口服驱绦灵，每千克体重50mg。

4. 多头蚴病（脑包虫病）

它是由寄生于狗肠道的多头绦虫的幼虫，转寄生在牛的脑组织中引起的疾病。

病牛除消瘦、沉郁、减食外，还有神经症状。常卧地不起，反应迟钝，一侧眼睛失明或视力减退，将头转向一侧，并做旋转运动，步伐不稳，或垂头走路，直到碰到物体时止。脑包虫寄生部位头骨变软。

主要预防措施是给狗口服3～6g槟榔驱除绦虫；或捕杀野狗，以防止此病的传染。牛发病后，主要是进行头颅手术，将脑包虫囊体取出。

5. 肺丝虫病

它是由牛肺中寄生的网尾线虫引起的疾病。

牛体抵抗力弱时，出现咳嗽，呼吸困难，消瘦，贫血，食欲减退，肺部有啰音等症状。化验粪便，可见到肺线虫的幼虫。

加强饲养管理，增强牛的抵抗力，要定期驱虫。病牛可口服驱虫净，按每千克体重15mg。或口服氰乙酰肼，每千克体重17mg，也可按每千克体重15mg，配成溶液皮下注射，每日1次，连用3～5d。或口服海洋生，每千克体重0.2g。

6. 牛球虫病

牛球虫病是由艾美耳属的几种球虫寄生于牛肠道引起的以急性肠炎、血痢等为特征的寄生虫病。牛球虫病多发生于犊牛。

临床症状潜伏期为2～3周，犊牛一般为急性经过，病程为10～15d。当牛球虫寄生在大肠内繁殖时，肠黏膜上皮大量破坏脱落，黏膜出血并形成溃疡。这时在临床上表现为出血性肠炎、腹痛，血便中常带有黏膜碎片。1周后，出现前胃弛缓、肠蠕动增强、下痢，多因体液过度消耗而死亡。慢性病例，则表现为长期下痢、贫血，最终因极度消瘦而死亡。

犊牛与成年牛分群饲养，以免球虫卵囊污染犊牛的饲料。舍饲牛的粪便和垫草需集中消毒或生物热堆肥发酵。在发病时，可用 1% 克辽林对牛舍、饲槽消毒，每周 1 次。氨丙啉按每千克体重 20～50mg，一次内服，连用 5～6d。盐霉素按每天每千克体重 2mg，连用 7d。

（二）体外寄生虫

1. 蜱病

蜱，又称扁虱、草爬子，常在草地，墙缝中隐藏而在牛体外寄生。体形为扁平的椭圆形，呈红褐色，腹部有四对足。小的如虱子，雌体吸血后似蓖麻子大小。

对牛的主要危害是传染疾病，吸血，分泌毒素，使牛不安，贫血，清瘦。

牛体寄生数量少时，可人工捉除并消灭之；如数量多，可喷洒敌百虫溶液杀灭。对厩舍内躲藏的蜱，可用敌百虫溶液喷洒并堵塞墙缝。

2. 螨病

螨病是由寄生虫螨引起的皮肤病，也称癣或癞。牛疥螨多发生在眼眶，嚼肌部及颈部。

发病部位为不规则的小秃斑，表面为灰白色，奇痒。后期有痂块，皮肤变厚。病变也可发展到胸腹部位，使牛不安，在物体上擦身。取患部皮屑镜检可见到虫体。

发现病牛应及时与健康牛隔离分群，彻底清扫厩舍。治疗时，可将患部被毛剪去，用肥皂水洗净皮肤，然后用 0.5% 敌百虫溶液洗擦患部，洗的范围要大一些，隔 2～3d 洗 1 次，连续 2～3 次。

三、普通病

（一）瘤胃酸中毒

在日常的饲养管理中，由于育肥饲喂精料量过高，精粗料比例失调，不遵守饲养制度，突然更换饲料；饲喂的青贮饲料酸度过大，引起乳酸产生过剩，导致瘤胃内 pH 值迅速降低；其结果因瘤胃内的细菌、微生物群落数量减少和纤毛虫活力降低，引起严重的消化紊乱，使胃内容物异常发酵，导致酸中毒。

饲喂饲料种类不同临床症状各异，但共同特征性症状是食欲减退或废绝，脱水和排泄酸臭的稀便。

病症较轻时，食欲降低，瘤胃蠕动减弱，轻度的脱水和排泄软便，往往于 3d 后可自然恢复。严重时，食欲完全废绝，瘤胃停止蠕动，排泄酸臭的水样稀便。过食豆类时，粪便呈糊状腐败臭，并呈现狂躁不安的神经症状，最后发展为酸中毒。眼球明显凹陷，步态蹒跚，卧地，姿势与生产瘫痪相似，不能起立，陷于昏迷状态而死亡。

临床上出现下痢症状时应立即停喂精料，给予优质干草或稻草。加精料时，要按日逐渐增加喂量，切不可突然增量，配合料加适量缓冲剂。轻症病牛用变换饲料的办法经 3 ～ 4d 即可恢复。瘤胃酸中毒病情恶化较快，稍有耽误很可能死亡，应该早诊断早治疗。

临床治疗时对轻症病例，用碳酸钠粉 300 ～ 500g、姜酊 50mL、龙胆酊 50mL、水 500mL，1 次灌服。或每日灌服健康牛瘤胃液 2000 ～ 4000mL。严重时要进行瘤胃冲洗，即用内径 25 ～ 30mm 粗胶管经口插入瘤胃，排除胃内液状内容物，然后用 1% 盐水或自来水管水反复冲洗，直至瘤胃内容物无酸臭味而呈中性或弱碱性为止。常用 5% 碳酸氢钠注射液 2000 ～ 3500mL，给牛 1 次静脉注射，纠正体液 pH 值，补充碱储量，缓解酸中毒。

（二）产后瘫痪

产后瘫痪又称生产瘫痪或乳热病，多见于高产奶牛。是成年母牛分娩后突然发生的急性低血钙为主要特征的一种营养代谢障碍病，肉用繁殖母牛此病多发生于土壤严重缺磷的地区。

当血浆含钙量下降到 3.0 ～ 7.76mg/dL 时（正常健康牛血浆钙含量为 8.8 ～ 10.4mg/dL）症状更加明显。血液和组织中须有一定浓度的钙，才能维持正常肌肉的收缩力和细胞膜的通透性。血钙来源于肠道吸收的钙或动员骨骼储存的钙，肠道吸收钙和骨钙动员受甲状旁腺激素、降钙素、维生素 D、磷及代谢产物的调节。肉牛由于土壤缺磷牧草磷含量下降，未合理给母牛补磷造成钙吸收困难，妊娠过程中已把钙储耗尽，分娩后立即开始产奶，血浆中钙随乳汁大量排出体外，引起严重的低血钙症，出现产后瘫痪。

大多数发生在分娩后的 48h 以内，临床症状可分为爬卧期及昏睡期。爬卧期病牛呈爬卧姿势，头颈向一侧弯扭，意识抑制、闭目昏睡、瞳孔散大、对光反应迟钝。四肢肌肉强直消失以后，反而呈现无力状态不能起立。这时耳根部及四肢皮肤发凉，体温降至正常以下，出现循环障碍，脉搏每分钟增至 90

次左右、脉弱无力、反刍停止、食欲废绝。如上所述，此期以意识障碍、体温降低、食欲废绝为特征。昏睡期病牛四肢平伸躺下不能坐卧，头颈弯曲抵于胸腹壁，昏迷、瞳孔散大。体温进一步降低和循环障碍加剧，脉搏急速（每分钟达 120 次左右），用手几乎感觉不到脉搏。因横卧引起瘤胃臌气，瞳孔对光的反射完全消失，如不及时诊治很快就会停止呼吸而死亡。

治疗产后瘫痪主要有钙剂疗法和乳房送风法。

钙剂疗法：约 80% 的病牛用 8 ～ 10g 钙 1 次静脉注射后即可恢复。10%的葡萄糖酸钙 800 ～ 1400mL 静脉注射效果甚佳，多数病例在 4h 内可站起，对在注射 6h 后不见好转者，可能伴有严重的低磷酸盐血症，可静脉注射 15%磷酸二氢钠 250 ～ 300mL，实践证明有较好效果，但必须缓慢注射。

乳房送风法：送风时，先用酒精棉球消毒乳头和乳头管口，为防止感染，先注入青霉素注射液 80 万 IU，然后用乳房送风器往乳房内充气，充气的顺序是先充下部乳区，后充上部乳区，尔后轻轻揉搓乳头口 1 ～ 2min，使乳口括约肌恢复紧张，以免气体泄漏过快。个别乳口松的牛可用绷带轻轻扎住乳头，经 2h 后取下绷带，12 ～ 24h 后气体消失。此种方法如果和静脉注射钙剂同时进行效果更好。肉用繁殖母牛在土壤缺磷的山区、牧区可按每头每千克体重补饲 0.2g 磷酸氢钙或磷酸钠，妊娠最后 3 个月增加 10% ～ 20% 即可避免此病发生。

（三）维生素 A 缺乏症

牛吃入含维生素 A 原（胡萝卜素）的青草、胡萝卜、南瓜、玉米等之后，将胡萝卜素在肠黏膜细胞转换成维生素 A。维生素 A 的大部分和少量的胡萝卜素储存于肝脏内，其余部分维生素 A 和胡萝卜素则储存沉积在脂肪中，需要时被利用。

一般从春天到初夏在嫩青草中，无论是禾本科还是豆科的绿色部分中都含有大量的胡萝卜素。因此，在日粮中缺乏优质干草，青贮牧草和幼嫩植物，也就缺乏了胡萝卜素的来源。另外，如果母牛不缺乏维生素 A，其初乳中也含有大量维生素 A。所以让新生犊牛吃足初乳，维生素 A 就会被储存于犊牛的肝脏中，其后不易出现维生素 A 缺乏症。但吃初乳不足，通过代用乳和人工乳让其早期断奶的犊牛，往往 4 ～ 6 周出现维生素 A 缺乏症状。另外，在种植牧草时大量施用氮肥，可导致牧草硝酸盐含量过高，硝酸盐抑制胡萝卜素转变成维生素 A，所以一旦发现可疑的牛或牛群，应立即调整饲料配方。

犊牛对维生素 A 缺乏症的易感性高，初期症状是夜盲症，患牛表现无论是黎明还是傍晚都撞东西。眼睛对光线过敏，引起角膜干燥症、流泪、角膜逐渐增生混浊，特别是青年牛症状发展迅速，由于细菌的继发感染而失明。也易患肺炎和下痢，引起尿结石。缺乏维生素A的犊牛发育明显迟缓，被毛粗厉，大多易患皮肤病。骨组织发育异常，包裹软组织的头盖骨和脊髓腔特别明显，由于颅内压增高或变形骨的压迫而出现神经症状、瞳孔扩大、失明、运动失调、惊厥发作和步态蹒跚等。防治措施为加强饲养管理，给予含维生素A原较多的饲料。注意观察牛群，早发现、早治疗。在治疗上首先每千克体重肌内注射4000IU维生素A，之后7～10d内继续口服等量的维生素A。注意精饲料给量不能过多，放牧牛青草期不会缺乏，枯草期最好每2个月左右补给维生素A 50万～100万IU。

（四）青草搐搦

多发生于低温多湿的初春和晚秋，特别是在早春放牧开始后的2～3周以内发生较多。春天的青草含镁量最低，而吃食大量含钾的青草或小麦草能促使青草搐搦的发生。特别是阴雨之后迅速生长的青草和谷草中含镁、钙、钠离子及糖分都比较低，而含钾、磷离子则比较多。钾能影响瘤胃代谢，特别是镁的吸收作用。饲草中蛋白质含量过高，钾含量相对地高于钠，以及钙磷镁比例不平衡都是发生该病的因子。

病牛表现兴奋、痉挛等神经症状。特急性型的牛正在吃草时突然头向某一侧的后方伸张，呈侧反张姿势，左右滚转，反复出现强直性痉挛，2～3h内死亡。急性型的牛精神沉郁、步态蹒跚，24h以内对光线、音响、接触等敏感性增强。耳竖立、眼球震颤、瞬膜突出。头部特别是鼻、上唇、腹部、四肢的肌肉震颤，反应增强，接着出现破伤风样的全身性的强直性痉挛而倒地。血液检查，其特征是血清镁值急剧下降至0.4～0.9mg/100mL（正常值1.8～3.0mg/100mL）。血清钙值正常或稍微下降。

初春或晚秋不宜过度放牧，即便放牧也要采取半日放牧半日饲喂的方法。对曾经发生过该病的母牛要适当控制放牧时间。该病的发生主要是由于牛肠道镁的吸收能力比较低，而同时体内又缺乏控制镁代谢稳定性能力时所致。尤其是青草中镁的含量不足是一个很重要的因素，所以，平时应该在精饲料中加入氧化镁每千克体重0.1～0.2g，以补充镁的不足，该病一般呈急性经过，特别是特急性型病例，发病后2～3h即可死亡。因此，必须抓紧时间进行治疗。该病的治疗，补给镁和钙制剂极为有效，20%硫酸镁溶液200～400mL，连日或隔日静脉或皮下注射3次，首次应配合静脉注射20%硼酸葡萄糖酸钙注射液 200mL，效果较好。

（五）胃肠炎

分为传染性胃肠炎和饮食性胃肠炎两种。发病多由于突然改变饲料，喂给腐败、霉烂、变质的饲料，食入有毒物质及冰冻饲料等。胃肠出血型败血病、犊牛大肠杆菌病、沙门氏杆菌病、恶性卡他热、病毒性下痢、空肠弧菌性冬痢、犊牛球虫病、肝片吸虫病等传染性疾病也能引起该病的发生。

病牛突然发生剧烈而持续性腹泻。排出的粪便稀呈水样，有黏液、假膜、血液或脓性物，恶臭。食欲、反刍消失，但口渴。喜卧地，表现腹痛，眼球下陷，精神不好，四肢无力。

消除发病因素，禁止喂给有毒食物和霉烂、变质饲料。如发现是由于传染性疾病引起的，应及早隔离消毒。应该用抗菌消炎药物治疗。内服黄连素，每日 3 次，每次 2 ~ 4g。如发生严重脱水、酸中毒时，可考虑进行输液治疗。

（六）口炎

单纯性或卡他性口炎，是由于粗糙的草料、异物、化学物质的损伤或人为的器械损伤而引起的；或由齿病、咽炎等病并发而得。其他类型的口炎，主要是指传染病引起的并发性口炎。多见于犊牛。

病牛不愿吃食，特别是不吃过热、过冷或粗硬的饲草饲料。口黏膜疼痛，发红，肿胀，流涎，甚至口臭，糜烂，出血，化脓和溃疡（主要在舌根部）。用开口器打开口腔往往在患处（创口）找到尖锐的草茬等异物。

对传染病的并发性口炎，要加强病牛的饲养管理，做好消毒和隔离工作，以杜绝传染。对其他原因引起的口炎，要注意齿病、舌伤的防治，要避免机械或化学物质损伤口腔，要提高草料的加工质量。

轻度的卡他性口炎，可用软弱的消毒液冲洗，如 0.1% ~ 1% 的雷佛奴尔或高锰酸钾；若已糜烂及有渗出液者，可用 0.5% 强蛋白银或 2% 明矾治疗；有溃疡者，用碘量油（1:5）涂抹；对有全身症状者，可用抗生素药物，也可将兽用冰硼散每日用小竹管或残纸管吹入患处，每次少许。

（七）前胃弛缓

发病主要原因是突然更换饲料或饲喂精料过量，长期饲喂难于消化的粗硬饲草或饲喂潮湿、变质发霉的草料等。也与不定时、不定量饲喂有关，有时也可由其他疾病引起。

食欲减退或废绝，反刍次数减少或停止，瘤胃及肠的蠕动变弱。粪便减少，先干燥而后变稀，甚至有恶臭。鼻镜干燥、磨牙、瘤胃有时扩张，按压有痛感。

主要应做好预防工作，如加强饲养管理，合理调配饲料，不喂发霉变质的饲料等。牛发病后一般应停食 1～2d，再给予易消化的饲料。轻者可减少饲料喂量。为促进瘤胃蠕动，可用 5% 氯化钙溶液和 5% 氯化钠溶液（每千克体重 1mL），加入苯甲酸钠咖啡因 2～3g，静脉注射。若瘤胃蠕动尚未完全消失，可用酒石酸锑钾 6～12g，溶于 100～200mL 水中，口服。也可以多次少量重复注射胆碱药物，如新斯的明（每千克体重 0.02～0.06mL）或氨甲酚胆碱（每千克体重 0.004～0.008mL），一次皮下注射。有条件时，可每天静脉注射葡萄糖生理盐水 2500～4000mL 1～2 次。如发现瘤胃酸中毒时，还可另外静脉注射 3%～5% 碳酸氢钠溶液 500～750mL。恢复期，可每日口服健胃粉 1～2 次，每次 30～50g。也可灌服生姜酊、大黄酊、龙胆酊、桂皮酊、橙皮酊等，每日 1～2 次，每次 60～80mL。

（八）瘤胃积食

过食大量不易消化，不易反刍的粗纤维饲草，过食大量精料，或因胃的其他疾病，均能引起瘤胃积食。

病初，牛的食欲不强，反刍、嗳气减少或停止，背拱起，努责，磨齿，摇尾，站立不安，时起时卧。从腹壁外或直肠内按压瘤胃时，呈坚硬沙袋样，有痛感。病情严重时，呼吸和心跳加快，口臭，脱水，行动无力，四肢颤抖，卧地，甚至发生酸中毒而昏迷，视觉扰乱，呼吸加深。

防止牛贪食，食前、食后要有一定的休息时间；不宜单纯饲喂不易反刍和消化的饲草，要与其他饲草料混合饲喂；防止过食大量精料；防止过量运动。

如发现此病，可灌服硫酸钠（或硫酸镁）500～1000g（配制成 8%～10% 水溶液）。也可服石蜡油、蓖麻油等泻药。随后大量输给葡萄糖、氯化钠等补液，每日 2～3 次，每次 2000～4000mL。如发现有酸中毒现象，应在补液时另加 5% 碳酸氢钠溶液，每次 300～600mL，并进行洗胃。在进行上述治疗的基础上，再给予新斯的明，氨甲酰胆碱或高渗氯化钠溶液等促进瘤胃运动的兴奋药。此病也可服用中药，其配方为大黄 90g、芒硝 240g、枳壳 60g、厚朴 30g、青陈皮 120g、麦芽 150g、山楂 90g、槟榔 60g、木香 30g、香附 30g，水煎后灌服。

（九）瘤胃臌气

由于牛吃了大量易发酵的饲料，如春天开牧或突然改变饲草未给予过渡期所引起，以肥嫩多汁的青草，特别是豆科牧草最易引发该病，也有因吃了腐败变质的饲草饲料，冻伤的土豆、萝卜、山芋等块根块茎饲料，误食有毒植物等造成瘤胃麻痹，或这些饲料发酵产生大量小泡沫不破裂，妨碍嗳气（例如18碳S蛋白过多时）而引起发病。

患急性瘤胃膨气的病牛，腹围增大，而以左侧膨胀最明显。食欲和反刍完全消失，站立不稳，惊恐，出汗，呼吸困难，眼球突出。慢性发病者，常呈周期性发作，时间长者会继发便秘、下痢等。

防治瘤胃臌气，干草可改为鲜草（特别是豆科草、嫩草），以及饲料大规模更换要有过渡期，防止牛大量食入发酵饲料、变质饲料和异物。

如发生急性病例或窒息危险时，应采取急救措施，即用套管针进行瘤胃穿刺放气。属于泡沫性臌气者，可经套管针筒注入松节油、鱼石脂、酒精合剂100～200mL。非泡沫臌气者，可投喂氧化镁50～100g的水溶液，或新鲜澄清的石灰水1000～3000mL。也可将臭椿树皮捣碎灌服；或萝卜子500g、大蒜头200g，捣烂加麻油250g，灌服；或熟石灰200g、熟油500g，灌服。

（十）创伤性网胃炎

草料中混有铁丝、铁钉以及尖锐的铁器，牛误食到网胃中刺破胃壁，使胃穿孔而发病。此病并发局部或弥漫性腹膜炎。

网胃穿孔后，牛吃食突然减少，反刍少而不自然。病牛多取站立姿势，不愿走动。有时勉强躺卧，卧时很小心，卧下又不愿站立。站立时拱背，肘部外展，肘部肌肉颤动，惧怕胸部叩诊。驱赶到斜坡时，愿上坡而不愿下坡。排粪时拱腰举尾，不敢努责。呼吸、反刍均不正常。有的病情时好时坏，反复变化；有的则病情持续恶化，直到死亡。

该病能靠预防，防止草料中混有金属异物，在加工草料时要严格检查。对捆绑、存放饲草的地方，要严禁使用和堆积铁丝等物。可在草筛和料筛上面绑上一定数量的磁铁，将混入草料中的一部分金属吸附。也可在牛胃内投放特制的磁石，使网胃内游离的铁物固定在一起，防止穿破胃壁。也可定时应用牛胃吸铁器普查，以取出金属异物。

该病主要是预防，一旦发现此病，药物治疗作用甚小，只有手术治疗，但效果不太理想，经济上也不合算。

参考文献

桂红兵,张建丽,李隐侠,等,2022.添加包被赖氨酸和蛋氨酸低蛋白质日粮对西门塔尔牛生产性能及氮排放的影响[J].江苏农业学报,38(6):1586-1593.

黎凌铄,2022.不同蛋白水平日粮中添加过瘤胃蛋氨酸对牦牛生长性能、血清指标、瘤胃发酵和菌群组成的影响[D].成都:西南民族大学.

李国栋,2021.低蛋白日粮补饲过瘤胃蛋氨酸、亮氨酸、异亮氨酸对后备牛生长及消化性能的影响[D].泰安:山东农业大学.

李健,徐帆,谢易宸,等,2023.基于物联网的肉牛智能养殖系统设计与研究[J].吉林农业大学学报,45(4):485-496.

李文海,张兴红,2019.肉牛规模化生态养殖技术[M].北京:化学工业出版社.

马姜静,张燕,2021.低蛋白质日粮补充合成氨基酸对荷斯坦肉牛生长性能、氮代谢及胴体性状的影响[J].中国饲料(20):13-16.

农业农村部畜牧兽医局,全国畜牧总站,2021.肉牛养殖实用技术问答[M].北京:中国农业出版社.

孙鹏,张松山,2023.肉牛健康养殖关键技术[M].北京:中国农业科学技术出版社.

陶薪燕,张丹丹,程景,等,2023.低蛋白日粮对中国西门塔尔牛太行类群生长性能、养分表观消化率和血清生化参数的影响[J].中国畜牧杂志,59(2):191-195.

涂瑞,2022.不同蛋白水平日粮中添加过瘤胃赖氨酸对牦牛生长性能、养分消化、血清生化、瘤胃发酵和菌群组成的影响[D].成都:西南民族大学.

王建平,刘宁,2016.肉牛快速育肥新技术[M].北京:化学工业出版社.

徐彦召,王青,2016.零起点学办肉牛养殖厂[M].北京:化学工业出版社.

杨雪峰,魏刚才,2014.肉牛高效养殖关键技术及常见误区纠错[M].北京:化学工业出版社.

翟璐,贾伟星,2020.肉牛全程福利生产新技术[M].北京:中国农业出版社.

张心怡,赵佳乐,魏金科,等,2023.基于肉牛异常行为识别的智慧养殖系统[J].信息与电脑（理论版），35（12）：136-139.

赵金石，黄帅，孙勇，等，2011. 智能信息系统在高档肉牛生产中的应用［C］. 中国畜牧业协会牛业分会.《第六届中国牛业发展大会》论文集.《中国牛业科学》编辑部：4.

赵树林，盖凌云，孙晓婷，等，2023. 肉牛产业链智能感知技术研究与应用系统设计［J］. 青岛农业大学学报（自然科学版），40（4）：300-303.

赵万余，2021. 肉牛健康生产与常见病防治实用技术［M］. 银川：阳光出版社.